KEY TECHNOLOGY AND APPLICATION FOR
POWER TRANSMISSION AND TRANSFORMATION EQUIPMENT

输变电装备关键技术与应用丛书

现代电网调度控制技术

主　编 ◉ 翟明玉
副主编 ◉ 陆进军 彭　晖

中国电力出版社
CHINA ELECTRIC POWER PRESS

内　容　提　要

本书是“输变电装备关键技术与应用丛书”《现代电网调度控制技术》分册，共14章，包括绪论、支撑平台、数据采集与交换、电网运行稳态监控、电网运行动态监视与分析、继电保护设备运行监视、综合智能分析与告警、网络分析、电网调度自动控制、电力负荷预测、新能源发电预测、调度计划与安全校核、调度员培训仿真和展望。

本书可供从事调度自动化与电力系统规划、设计、研究、制造、测试、运行和检修的专业技术人员与管理人员学习、培训使用，也可供大专院校相关专业广大师生阅读参考，还可作为工程招标的参考技术规范。

图书在版编目（CIP）数据

现代电网调度控制技术 / 翟明玉主编．—北京：中国电力出版社，2020.2
（输变电装备关键技术与应用丛书）
ISBN 978-7-5198-3429-6

Ⅰ. ①现…　Ⅱ. ①翟…　Ⅲ. ①电力系统调度　Ⅳ. ①TM73

中国版本图书馆 CIP 数据核字（2019）第 146746 号

出版发行：中国电力出版社
地　　址：北京市东城区北京站西街 19 号（邮政编码 100005）
网　　址：http://www.cepp.sgcc.com.cn
责任编辑：周　娟　杨淑玲　崔素媛（010-63412602）
责任校对：黄　蓓　闫秀英
装帧设计：王红柳
责任印制：杨晓东

印　　刷：北京瑞禾彩色印刷有限公司
版　　次：2020 年 2 月第一版
印　　次：2020 年 2 月北京第一次印刷
开　　本：787 毫米×1092 毫米　16 开本
印　　张：15.25
字　　数：343 千字
定　　价：98.00 元

《输变电装备关键技术与应用丛书》

编 委 会

《现代电网调度控制技术》

编委会及编写组成员

总　序

电力装备是实现能源安全稳定供给和国民经济持续健康发展的基础，包括发电设备、输变电设备和供配用电设备。经过改革开放40年的发展，我国电力装备取得了巨大的成就和极为可喜的变化，形成了门类齐全、配套完备、具有相当先进技术水平的产业体系。我国已成为名副其实的电力装备大国，电力装备的规模和产品质量已迈入世界先进行列。

我国电网建设在20世纪50～70年代经历了小机组、小容量、小电网时代，80年代后期开始经历了大机组、大容量、大电网时代。21世纪开始进入以特高压交直流输电为骨干网架，实现远距离输电，区域电网互联，各级电压、电网协调发展的坚强智能电网时代。按照党的十九大报告提出的构建清洁、低碳、安全、高效的能源体系精神，我国已经开始进入新一代电力系统与能源互联网时代。

未来的电力建设，将随着水电、核电、天然气等可再生清洁能源的快速发展而发展，分布式发电系统也将大力发展。提高新能源发电比重，是实现我国能源转型最重要的举措。未来的电力建设，将推动新一轮城市和乡村电网改造，将全面实施城市和乡村电气化提升工程，以适应清洁能源的发展需求。

输变电装备是实现电能传输、转换及保护电力系统安全、可靠、稳定运行的设备。近年来，通过实施创新驱动战略，已建立了完整的研发、设计、制造、试验、检测和认证体系，重点研发生产制造了远距离1000kV特高压交流输电成套设备、±800kV及±1100kV特高压直流输电成套设备，以及±200kV及以上柔性直流输电成套设备。

为了充分展示改革开放40多年以来我国输变电装备领域取得的创新驱动成果，中国电力出版社与中国电工技术学会组织全国输变电装备制造产业及相关科研院所、高等院校百余位专家、学者，精心谋划、组织编写了《输变电装备关键技术与应用丛书》（简称《丛书》），旨在全面展示我国输变电设备制造领域，在“市场导向，民族品牌，重点突破，引领行业”的科技发展方针指导下所取得的创新成果，进一步加快我国输变电设备制造业转型升级。

我们邀请了西电集团、南瑞集团、许继集团、中国电力科学研究院等国内知名企业的100多位行业技术领军人物、顶级专家共同参与编写和审稿。《丛书》内容体现了创新性、实用性，是国内输变电制造和应用领域中最高水平的代表之作。

《丛书》全面系统地回顾了紧密围绕国家重大技术装备工程项目，加大研发投入，打破国外特高压输电及终端用户供配电设备关键技术垄断格局，自主研制出具有世界先进水平的特高压交直流输变电成套设备，掌握了核心关键技术及应用。《丛书》共10个分册，包括《变压器　电抗器》《高压开关设备》《避雷器》《互感器　电力电容器》《高压电缆及附件》《换流阀及控制保护》《变电站自动化技术与应用》《电网继电保护技术与应用》《电力信息通信技术》《现代电网调度控制技术》。

《丛书》以输变电工程应用的设备和技术为主线，包括产品结构性能、关键技术、试验技术、安装调试技术、运行维护技术、在线检测技术、故障诊断技术、事故处理技术等，突出新技术、新材料、新工艺的技术创新成果。主要为从事输变电工程的相关科研设计、技术咨询、试验、施工、运行维护、检修等单位的工程技术人员、管理人员提供实际应用参考，也可供设备制造供应商生产、设计及高等院校的相关师生教学参考，也能满足社会各阶层对输变电设备技术感兴趣的非电力专业人士的阅读需求。

周鹤良

2019年12月25日

前　言

大力提升电气化水平，构建“以电为中心”的现代能源系统，是服务经济社会发展总体目标，提高人民用能质量和体验，建设生态文明的必由之路。当前我国特高压电网快速发展、清洁能源占比不断升高、分布式电源大量接入，“源—网—荷”各侧均发生深刻变化，电网运行特性日趋复杂，调度运行控制的难度显著增大。调度控制系统作为电网运行控制的神经中枢，是保障电网安全、经济、优质运行的重要技术支撑手段。纵观我国电网调度控制系统的发展，一直伴随着电网和计算机技术的发展而不断进步，从技术路线上经历了集中式到分布式的发展过程，从技术水平上经历了消化吸收、创新发展和赶超先进，支撑了特大电网多级调度控制业务一体化协同运作，促进了大规模清洁能源有效消纳，为特大电网调度控制提供了须臾不可或缺的重要技术手段，已成为坚强智能电网的重要组成部分。

为了适应新形势下电网调度运行控制的要求，在继承国内外已有电网调度控制系统技术成果的基础上，融合现有成熟技术和最新发展趋势，编者组织编写了《现代电网调度控制技术》一书。全书共分14章，内容包括电网调度控制系统的发展历程、支撑平台、数据采集与交换、电网运行稳态监控、电网运行动态监视与分析、继电保护设备运行监视、综合智能分析与告警、网络分析、电网调度自动控制、电力负荷预测、新能源发电预测、调度计划与安全校核、调控员培训仿真以及未来调度控制系统发展技术的展望。本书理论与实践相结合，涵盖了调度控制系统的主要方面，可供电网公司以及发电厂电气工程、电力系统运行管理人员及相关技术人员参考，同时也可以作为电气工程专业和电力系统专业研究生及本科生的参考资料，以及电力工程专业教师的参考书。

本书由翟明玉担任主编，陆进军、彭晖担任副主编，翟明玉、陆进军、储何丽负责全书统稿。各章编写负责人为：第1章、14章陆进军；第2章彭晖、陈鹏、黄昆、季学纯；第3章陈宁；第4章孙世明；第5章王波、刘栋；第6章何鸣一；第7章闪鑫、李俊；第8章王毅；第9章黄华、吴继平、陈天华；第10章、11章沈茂亚、李春红；第

12 章涂孟夫、昌力；第 13 章李昀、钱江峰、黄胜。

本书在编写过程中，得到了英大传媒中国电力出版社等单位有关领导和人员的关心与大力支持，在此一并表示衷心感谢。由于编写时间紧，任务重，书中难免存在疏漏之处，恳请各位专家和读者提出宝贵意见，使之不断完善。

编　者

2019 年 12 月

目　　录

第1章　绪　　论

1.1　现代电力系统运行特点

电力系统是指由发电、输电、变电、配电和用电等环节组成的电能生产与消费系统。习惯上，又将电力系统分为电力一次系统和二次系统。一次系统由直接支撑电能生产与消费的一次设备，如发电机、变压器、输电线路、母线、断路器和隔离开关等组成。二次系统则由电力系统各环节和不同层次的信息与控制系统组成，对电能的生产过程进行测量、调节、控制、保护、通信和调度，以保证用户获得安全、经济、优质的电能。从世界范围来看，根据电力系统的规模、电压等级、电源结构和供电能力的不同，可以将电力系统的发展大致分为四个阶段：① 最早的住户式供电系统阶段，其特点是由小容量发电机单独向灯塔、轮船、车间等照明供电；② 低电压、小机组、小电网阶段，电压等级一般在 220kV 以下，机组容量一般在 100MW 以下，个别容量稍大一些的机组也不超过 200MW，电源多建在就近的负荷中心，电网规模都很小，以满足城区供电为主；③ 大机组、高电压、大电网阶段，其明显特征是电源以化石能源为主，大容量机组快速发展，大型机组容量可达百万千瓦以上，超高压输电技术普遍应用，电网的供电能力与保障范围大大增强；④ 未来的能源互联网阶段，以风电、光伏、水电等清洁能源为主，大型能源基地与分布式电源发展相结合，主干电网与配电网、微电网结合，实现可持续的综合能源供应。

我国电网的发展与世界电网基本同步，目前正处在从第三阶段向第四阶段的过渡阶段，即初步建成以特高压为骨干网架、各电压等级电网协调发展的智能电网阶段。在电网结构层面，通过特高压交流、特高压直流等技术初步实现了全国电网互联，打破了以往区域电网内部自平衡为主、区域电网之间少量交换功率的格局。在电源层面，一方面大规模开发利用西南地区丰富的水电资源，另一方面在西北、华北等地区大力发展风电、光伏等可再生清洁能源，并通过特高压直流输电系统源源不断地向东部负荷中心输送，实现了电力资源在全国范围内的优化配置和利用。在电网规模方面，我国电网已发展成为世界上最大的互联电网，总的装机容量、总负荷、新能源装机容量及其发电量均居世界首位。

尽管特高压交直流互联电网的建设大大提升了我国电网的大范围资源优化配置能力，但也给电网的安全调控运行带来了诸多难题：① 特高压交流系统相对滞后，虽然已建成了多条特高压交流线路，但尚未形成完整的特高压交流支撑网架，电磁环网问题突出，网源协调困难；② 特高压直流输送距离远，横跨多个省份，沿途气象条件复杂，相对而言更容易发生故障，且由于特高压直流输电容量大，一旦发生故障将给送受端交直流互联电网带来巨大的冲击；③ 特高压交直流系统间相互耦合、直流系统送受端耦合，电网运行全局性特征明显，稳定形态复杂，联锁故障风险显著加大，易发生大面积停电事故，急需提升电网的运行风险感知和协同处置能力。

此外，尽管我国新能源发展迅猛，但现阶段乃至今后相当长一段时间内，我国电网的电源仍将以火电为主，综合实施经济调度和新能源优先调度，对于节能减排、促进能源更加合理的优化配置十分必要。

1.2 调度自动化系统功能定位

电网调度自动化系统是电力二次系统的重要组成部分，是调度员实现电网运行状态在线实时监视、分析、控制、计划和事故处理的最主要技术支撑，是保障电网安全和经济运行的重要技术手段。

电网调度自动化系统可实时采集厂站端电网运行状态数据，监视电网频率、电压、断面潮流、设备过重载运行状态、旋转备用，以及电网整体电压和潮流分布，分区统计系统负荷和发电指标等，保障电网运行在合理的安全状态。若电网安全指标超出合理范围，如电压和断面潮流越限，可通过潮流调整、负荷转供和无功调节等方法，将系统尽快恢复到安全状态；若电网发生事故，则要监视事故后电网运行状态，并实施紧急和恢复控制，防止联锁性故障事件的发生。

针对电网事故，较为先进的电网调度自动化系统，会在事故发生后自动分析事故的形态和性质，并提供相关的辅助决策处理建议，方便调度员快速处理事故。目前，国内所有的电网调度自动化系统均配置了较为完善的网络分析软件，实施滚动分析计算和预想事故分析，便于调度员及时发现电网运行中的隐患和薄弱环节，并及时采取措施，防范重大停电事故的发生。

大型电网的调度自动化系统一般都配置功能先进的自动电压控制（AVC）和自动发电控制（AGC）软件，实现电网电压/无功和频率/联络线交换功率的自动控制，提高调度在线控制电网运行能力。

近几年来，随着国内环保意识的提升以及对清洁能源消纳的重视，省级及以上调控中心都配置了较为完善的节能优化调度软件，在满足电网安全约束的前提下，实现清洁能源优先消纳，并通过风光水火等多元能源的协调控制，促进风电、光伏等可再生能源的消纳，减少弃风弃光。

1.3 调度自动化系统发展历程

世界电网调度自动化技术一直伴随着电网运行控制需求，以及计算机和通信技术发展而不断发展，近 40 年来大体经历了四个阶段（图 1－1）：

一是早期探索阶段，20 世纪 80 年代中期之前，研究探索将专用计算机技术用于电网调度控制，主要满足局部电网 SCADA 的需要。

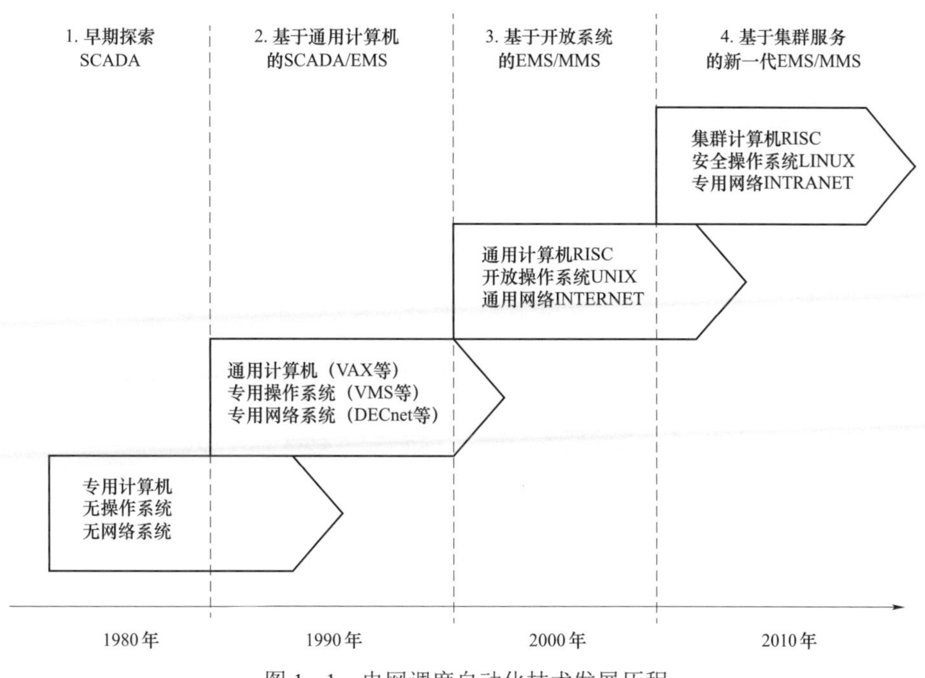

图1-1　电网调度自动化技术发展历程

二是通用计算机阶段，自20世纪80年代中期开始，SCADA/EMS系统大多基于通用小型计算机（VAX等）、专用操作系统（VMS等）和专用网络系统（DECnet等），主要满足区域电网运行控制的需要。

三是开放系统阶段，20世纪90年代中后期，通用计算机（RISC）、开放操作系统（UNIX）和通用网络（INTERNET）等在国际上迅速发展，开放式电网调度自动化系统成为主流技术，主要满足国家级大电网运行和电力市场运营的需要。

四是集群服务阶段，近10年来，随着面向服务、集群化、云计算和物联网等快速发展，新一代的智能电网调度控制系统投入运行，满足了特高压坚强智能电网运行控制的需要。

传统电网调度自动化系统（简称传统系统）都是基于本业务部门的需求发展起来的，省级及以上电网调度中心一般都配备能量管理系统（SCADA/EMS）、广域相量监测系统（WAMS）、水电自动化系统、电能计量计费系统、在线动态预警系统、调度运行管理系统、雷电定位系统、气象云图系统、保护故障信息系统和调度计划系统等10余套系统，如图1-2所示。这些系统一般由多个专业开发单位各自独立开发，每个系统各自有独立的计算机硬件设备、操作系统、数据库系统、图形界面和通信总线等，没有统一的标准和平台，互不兼容，同样的电网图形画面、模型数据等需要重复做多次。总而言之，传统系统已经难以支持多级电网的协调控制和优化调度，难以满足大电网一体化调度控制的业务需求。

我国新型电网调度自动化系统的研发，始于2004年的“在线安全稳定分析研究”项目，首次采用大规模集群服务器实现了中国同步电网的15分钟级在线安全稳定分析，验证了集群的可用性。2008年冰灾和地震灾害后，国家电网公司加大投入，加快推进系统研发，2009年完成首套系统研制，2010年结合智能电网试点工程项目，在10个调控中心成功上线运行，

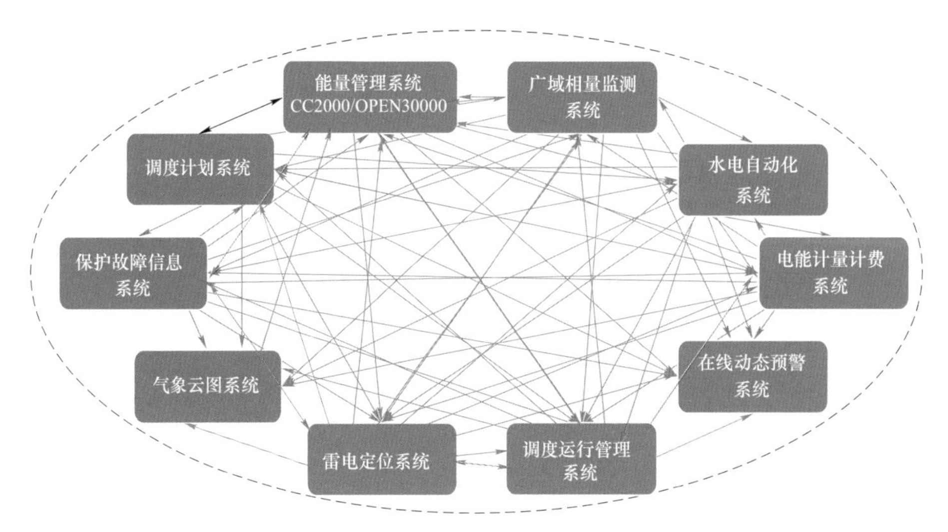

图 1-2 传统电网调度自动化系统示意图

定名为“智能电网调度控制系统（D5000）”，之后迅速推广应用。截至 2016 年底，D5000 系统已成功地运用到国家电网公司国家电力调度控制中心、6 个区域电网调度控制中心和 27 个省级电网调度控制中心的主备调度及大部分地市调度控制中心的主备调度，总量达到 249 套。此外，该系统还应用于广东省调度控制中心等南方电网主要调控中心。D5000 系统的研发和试点项目建设全程贯穿了标准化、规范化思想，共形成 IEC 国际标准 2 项、国家标准 9 项、行业标准 15 项及企业标准 28 项，为调控中心纵向/横向不同业务模块的高度集成和信息高效共享利用提供了支撑。

1.4 智能电网调度控制系统

智能电网调度控制系统由国家电网公司总部统一组织、集中研发，中国电力科学研究院和国网电力科学研究院等科研单位负责具体研制，各级调度控制中心参加总体设计和功能设计。其总体技术路线是：立足安全性高的软硬件，采用多核计算机集群技术提高系统运行可靠性和处理能力，采用面向服务的体系结构（Service Oriented Architecture，SOA）提升系统互联能力，将原来一个调度中心内部的 10 余套独立的应用系统，横向集成为由一个基础平台和四大类应用（实时监控与预警、调度计划、安全校核和调度管理）构成的电网调度控制系统，纵向实现国、网、省三级调度业务的协调控制，支持实时数据、实时画面和应用功能的全网共享。

智能电网调度控制系统针对特大电网多级调度中心的全网实时数据共享和调度业务协同需求，制定了国家和国际标准及多项行业，研发了分布式实时数据库、图形界面高效远程浏览和大电网统一建模等关键技术，研发了支撑电网调控业务、统一标准的一体化 D5000 系统，率先解决了特大电网多个控制中心实时工况共享的重大技术难题，使得特大电网的可观测性大大提高。

智能电网调度控制系统通过研究多级调度协同的大电网实时监控、综合智能告警和安全控制技术，实现了500kV及以上电网故障的全网联动实时告警，率先解决了特大电网多级调度协调控制和故障联合处置的世界性难题，加强了特大电网的可控制性。

智能电网调度控制系统研发了基于特大电网实时实测运行工况、事件触发、多级调度互动的在线动态安全预警技术，提高了特大电网安全状态评估的及时性，解决了长过程多重联锁故障预警处置的重大难题，大大提升了多调度中心协同运行和在线安全预警的能力。

智能电网调度控制系统研发了适应节能与经济等多种调度模式，考虑新能源消纳，兼顾安全与经济的发电计划模型与方法，开发了日前、日内和实时发电计划优化决策软件，实现了自适应负荷变化的多目标发电计划优化决策和精细化安全校核，解决了大规模间歇性可再生能源发电的有效消纳和节能发电调度等重大技术难题，填补了国内技术空白，电网运行经济性和新能源消纳能力持续提高。

智能电网调度控制系统按照国家等级保护四级结构化安全要求，基于安全可靠软硬件研发了电网调度控制系统，创造性地构建了省级以上分组分布式备调体系，基于分层虚拟专用网（VPN）建立了调度专用数据网双平面，构建了更加坚强的电力二次系统纵深安全防护体系。电网调度抵御重大自然灾害和集团式网络攻击的能力显著增强。

随着智能电网调度控制系统成功开发和规模化应用，推动了电网调度控制技术的升级换代，实现了电网调度业务的“横向集成、纵向贯通”，实现了特大电网的实时监测从稳态到动态、稳定分析从离线到在线、事故处置从分散到协同、经济调度从局部到全局的重大技术进步，提高了调控中心驾驭大电网的能力、大范围资源优化配置能力以及应对重大电网故障的处理能力，保障了电网的安全、稳定、经济、环保运行。

智能电网调度控制系统包括支撑平台及实时监控与预警应用、安全校核应用、调度计划应用和调度管理应用等四大类应用，如图1－3所示。支撑平台是智能电网调度控制系统的基础，负责为各类应用的开发、运行和管理提供通用的技术支撑，为整个系统的集成和高效可靠运行提供保障；实时监控与预警应用实现对电力系统稳态运行状态的监视、控制、分析和评估，实现电力系统动态运行状态的监视、分析和预警，以及稳态、动态、继电保护和安全自动装置等实时信息的综合利用；安全校核应用主要是为检修计划、发电计划和电网运行操作提供校核手段，是对各种预想运行方式和实时运行方式下的电网安全分析；调度计划应用能够综合考虑电力系统的经济特性与电网安全，为调度计划的需求预测、计划编制、评估分析、电能采集、考核补偿、结算管理和申报发布等全过程提供全面技术支持；调度管理应用主要为调度机构日常调度生产管理做支撑，通过调度管理应用实现调度生产管理的专业化、规范化和流程化。

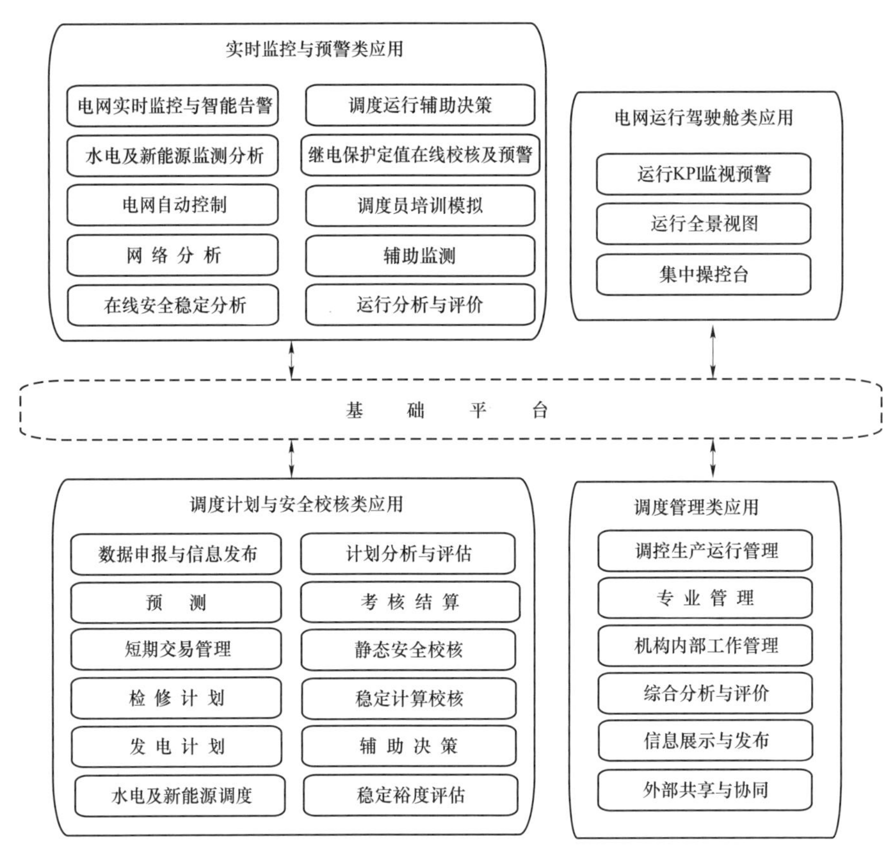

图 1－3 智能电网调度控制系统架构图

第2章 支 撑 平 台

支撑平台是电网调度控制系统的基础，负责为各类应用的开发、运行和管理提供通用的技术支撑，为整个系统的集成和高效可靠运行提供保障。支撑平台采用面向服务的体系架构，具有良好的开放性，能较好地满足系统集成和应用不断发展的需要。

支撑平台具有层次化的功能设计，可有效地对硬件资源、数据及软件功能模块进行良好的组织，对应用开发和运行提供理想环境；针对系统和应用运行维护需求提供的公共应用支持和管理功能，能为应用系统的运行管理提供全面的平台支撑。

支撑平台由通信子系统、存储子系统、运行管理子系统、模型管理、人机界面、安全防护、案例管理、多态场景应用和多层次备用体系等模块组成，可对实时监控、调度计划、安全校核、调度管理等应用提供统一的平台技术支撑。

2.1 支撑平台体系架构

本节介绍支撑平台体系架构，包括支撑平台的软件架构和功能模块等内容。

2.1.1 支撑平台软件架构

支撑平台的设计遵循通用、标准和开放的技术原则，采用通用灵活、简单高效的实现机制，统一数据、模型和图形的技术规范以及各类服务的技术实现，将功能应用和图形界面的服务范围从单个调控机构的单项应用拓展为整个调控系统，实现在各级调控机构交换和共享数据，实现电网调度控制系统的“分布式实施、一体化使用”的技术目标。支撑平台软件架构示意图如图 2-1 所示。

支撑平台由多核服务器、安全操作系统、实时数据库、时序数据库、时序历史库、关系数据库、动态消息总线、安全服务总线、消息邮件总线、数据通信总线、系统管理、安全管理、图形管理和一体化平台访问接口等模块组成，可对实时监控、调度计划、安全校核和调度管理等应用提供统一的平台支撑。

支撑平台采用面向服务的体系架构，具有良好的开放性，能较好地满足系统集成和应用不断发展的需要；层次化的功能设计，能有效地对硬件资源、数据及软件功能模块进行良好的组织，对应用开发和运行提供理想环境；针对系统和应用运行维护需求开发的公共应用支持和管理功能，能为应用系统的运行管理提供全面的支持。

面向服务的体系架构将实时库、关系库、文件等数据资源封装起来，通过服务的方式对外提供统一的访问。服务包括平台服务和公共服务两大类，公共服务又分为公共应用服务和基本服务。面向服务体系架构还提供访问适配器功能，标准的应用可直接访问各类服务，其他第三方应用可通过访问适配器访问各类服务。

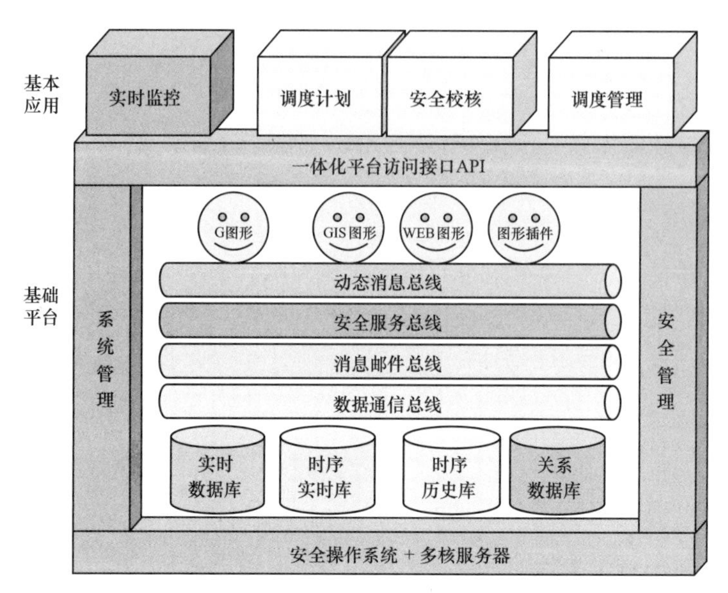

图 2－1　支撑平台软件架构示意图

2.1.2　支撑平台功能模块

支撑平台主要提供以下功能模块：

（1）通信子系统。通信子系统包括服务总线、消息总线、消息邮件和工作流程。服务总线为系统提供面向服务的系统架构，提供服务的接入、访问、查询和监控等功能，用于实现服务的灵活部署；消息总线实现本地系统内可靠、高效的跨平台数据传输，提供一对一、一对多等消息传输方式，解决分布网络环境下数据资源的共享问题，实现各子系统的协同工作；消息邮件针对电力企业信息系统“横向隔离、纵向加密”的特点设计，为电力企业内部及电力机构之间通信提供通用的数据交换手段；工作流程是一套与调度核心业务相适应、具备完整的流程流转功能的流程引擎，具有广域传输、安全及系统集成等特性。

（2）存储子系统。存储子系统主要对实时数据、历史数据和时间序列数据三种数据进行存储和管理。三种数据的存储对应了实时数据库、关系数据库和时间序列实时库三种专门的数据库。实时数据库可以高实时性、高并发性地处理电力系统运行过程中产生的大量实时和准实时数据；关系数据库主要用于存储电网模型、系统参数与配置信息、历史采样数据、告警事件、其他应用历史数据等非实时数据；时间序列实时库能够对高频率、高密度的带时标数据实现大容量存储和高性能访问；时序历史库可以满足电网调度控制系统和广域动态监测系统对海量高频采样电力信息快速存储、高效检索的实际需求。

（3）运行管理子系统。运行管理子系统主要包括时钟同步、进程管理和资源监视。时钟同步保证了主站内部各个节点时间的同步性；进程管理对进程运行情况进行监视并自动重启故障的进程；资源监视负责监视各个节点 CPU、内存和磁盘等资源的占用情况。

（4）模型管理。模型管理以电网模型为核心，以实现纵向上各调控中心间，横向上各应用系统间系统互联互通、图模一体化共享为目标，实现全区域模型统一，以此为基础，形成对实时、计划等各类电网应用模型的统一管理。模型管理通过电网模型的共享，满足调控中心各类应用对电网模型的需求，为实现调控中心基于全电网模型的分析、计算、预警和辅助决策提供模型数据支撑。

（5）人机界面。人机界面在标准化和开放的平台基础上实现对实时监控与预警、调度计划、安全校核和调度管理四大类应用的统一展示。通过基于电力系统图形描述规范（CIM/G）的电网图形存储及共享机制，支撑各类应用人机界面的统一管理和广域安全调阅，为实现电网图形的“源端维护、全网共享”和调度应用功能的“横向集成、纵向贯通”奠定了坚实基础。

（6）安全防护。安全防护作为电网调度控制系统应用开发和运行的重要支撑，从结构安全、本体安全、应用安全、数据安全、安全应急和安全管理等方面，提供了进行调控系统安全防护设计的原则、技术、方法和管理要求。

（7）案例管理。案例管理是调控系统实现特定环境下完整数据的存储和管理的公共工具，便于应用使用指定案例数据开展分析和研究。通过利用数据关键特征，对电网历史运行状况的事后分析、评价、反演，找出薄弱环节，提出优化策略，指导后续电网运行优化，为电网的规划建设提供参考。

（8）多态场景应用。支撑平台使用多态管理应用的使用场景，某一类使用场景称为一种态。根据使用场景的不同可分为实时态、研究态、规划态、测试态、反演态和培训态。使用应用来管理各项业务的功能，实现某一类功能的业务组成一个应用。支撑平台支持对运行在不同态下的应用进行配置，能够管理不同态的应用共同运行，支持对不同态的应用进行展示。

（9）多层次备用体系。多层次备用体系是提高调控系统抵御各类事故、自然灾害和社会突发事件的能力，保障调度控制系统不间断运行的重要体系。本节梳理了国内外备用调控系统（简称“备调”）建设的情况，介绍了不同的备调建设模式，讨论了备调建设的技术难点。

2.2 通信子系统

电网调度系统包含诸多应用功能模块，各个功能模块运行在不同的服务器之上，模块之间通过网络通信交换数据，部分应用功能还需要进行跨安全区、跨调度机构交换数据。通信管理为应用功能模块提供多种数据通信手段，实现电网调度业务的“横向集成、纵向贯通”。

2.2.1 服务总线

服务总线为系统提供面向服务的系统架构，提供服务的接入、访问、查询和监控等功能，用于实现服务的灵活部署。服务总线屏蔽网络传输、链路管理等细节，提供标准、开放的开发和集成环境，满足支撑平台可扩展性、伸缩性的需求。

1. 服务总线架构

服务总线由资源定位、服务管理中心、服务消费者、服务提供者及远程代理构成。服务提供者向服务管理中心注册服务，服务消费者通过服务管理中心获取服务位置。在本地系统中，服务消费者和服务提供者之间直接建立连接通信。在与远程系统交互时，通过本地服务代理和远方服务代理间通信，实现服务消费者和服务提供者之间通信。

服务总线具有以下功能：

（1）定义面向服务的应用程序开发模型。

（2）提供服务的注册、发布、定位和查询等功能。

（3）提供服务的订阅、请求和响应等信息交互机制。

（4）支持远程服务访问。

2. 服务描述

服务文本描述用于满足不同应用系统、不同厂家和不同调控中心之间便捷服务交互需求。服务的数据描述格式应采用 GB/T 33602—2017《电力系统通用服务协议》。

3. 服务模式

服务总线支持两种服务模式：请求/响应模式和发布/订阅模式。请求/响应模式提供了数据的服务方式，服务请求者每次访问服务都必须先发送服务请求，然后从服务提供者获取服务结果。发布/订阅模式提供推数据的服务方式，服务请求者订阅一次服务，然后由服务提供者定期或不定期向服务请求者推送数据。

4. 远程服务代理

服务代理实现广域远程服务访问，是跨系统进行远程数据交互的唯一出口。服务代理提供的功能有：广域服务信息查询；对远程来访请求安全认证；代理之间负载均衡；本地和远程系统间的服务信息交互。

2.2.2 消息总线

在智能电网调度控制系统中，存在大量一对一、一对多方式的数据通信场景，如遥测数据、开关变位、事故信号、控制指令、告警信息等实时数据和事件等，这些数据需要及时、准确地分发给相应的应用分析处理软件，因此这类数据对传输的实时性和可靠性要求很高。

消息总线采用发布/订阅的传输模型，屏蔽不同平台和通信协议的差异，为上层应用程序提供消息传输接口，实现本地系统内可靠、高效的跨平台数据传输，提供一对一、一对多等消息传输方式，解决分布网络环境下数据资源的共享问题，实现各子系统的协同工作。

1. 消息总线特征

消息总线具有如下特征：

（1）高可靠性、易扩展。

需要考虑各种故障情况，包括软件故障、硬件故障和网络故障等，并在故障解除后快速恢复与其他节点之间的通信。新增加节点能够方便加入到系统中，且不影响原有节点之间的正常通信。

（2）时效性。

时效性是指消息从发出到消息被接收之间的时间延迟。如在 SCADA 系统中，调度员发出遥控指令后，在一定等待时间 Δt 内需要得到响应，否则认为本次遥控失败，要求取消操作或再次进行遥控操作。

（3）多态功能。

在电网调度控制系统中，将完成一大类应用功能集合及其运行环境称为态，每个态完成不同的功能，根据运行环境分为实时态、研究态、规划态、测试态、反演态和培训态等。不同态之间的应用功能具有独立的数据实体和服务进程，处理逻辑互不干扰。

2. 消息总线应用程序接口

消息总线提供的应用程序接口包括注册消息、撤销注册、订阅消息、撤销订阅、发送消息和接收消息。

（1）注册消息。应用程序调用该接口向消息总线注册，以获取相关资源。

（2）撤销注册。应用程序调用该接口撤销对消息总线的注册，以释放相关资源。

（3）订阅消息。已注册消息总线的应用程序调用该接口向消息总线订阅所需的事件集。应用程序订阅某个事件集后，才能接收属于该事件集的消息。

（4）撤销订阅。应用程序对已订阅事件集的撤销。应用程序撤销已订阅的事件集后，消息总线不再把属于该事件集的任何消息发送给该应用程序。

（5）发送消息。应用程序调用该接口发送消息。发送消息时需要在消息中指定消息所属的事件集，消息总线将该消息发送给已订阅此事件集的所有应用程序。

（6）接收消息。应用程序订阅某个事件集后，调用该接口从消息总线上接收属于该事件集的消息。

2.2.3　消息邮件

消息邮件针对电力企业信息系统“横向隔离、纵向加密”的特点设计，为电力企业内部及电力机构之间通信提供通用的数据交换手段，实现数据在调控中心内部、调控中心之间、调控中心与非调控中心之间的传输与交换。消息邮件支持跨不同等级安全区、跨上下级调控中心之间数据传输，满足调度控制系统的横向到边、纵向到底的贯通要求，实现电网数据广域共享，为智能电网调度控制系统提供规范、统一、安全、可靠的传输模式和传输通道。

1. 消息邮件功能

消息邮件支持局域和广域范围内邮件传输功能，可以安全跨越安全边界，包括横向正反向安全隔离装置和纵向加密认证装置，为电力系统提供一种统一、安全、可靠的邮件传输机制。纵向消息邮件传输采用以 E 语言文件为主、服务调用为辅的方式，消息经过通信网关机加密后再进行传输；横向消息邮件传输采用 E 文件和普通文件两种方式。

2. 消息邮件路由转发

消息邮件路由包括横向路由功能和纵向路由功能。横向路由功能实现邮件不同等级安全区之间的路由转发；纵向路由功能实现邮件在上下级调控中心之间的路由转发。横向路由和纵向路由一起实现了电网数据在智能电网调度控制系统中“纵向到底”“横向到边”的广域传输。

3. 安全机制

上下级调控中心之间消息通信时，消息邮件通过加密卡对文件进行加密，通过加密网关机对相应端口进行限制，加密后的数据到达目标系统后，经加密网关进行解密；不同等级安全区之间消息传输时，通过正向隔离设备和反向隔离设备进行安全验证，对于通过反向隔离设备传输的文件，还需要符合E文本规范。

2.2.4 工作流程

工作流程（简称工作流）指由多个参与者协调工作的过程，每个工作流程均由多个可供执行者处理的任务构成。电力调度工作流程是一套与调度核心业务相适应、具备完整的流程流转功能的流程引擎，具有广域传输、安全以及系统集成等特性。工作流使用基于DL/T 1170—2012《电力调度工作流程描述规范》（简称WF语言）描述的文件作为流程载体，支持横向跨安全区、纵向跨调控中心的信息传递与交互。

1. 工作流程功能

工作流程的主要功能是解析、执行、管理工作流程，提供标准化的工作流程服务；支持流程串行、选择、分支与聚合等流程控制模式；提供工作流程的启动、发送、回退、追回、终止、重新激活、删除等流程流转功能以及表单、附件的提交、修改等功能；支持流程的纵向、横向贯通，实现跨安全区的广域流程流转；提供流程监控工具和应用开发接口。

工作流程主要功能模块包括缓存、序列化器、路由分配和模型处理等模块。缓存功能提供工作流程文件查询功能；序列化器功能是将工作流程文件解析为工作流程模型元素，再将模型元素序列化为文件；路由分配功能是控制流程的串行、分支聚合及选择等多种流程模式；模型处理功能为工作流程引擎提供相关流程模型元素处理方法，并与消息邮件结合实现流程文件的远程收发功能。

2. 工作流程流转模式

工作流程在运行时存在多种控制模式，主要包括串行模式、决策模式、分支聚合模式和跨区域流转模式，在每种模式下都可执行发送、回退和追回等功能。串行模式是依次顺序的执行任务节点，串行地执行流程。决策模式指工作流程的某个活动节点后续存在两条迁移线，通过判断条件决定按照后续哪一条迁移线进行流转。分支聚合模式是指工作流程的某个活动节点后续存在多条迁移线，并行流转后再将多个活动节点归并到一个活动节点。跨区域流转模式是指工作流程服务与消息邮件服务结合，通过边界节点实现流程的跨区流转，实现流程实例文件和业务数据文件进行纵向和横向的传输。

2.3 存储子系统

支撑平台的存储子系统主要对实时数据、历史数据和时间序列数据三种数据进行存储和管理。三种数据的存储对应了实时数据库、历史数据库和时间序列数据库三种专门的数据库。本节介绍了电网调度控制系统中三种数据库的技术背景、功能结构和访问接口。

2.3.1　实时数据库

智能电网调度控制系统中，实时数据库采用基于内存的存储和处理方式，在存储结构上能够支持复杂的关系类型，既能满足电网模型的关系描述，又能满足智能电网调度控制系统的实时性要求，是调控系统中使用最广泛的数据库系统。

1. 实时数据库功能结构

实时数据库体系架构和支撑平台架构相适应，横向贯穿Ⅰ/Ⅱ/Ⅲ区，纵向支持上下级实时数据调阅，实时数据库体系架构如图 2-2 所示。

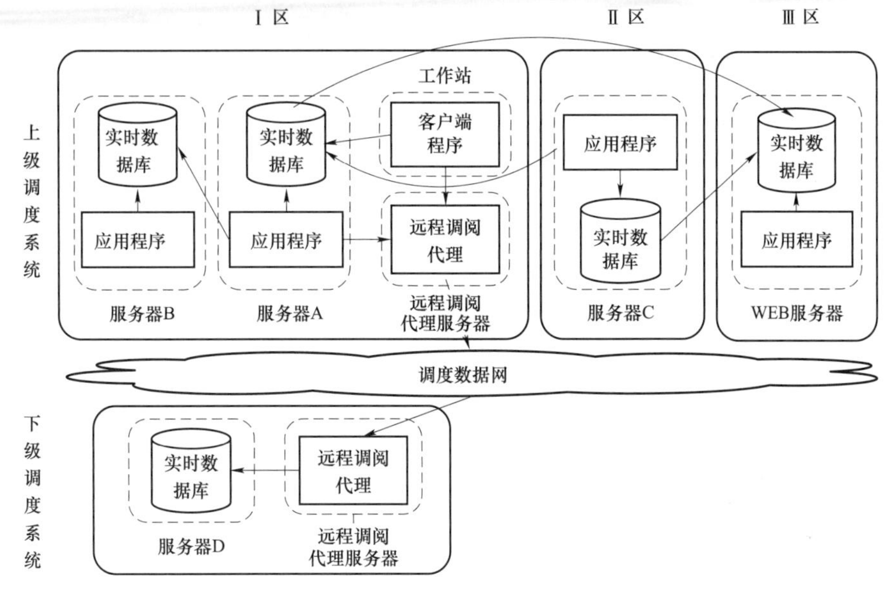

图 2-2　实时数据库体系架构示意图

横向上，在调度系统Ⅰ区的应用服务器 A 中，应用程序通过将实时数据库映射到进程地址空间，实现嵌入式访问，如同访问进程内部数据一样，效率最高。远程客户端上没有数据，它通过网络访问各应用服务器上的实时数据库。服务器 A 上的应用程序根据需要也可以访问服务器 B 的实时数据库，工作站上的客户端程序也可以访问服务器 A 的实时数据库。网络访问存在通信和序列化的开销，效率要低于嵌入式本地访问。在资源定位的协助下，Ⅱ区应用程序与客户端程序可以定位Ⅰ区的应用服务器，实现跨区的实时数据库访问。Ⅰ区、Ⅱ区的实时数据库可以根据配置，有选择地同步到Ⅲ区。

纵向上，上级调度系统的应用程序或工作站客户端程序可以按照配置，通过上下级调控中心的远程访问代理，实现上下级间的实时数据库远程访问。

2. 实时数据库访问接口

支撑平台实时数据库提供多种数据访问接口，让各种应用能够方便地实现对实时数据库的操作，包括查询、增加、删除和修改。

实时数据库通过动态库的方式为应用程序提供接口，实时数据库提供的接口同时支持按应用名（号）、表名（号）形式的访问接口和提供 SQL 形式的查询接口。这些访问接口具备本地访问和网络访问功能，两者提供一致的访问函数。实时数据库提供的数据访问接口根据本地和网络访问方式的不同，流程也不一样。本地接口访问的是本地实时数据库的内容。网络接口默认访问的是按态名（号）、应用名（号）确定的主机上的实时数据库的内容，也可以指定某一机器上的实时数据库的内容。

2.3.2 历史数据库

历史数据库基于关系数据库提供历史数据存储及数据服务功能。历史数据库采用成熟数据库产品，具有高通用性、高效率性、高可靠性、高安全性、高扩展性和高可维护性。

历史数据主要包括周期采样的电网运行数据、周期采样数据的各类统计值、预报数据和计划数据、事件记录和告警信息、SOE 数据、断面数据、电网运行考核数据和积分电量等。历史数据相对于模型数据来说重要性略低，并不会影响整个系统的运行，数据规模随存储时间线性增长。

1. 访问标准接口

关系数据库访问接口（Database Call Interface，DCI）是一种面向关系数据库底层的应用编程接口。它提供了一套访问关系数据库和控制 SQL 语句各阶段执行的接口函数，数据库底层的调用接口应允许程序员利用 C 或者 C++语言进行调用，并支持 C 和 C++语言的数据类型、调用惯例、语法和语义。面向数据库底层的编程接口让程序员利用一种宿主编程语言（比如 C 语言）在数据库中操纵数据和模式。接口提供了标准数据库访问及检索函数库。应用会在运行时将函数库链接进来，这样可以避免将 SQL 嵌进宿主编程语言中。

通常，一个 DCI 应用程序应包含以下基本内容：初始化 DCI 编程环境和线程；分配必要句柄，这些句柄如环境句柄、错误句柄和上下文句柄等；分配必要描述符，这些描述符如 LOB 描述符；创建数据库连接和用户会话；执行 SQL 语句并获取所需数据；对获取数据进行必要的应用处理；终止用户会话和数据库连接；释放句柄和描述符。

需要说明的是，上面只给出了 DCI 应用程序编程的基本内容，在实际应用中 DCI 应用程序的功能会更为复杂（例如，它可能需要处理多个会话和事务），还需要进行额外的处理步骤。此外，大多数 DCI 函数调用均有返回码，该返回码标识了 DCI 函数调用是否执行成功等信息。DCI 接口访问流程如图 2-3 所示。

2. 历史数据的采样与访问

系统基于关系数据库存储采样周期在秒级及以上的各类历史数据，包括遥测、遥信的历史变化信息、计算值的历史结果等；另外还包括大量的告警和事件信息，如通道的投入与退出、调度员的各种操作等。在这些历史数据的基础上，系统还可生成日、周、月、年的各种统计数据。基于这些信息，系统可以反演电网运行的历史情况，进行事故分析，预测未来电网的发展趋势等。系统支持对上述各类历史数据及其统计数据的长期存储，可在线保存 10 年以上。

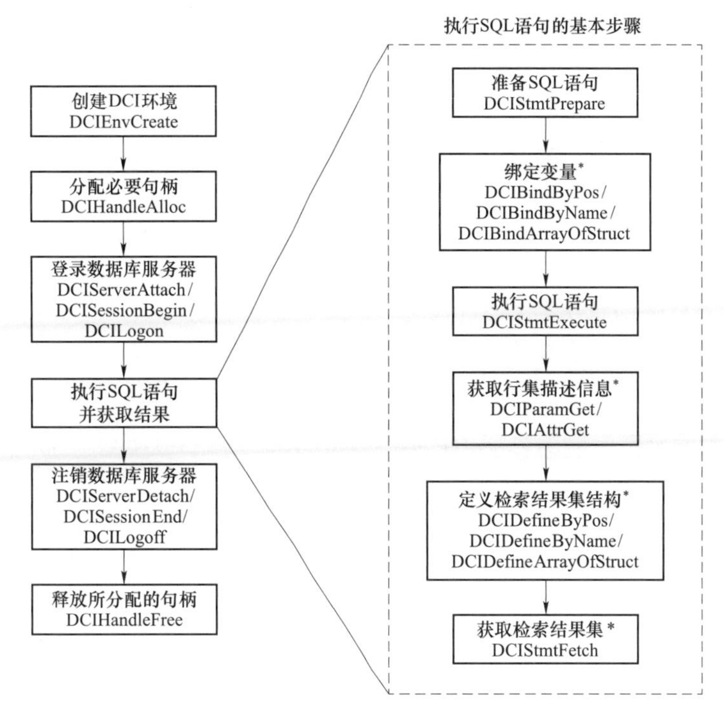

图2-3　DCI接口访问流程示意图

注：绑定变量：指在数据库访问SQL语句的条件中使用变量而不是常量进行数据操作。行集描述信息：指数据库查询返回数据集合的行、列参数的描述。检索结果集结构：指数据库查询返回的数据集合的行列以及数据值的结构定义。检索结果集：指数据库查询返回的数据集合。

遥测、遥信的历史变化信息、计算值的历史结果等统称为历史采样，历史采样分为分钟级采样和秒级采样。分钟级采样的采样周期固定为1min，系统中的所有遥测和遥信数据均自动进行采样，无需进行定义；而秒级采样的采样周期可分为1s和5s两种，根据应用的需要进行定义。历史数据统计根据系统的配置，选用不同算法对历史采样数据进行统计计算，并将历史统计数据存储到关系数据库。

2.3.3　时间序列实时库

1. 时间序列实时库功能特点

时间序列实时库主要用于存储短期内的同步相量测量装置（Phasor Measurement Unit，PMU）时间序列数据，时间序列实时库采用固定时间长度、数据值等间隔，下标直接定位机制满足高速、海量、带时标的动态信息数据的存储和检索要求。

时间序列实时库提供支持多线程的数据访问及管理接口，实现了电力应用所需的数据和质量码关联存储，提高了数据使用的方便性和可扩展性。时间序列实时库充分利用现代处理器多核、操作系统多线程技术和网络通信技术，提高了数据访问的效率，每秒数据的吞吐量可达百万个事件。

时间序列实时实时库的应用特点如图2-4所示。

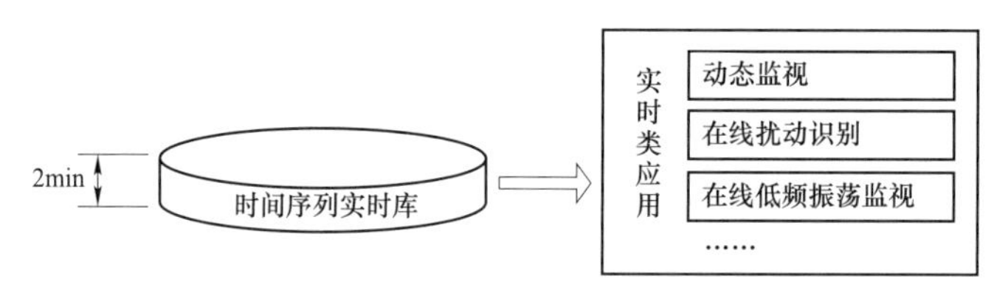

图 2-4　时间序列实时实时库应用特点

2. 时间序列实时库功能结构

（1）时间序列实时库元数据结构和存储方式。

时间序列实时库存放 2min 以内的时间序列数据，以测点按行存放的方式为电网广域监测应用提供高密度和高吞吐率的数据服务。时间序列数据通过内存进行存储，避免频繁磁盘访问带来的 IO 延时；通过滚动方式实现高密度存储，从而实现数据的高效、有序存储，提高了系统资源的利用率。

（2）时间序列实时库数据服务。

时间序列实时库数据服务是时间序列实时库的核心服务，处理所有的数据访问请求，数据服务的主要功能包括内存管理、索引管理、数据更新和查询服务。

时间序列实时库数据服务运行于电网广域监测应用（WAMS）服务器上，每个服务进程只负责维护本机的时间序列实时库。时间序列实时库服务工作逻辑中，前置机采集到的 PMU 时序数据通过消息总线，以广播方式发送到各个时间序列实时库的节点，并写入到该节点的时间序列实时库存储中，使得各节点数据保持一致。应用程序调用时间序列实时库接口，通过服务总线对时间序列实时库服务进行访问。数据访问时采用负载均衡方式，能够支持多个时间序列实时库节点同时对外提供数据服务。

3. 时间序列实时库访问接口

时间序列实时库系统以动态库的方式提供一套以 C99 标准为基础的数据访问接口，同时提供本地访问和网络访问功能。时间序列实时库采用“请求/响应”模式实现客户端与服务器的交互。客户端向服务端建立连接并发送查询请求，服务端根据查询请求执行查询操作后，将查询结果反馈给客户端。

时间序列实时库具备跨系统访问的功能，利用跨区域代理服务实现系统间的远程调阅服务，实现了上下级系统间时间序列实时数据的“纵向贯通”。

时间序列实时库支持建立多个实体来满足不同态下网络模型、运行方式各不相同的要求。不同态之间的数据是独立的，数据更新也互不干扰。时间序列实时库的访问接口支持多态参数的指定，在访问时根据多态参数将请求的链接自动指定到对应态的时间序列实时库中。在不同的态（实时态、研究态 1～N）下均可部署独立的时间序列实时库实体，每个态下的应用可以独立地使用本态下配置的时间序列实时库，数据读写互不干扰，从而形成独立的运行环境，达到在一套系统内可以同时使用未来预测和实时处理等不同态的应用目的。

2.4　运行管理子系统

支撑平台运行管理子系统主要包括时钟同步、进程管理和资源监视。时钟同步保证了主站内部各个节点时间的同步性。进程管理对进程运行情况进行监视并自动重启故障的进程。资源监视负责监视各个节点 CPU、内存、磁盘等资源的占用情况。

2.4.1　时钟同步

时钟同步模块负责接收时钟同步装置（天文钟）的标准时间，监视整个系统的对时状态，保证全系统服务器和工作站的时钟一致性。

时钟同步包括两个部分，分别是对时服务器与全球定位系统（Global Positioning System，GPS）等上级基准时钟源进行时钟同步，以及系统内部各个应用服务器、客户机与对时服务器进行时钟同步。其中应用服务器与对时服务器之间使用网络时间协议（Network Time Protocd，NTP）进行对时。

在 NTP 应用中，时间同步子网络以分层结构模式运行，其结构示意图如图 2–5 所示。在这种结构中，少数的 NTP 时间服务器可以为大量的其他应用服务器和客户机提供精确的对时服务。

第 0 级设备是时间同步的基准时间参考源，位于子网络的顶端，目前普遍采用全球卫星定位系统。

第 1 级别设备是 NTP 时间服务器（“权威”时间源），出于精确度和可靠性的考虑，该层级别的服务器采用多台 NTP 时间服务器进行互备。

第 2 级别设备是应用服务器和客户机，该层级的服务器和客户机连接 NTP 时间服务器进行对时，如主机长时间无法与某 NTP 服务器进行通信，则顺序连接下一台备用 NTP 时间服务器进行对时，使系统有效运转。

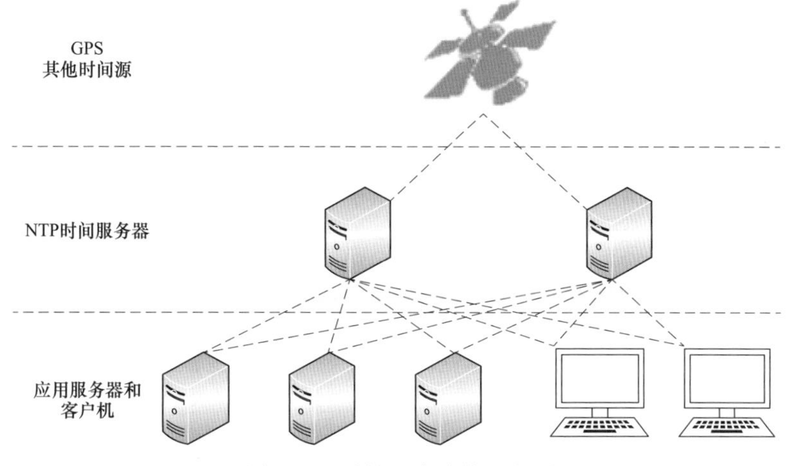

图 2–5　时钟同步结构示意图

其工作流程如下：

（1）在主站系统中配置两台对时服务器。

（2）根据配置信息，两台对时服务器分别连接 GPS 和北斗二代两个时钟源，并根据协议解析出时钟信息和频率信息。

（3）两台服务器保持和时钟源的时钟一致，其他服务器和工作站保持和两台对时服务器的时钟一致，从而保证全系统时钟的一致。

（4）在两台服务器中由一台作为主的服务器向系统发送接收到的频率信息。

（5）当对时服务器无法正常连接时钟源，接收不到时钟源信息，本地时间与时钟源时间不一致，本地时间与时钟源时间误差过大等情况时会发送告警信息给系统平台。

2.4.2 进程管理

该模块主要负责对系统中的各种进程的活动状态进行监视和管理。首先监视关键进程是否退出，如果退出则重启该进程。若进程处于死循环（进程在长时间内没有做出正常的状态报告），则进程管理模块负责将该进程杀死，并重新启动该进程。如果超过规定的次数仍不能正常启动该进程，则向冗余配置模块报告该进程的失败状态。进程管理工作原理如图 2－6 所示。

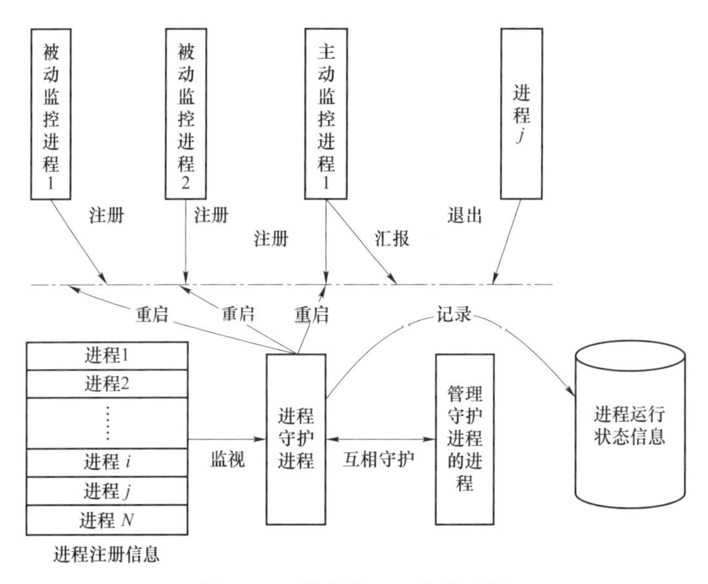

图 2－6　进程管理工作原理图

进程监控提供两种方式：一种是主动监控；另一种是被动监控。主动监控方式，进程管理程序主动去测试进程的 PID 是否存在，若不存在并超过累计检测次数，将执行进程的拉起操作；被动监控方式，通过对刷新时间与当前时间做比较，判断是否在合理区间范围内，若超过区间范围和累计检测次数，被检测的进程被认定为异常进程，将杀掉此进程，进行重新拉起的操作。

系统中的每一个应用进程属于且必须只属于某一个态的某一个应用，应用进程通过态名、应用名和进程名三个参数向进程管理注册，进程管理周期地管理和监视已注册的进程。

进程管理从数据库中的进程信息表获取进程信息，初始化进程管理的共享内存。进程管理监视和管理注册的进程，实时更新进程状态信息到实时库中，并支持在人机画面上显示。

2.4.3 资源监视

在智能电网建设的大环境下，电网调度控制系统的资源监视模块也更加智能，对于所有资源的识别都能够自动实现，不需要另外手动配置，对于新增加的节点也无需另外的配置，只要启动系统就能自动加入到整个监视体系中来。

资源监视模块结构如图 2－7 所示，由资源信息采集、资源数据分析和资源数据存储三部分构成。下面将对各个部分分别加以介绍。

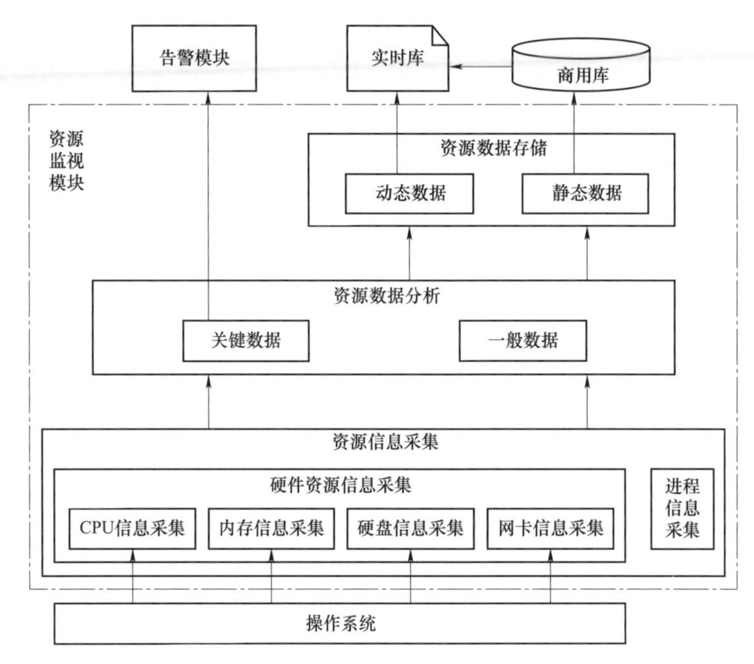

图 2－7 资源监视模块结构图

1. 资源信息采集

这些信息包括 CPU 信息、内存信息、硬盘信息和网卡信息。

（1）CPU 信息采集。

CPU 需要采集的信息包括 CPU 内核使用率、CPU 用户态使用率和 CPU 空闲率。这些信息反映了单个节点的性能及稳定性。在 Linux 系统中，系统文件 stat 记录了 CPU 相关信息，通过两次读取该文件中的时间信息进行计算，计算公式如下：

CPU 内核使用率＝（kernel2－kernel1）/sum

CPU 用户态使用率＝（user2－user1）/sum

CPU 空闲率＝（idle2－idle1）/sum

式中，kernel1、kernel2 分别表示第一次和第二次读取 stat 文件得到的从系统启动开始累计到当前时刻内核使用的 CPU 时间；user1、user2 表示用户态的 CPU 使用时间；idle1、idle2

表示空闲的 CPU 时间；sum=（kernel2 – kernel1）+（user2 – user1）+（idle2 – idle1）为总时间。

（2）内存信息采集。

内存需要采集的信息包括已被占用的内存数和空闲的内存数。如果空闲的内存数很低而交换分区又被占满时，会导致一些程序执行异常，甚至服务器死机，因此占用和空闲内存数是一个影响系统稳定的关键属性，需要进行实时监控。在 Linux 系统中，内存信息存储在 proc 文件夹的 meminfo 文件中，通过分析该文件就可以得到总内存大小和空闲内存大小，两者相减就可以得出已被占用的内存大小。

（3）硬盘信息采集。

每个节点的硬盘会被分成多个分区来使用，因此硬盘的监视信息就是对所有分区信息的汇总。每个分区信息包括分区名、挂接目录名、分区总容量、已用容量、未用容量和使用率。可以使用命令“df–k”来获取包括分区名、挂接目录名在内的所有硬盘信息。

（4）网卡信息采集。

网卡信息包括网卡名和网卡状态。一般每个节点至少会有两块物理网卡，如果一块网卡出现问题，系统会自动使用另外一块网卡。在 Linux 系统中，一些厂商已经为调控系统专门封装了网卡监控模块，因此，只需要调用函数 get_nic_info 就可以得到各个网卡的状态。

2. 资源数据分析

资源监视模块会对一些关键的资源信息进行实时分析，一旦出现可能会导致系统不稳定的情况发生，资源监视模块将会发出告警。告警信息不仅被显示在自动化人员的告警窗中，还会存储在数据库中，以备问题出现后查找原因。

3. 资源数据存储

各个节点获得的资源数据需要进行统一存储，以提供给其他程序使用。存储时资源数据可以分成两类：一类为静态数据，即一般情况下不会发生改变的数据，如硬盘信息中的分区名、挂接目录名，网卡信息中的网卡名，进程信息中的进程名；另一类是动态数据，它们会经常变化，如 CPU 空闲率、已被占用的内存数等。动态数据会被统一保存在资源监视主节点的实时库中。

2.5 模型管理

模型管理以电网模型为核心，以实现纵向上各调控中心间，横向上各应用系统间系统互联互通、图模一体化共享为目标，实现全区域模型统一，以此为基础，形成对实时、计划等各类电网应用模型的统一管理，为实现调控中心基于全电网模型的分析、计算、预警和辅助决策提供模型数据支撑。模型的标准化是模型维护和共享的基础条件，模型维护和共享是模型管理的主要功能。

2.5.1 模型标准

IEC 61970 系列标准是国际电工委员会第 57 技术委员会第 13 工作组（IEC TC57 WG13）

负责制定、面向控制中心的能量管理系统应用程序接口（EMS-API）的系列标准，它包含公共信息模型（CIM）和组件接口规范（CIS）两部分内容。早期 IEC 61970 中 CIM 的主要内容为 EMS 系统公共信息模型的对象，经过十几年的持续发展、完善和多次的互操作实验，IEC 61970 中的 CIM 从原先面向电力系统稳态领域逐步扩展到电力系统规划、动态等诸多领域，CIM 版本也从 2005 年的 CIM10 演变成目前制定中的 CIM15。

IEC 61970-552CIM XML Model Exchange Format（简称 CIM/XML）是国际标准。CIM/XML 电网模型文件指的是根据符合 IEC 61970 标准所描述的 CIM RDF 模式所导出的 EMS 电力系统模型文档。电网通用模型描述规范（CIM/E）是国家标准，已经在 2011 年 10 月获国际电工委员会（IEC）新国际标准立项。CIM/E 是在智能调控支持系统研发过程中制定的模型交换格式，是在 IEC 61970-301《公共信息模型（CIM）基础》的基础上，为解决 CIM/XML 方式进行描述时的效率问题而开发的一种新型高效的电力系统模型数据规范，具有简洁、高效、适用于描述和交换大型电网模型的特点。CIM/XML 和 CIM/E 都是基于 CIM 的电力系统模型交换格式，用于电力系统应用之间的模型信息交换。

2.5.2 模型维护

模型维护提供全业务模型的设备树，建立动态和静态参数一体化维护机制，利用广域数据传输服务，贯通电力生产管理(Power Management System，PMS)、电力调度管理系统(Outage Management System，OMS)、能量管理系统（Engine Management System，EMS）三大系统之间参数维护流程。模型维护功能可以为 SCADA、PAS、DSA、二次设备在线监视与分析、运行方式计算、保护定值整定计算等应用提供一次设备参数、告警限值、二次保护装置等不同业务参数。一、二次设备模型维护流程如图 2-8 所示。

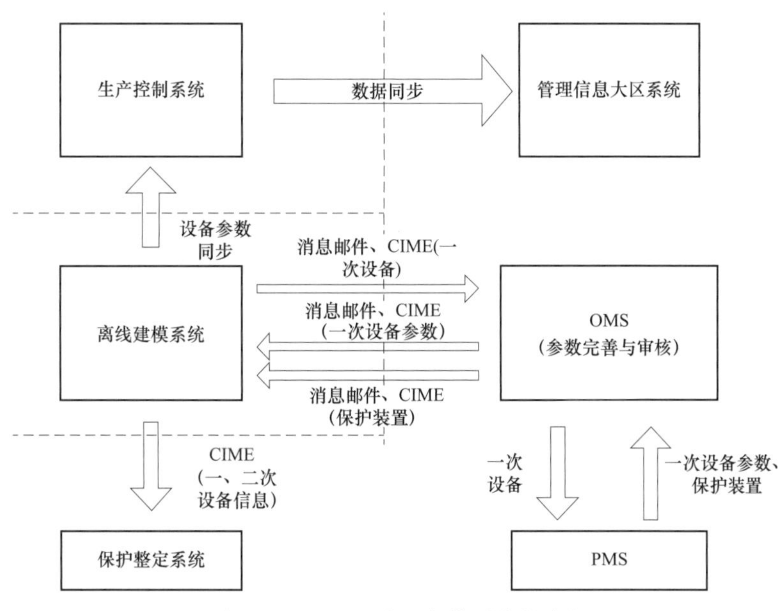

图 2-8 一、二次设备模型维护流程

1. 一次设备模型维护

电网离线建模系统开展新投厂站或厂站改造的一次设备模型初始建模工作，模型维护完成后将新增或修改的设备记录导出为CIM/E模型文件，CIM/E文件中包括设备ID、中文名称与设备基础参数。离线建模系统通过消息邮件方式将CIM/E文件发送至OMS系统，主要使用周期性自动发送方式，并使用界面化手动发送方式应对特殊情况。

CIM/E文件传输至OMS系统后将文件中的设备信息存入OMS系统数据库，OMS系统同时接收PMS系统的设备参数信息。管理人员在OMS系统中对设备模型信息进一步完善与审核，模型审核完成后，将该部分模型信息生成CIM/E文件并传输至离线建模系统与PMS系统，离线建模系统与PMS系统在接收到文件后进行解析入库工作。

离线建模系统将完整的一次设备模型通过数据传输服务发送至生产控制系统，生产控制系统将完整的模型参数信息导入本系统数据库，并通过数据同步更新管理信息大区中的镜像系统。

2. 二次设备模型维护

OMS系统接收来自于PMS系统的二次保护装置中文名、类型、校验码、厂商等模型信息，并进行一、二次设备模型关联关系的建模工作。

OMS系统建模工作完成后将包含一、二次设备关联关系的保护装置完整信息导出为CIM/E文件，并通过消息邮件方式发送至离线建模系统，离线建模系统接收到文件后进行解析入库工作。

离线建模系统将完整的二次设备模型与一、二次设备模型关联信息，分别以数据传输服务方式与CIM/E文件方式发送至生产控制系统与保护整定系统，生产控制系统将模型信息导入本系统数据库，并通过数据同步更新管理信息大区中的镜像系统。

2.5.3 模型共享

电网一体化特征日益明显，电网调度控制复杂性大大增加，这些都对调度技术支持手段提出了更高的要求。各调控中心必须通过技术手段实现调控中心之间以及调控中心内部的信息集成与共享，为电网调控运行人员提供全面细致的电网状态，并提供相应的辅助决策支持、控制方案和应急预案等。现有调控系统间常见模型共享模式主要有以下两种：

1. 模型拼接模式

上下级电网间模型的交换基于IEC 61970标准的CIM模型文件进行，电网模型拼接依据IEC 61970标准，将待拼接的区域模型事先用CIM模型文件导出，这样就会有多个来自相关不同区域的CIM模型文件，分别代表各自区域的电力系统模型，将多个来自不同区域并且有关联的CIM模型文件按一定的规则处理后导入到应用系统中。这里所说的规则处理即待导入的CIM模型文件依据事先定义好的模型边界定义信息，进行模型切割和裁剪，保留本区域模型，去除不属于本区域的模型部分，并和其他区域的模型完成边界设备的拓扑信息对接的过程。

2. 模型中心模式

电网调控模型中心用于对某一区域（省、分中心等）的电网模型进行统一管理，模型中心覆盖的各级调控机构分责维护电网模型，在模型中心形成全网大模型，并对外提供模型服务，实现全网模型的按需共享。

模型中心提供模型更新服务、模型查询服务和模型订阅发布服务等。模型中心不进行模型维护操作，使用人员只需在本地调控系统进行日常模型维护，维护结果自动提交本地调控系统和模型中心，模型修改在模型中心经过验证后发布为正式版本，其他调控机构可以通过模型中心提供模型订阅发布服务，实时获取模型变化消息，并及时更新本地调控系统模型。通过对使用人员透明的模型更新服务，各调控系统按照调管范围维护的模型在模型中心系统自然合并，无需进行模型拼接；模型中心系统将经过验证的最新模型的变化信息自动推送到各调控系统；各调控系统按需获取本区域、其他区域或者全网的模型信息，以满足各类应用对模型信息的不同需求，降低模型维护工作量，提高模型的一致性和准确性。

2.5.4　技术特点

1. 标准化

电网模型是所有电力系统使用的共同信息，因此共享的标准电网模型是实现各类应用系统“即插即用”和“互联互通”的基础。电网模型的标准化核心是采用 IEC 61970 标准实现信息和系统的集成。

2. 一致性

由于对电网模型的需求和建模的侧重点不同，应用系统之间需要通过模型管理提供统一的模型维护和管理机制，为各应用系统提供符合其需求的各类模型。

3. 完整性

对于互联的大电力系统而言，调控中心对整个系统的认识必须是及时、全面、准确和完整的，因此需要实现全网模型的完整统一。

4. 正确性

模型管理作为电网系统模型维护和发布的源头，必须保证电网模型的正确性以及模型参数的完整性。可以通过基于 CIM 模型文件的静态校验和基于应用（如状态估计）的动态校验验证电网模型的正确性。

5. 多样性

随着电网技术的不断发展以及电网内部各类自动化系统的相继建设，对模型的需求也各不相同，单一模型已经无法满足各类应用计算的需求，需要为不同类型应用系统提供按功能分类和按时间维度描述的各类模型。

2.6　人机界面

人机界面在标准化和开放的平台基础上实现对实时监控与预警、调度计划、安全校核和调度管理四大类应用的统一展示。通过基于电力系统图形描述规范（CIM/G）的电网图形存储及共享机制，支撑各类应用人机界面的统一管理和广域安全调阅，为实现电网图形的“源端维护、全网共享”和调度应用功能的“横向集成、纵向贯通”奠定了坚实基础。

人机界面包括画面编辑、界面浏览、可视化和界面管理等功能。画面编辑功能实现画面中图元、图形、表格、曲线及复合图元的绘制和管理功能。界面浏览功能实现实时画面、告警等信息的浏览，实现人机交互。界面管理提供对画面风格、菜单等的定制功能。

2.6.1 人机体系结构

图形人机界面的体系结构采用扩展应用层/人机平台展示层/公共服务层/数据存储层模式。扩展应用层提供各应用扩展机制；人机平台展示层提供了窗口管理界面、图形显示界面和可视化调度界面，具备跨平台、瘦客户端等特性；公共服务层提供了人机服务代理服务、资源定位等服务；数据存储层包括各种可访问的数据资源，如实时数据库、关系数据库等。

电网调度控制系统人机界面的体系架构图如图 2–9 所示。

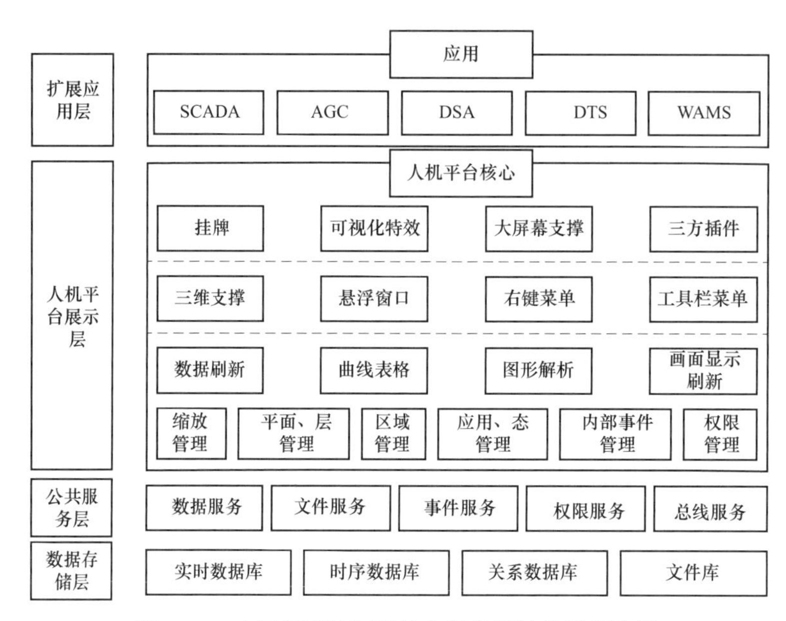

图 2–9　电网调度控制系统人机界面的体系架构图

2.6.2 窗口管理

人机界面充分利用视窗的空间，布局图形窗口，图形浏览窗自适应屏幕分辨率，最大化显示在屏幕上，通过鼠标可以改变窗口的大小与尺寸。屏幕上始终只有一个活动窗口，视窗的个数没有上限规定，只要内存足够，在一个显示屏上可以开设任意多的窗口。

人机界面充分考虑了使用者的使用习惯，进行了人机优化，关闭窗口时自动记录关闭时刻的窗口布局，下次打开时保持原有屏幕布局，同时支持指定图形窗口的显示位置。

2.6.3 图元编辑

图元编辑是面对电力设备、间隔的建模工具，支持各种电力设备、间隔的图形外观定义、数据库关联定义、动态条件定义、标准图形文件的导入导出。它提供一套可灵活扩展的电力设备元件库，是图形编辑的基础。

1. 图元分类

人机界面图元主要包含基本图元、电气图元、标志图元和综合图元等。由于采用了嵌入式控件作为图元，人机界面中的图形显示方式和手段得到了极大的丰富。

2. 图元仓库

图元仓库是所有系统的自备图元以及绘制图元的总称，它在图形编辑器中以图元工具箱的形式出现，使用方便灵活。

3. 图元发布

图元编辑完成后需要全系统共享，通过菜单或工具栏按钮操作，可将当前打开的图元发布至所有节点。

2.6.4　图形编辑

人机界面提供在线显示画面编辑器。它可以帮助创建、修正、补充显示画面。画面可以由使用者自行创建与绘制，即可完成显示画面的生成与维护。

画面编辑软件拥有能够关联任何数据的能力，包括实时数据库数据、关系数据库数据和应用生成数据等。

画面编辑软件提供显示所有画面文件的列表、另存、重载以及确认功能。在画面编辑和显示中可以在对话框里查看所有的画面文件或者根据预先定义的分类查看部分画面文件，除了查看画面的名称，还提供画面的简略图预览。画面编辑软件还包括图形画面离线编辑、画面的自动生成等功能。

1. 离线编辑

图形画面离线编辑主要包括离线图模装载、图模维护和图模文件生成等几个部分。图模装载提供了以 CIM/G 格式矢量图形文件和以 CIM/E 格式文件的模型集或增量模型导入离线环境的功能。离线环境支持图模多版本的需求，图模文件保存在多版本目录中，不同版本的图模文件相互独立，为智能电网调控系统提供图形和模型，满足多应用业务的需求。

2. 自动成图

图形模型一体化维护提供全方位的图形到模型的生成、模型到图形的自动生成，根据数据库模型，自动生成基于间隔模板的厂站接线图、间隔光字牌图及间隔接线图。通过模型自动生成图形，简化了系统工程厂站图的绘制工作，同时为大量原有网省调系统升级到电网调度控制系统提供强有力的技术保障。

2.6.5　图形浏览

图形浏览器是电网监视控制的主要工具之一，以图形编辑器建立的电网图形为显示对象，显示电网设备的运行状态，图形浏览主要由本地浏览、远程浏览、广域浏览、可视化与 GIS 展示等模块组成。

1. 本地浏览

图形浏览器主要用于浏览电网调度控制系统的厂站图、系统图和潮流图等画面。图形浏览器提供多窗口视图、系统菜单、可定制工具栏、状态信息栏等功能，支持多态多应用图形浏览和应用集成浏览，支持数据采集与监控、在线安全预警等应用。通过右键实现多种设备控制操作，通过鼠标悬停在设备上查看详细的设备信息。

2. 远程浏览

人机画面除了常规的画面浏览，还支持基于服务的画面远程调阅。人机界面通过域管理技术方便切换远程调控系统，全面支持远程画面调阅，实现了不同应用系统、不同厂家对图形调阅的描述、请求与响应。

图形界面采用统一的图形界面标准，通过图形服务实现同一大安全区内的各应用可相互调阅画面，上级调度不跨区直接浏览下级调度的画面，实现源端维护和全网共享目标。

3. 广域浏览

图形广域浏览是在调控系统基础上结合各应用增加的新功能与展示方法，通过广域数据服务实现跨区域的电网数据模型检索，在多源模型广域检索的基础上实现对本地模型和跨调控中心模型在同一幅图形上浏览。整合内外数据资源，综合展示电力、电量、跨区交直流互联电网实时运行信息，综合利用气象、雷电、山火、水情等多服务信息提供全景化展示。广域人机系统体系架构如图 2－10 所示。

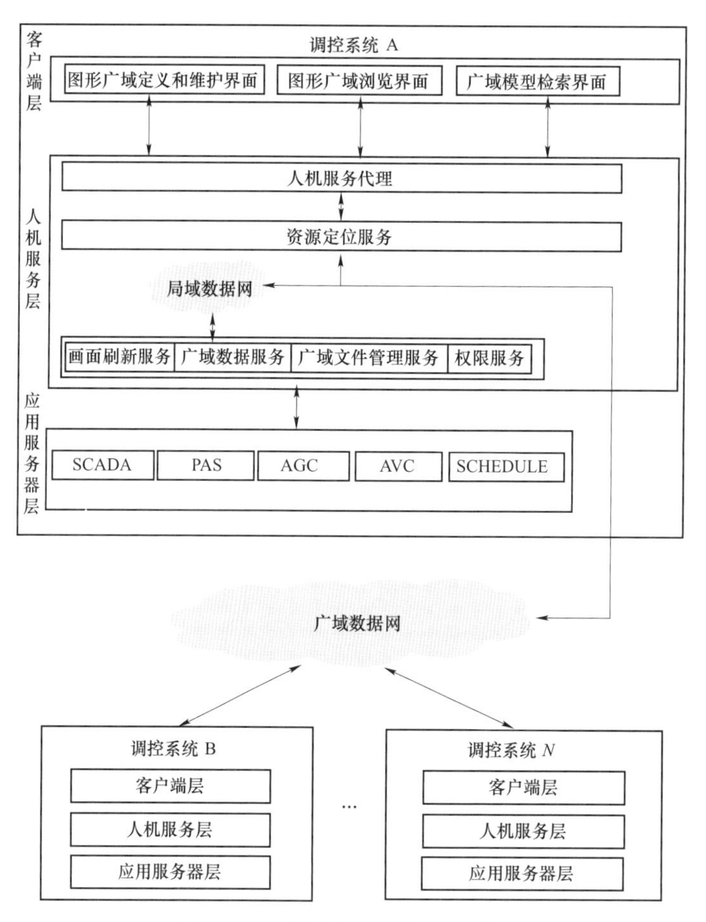

图 2－10　广域人机系统体系架构

广域人机系统的体系结构采用客户端层/人机服务层/应用服务器层模式。客户端层提供图形广域定义、维护界面和图形广域浏览界面。

人机服务层提供人机服务代理、资源定位服务。人机服务代理实现本地服务、远端服务的适配代理，实现广域范围的服务访问。资源定位服务定位可用的服务地址和端口，刷新服务实现图形画面的全数据和变化数据更新，文件统一管理服务实现对广域图形文件跨系统管理和存储。

应用服务器层包括各种可访问的数据资源以及向上层提供的可访问资源的应用程序编程接口（Application Programming Interface，API），其中数据资源包括数据采集与监控、高级应用、自动发电机控制等应用的实时数据和关系数据。

4. 可视化与 GIS 展示

电网调度控制系统 GIS 模块采用空间数据结构描述电网设备的空间排列和相互关系，并将此类信息存入空间数据库。在此基础上，以大规模数据的渲染展示为导向，围绕海量电网设备运行信息的监控，结合气象、雷电、山火等外部综合信息的叠加展示，实现了从宏观层面对电网整体运行情况的综合监视，为电网状态评估提供了多维度的信息支撑。

可视化采用先进的软件开发技术，具有标准、开放、独立、可靠、安全和适应性强等特点，不局限于特定应用，完全可以按照实际需求进行定制，实现电力系统任意实时、历史或统计数据的专业化展示，直接承载着实时监控与预警、调度计划、安全校核和调度管理等应用平台的高级展示。

2.7　安全防护

电网调度控制系统的总体安全防护遵循《电力监控系统安全防护规定》中“安全分区、网络专用、横向隔离、纵向认证”的安全防护方针，从结构安全、本体安全、应用安全、数据安全、安全应急和安全管理等方面进行安全防护设计。调度控制系统安全防护架构如图2－11所示。

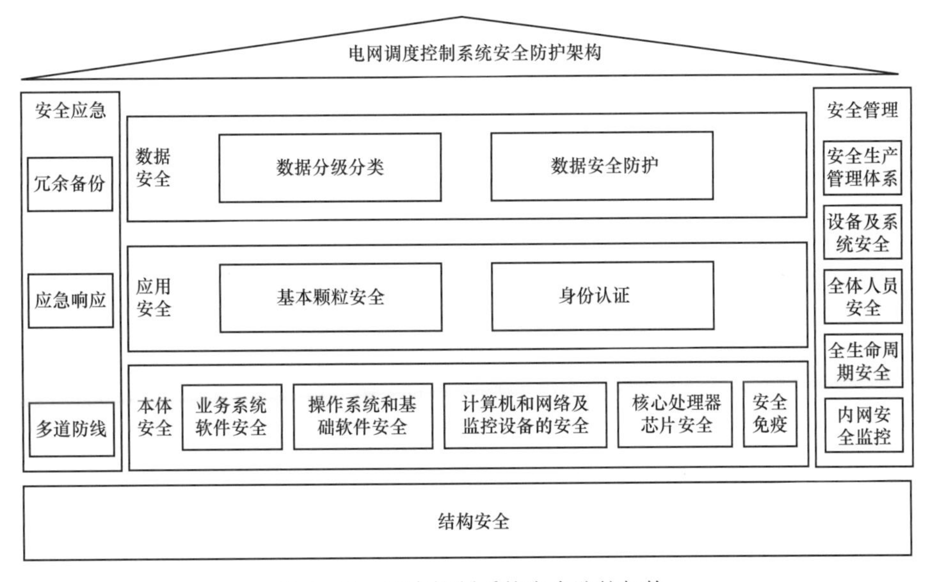

图2－11　调度控制系统安全防护架构

其中，结构安全是安全防护体系的基础框架，也是所有其他安全防护措施的重要基础，应根据具体的调控系统网络结构，划分合理的网络边界，并在边界处采取相应等级的安全防护措施。本体安全主要包括业务系统软件安全、操作系统和基础软件安全、计算机和网络及监控设备的安全、核心处理器芯片安全和安全免疫。应用安全主要包括身份认证和基本颗粒安全等。数据安全主要包括数据分级分类和数据安全保护等防护措施。安全应急主要包括冗余备份、应急响应和多道防线等防护措施。安全管理主要包括安全生产管理体系、全体人员安全、设备及系统安全、全生命周期安全。

2.7.1 安全防护基础技术

1. 隔离技术

调度控制系统涉及的隔离技术包括物理隔离和逻辑隔离。

物理隔离装置（又名网闸）由内网处理单元、外网处理单元和隔离卡三个基本部分组成，使用带有多种控制功能的固态开关读写介质连接内网和外网主机系统，并阻断内外网主机系统之间的物理连接、逻辑连接、信息传输命令和信息传输协议，使得内外网主机系统之间不存在依据协议的信息包转发，只有数据文件的无协议“摆渡”。物理隔离装置从物理上隔离、阻断了具有潜在攻击可能的一切连接，使“黑客”无法入侵、无法攻击及无法破坏，实现安全防护。调度控制系统中的横向单向隔离装置，是在物理隔离技术的基础上，通过专用通信硬件和专有安全协议等安全机制，来实现生产控制大区与信息管理大区之间的网络隔离和数据交换。

逻辑隔离装置与物理隔离装置功能类似，但实现方法不同。逻辑隔离装置中被隔离的内外网之间仍然存在物理上数据通道连接，但通过技术手段阻断数据通道，即逻辑上隔离。通常意义上的逻辑隔离采用协议转换、数据格式剥离和数据流控制等技术手段。广义上的逻辑隔离技术包括虚拟局域网（Virtual Local Area Network，VLAN）、访问控制、虚拟专用网（Virtual Private Network，VPN）、防火墙、身份识别和端口绑定等。

2. 密码技术

密码技术是一种将可识别信息转化为无法识别信息的混淆技术，包括经典密码技术和量子密码技术。经典密码技术采用对称算法和非对称算法。对称算法是指采用相同的密钥进行加密运算和解密运算。非对称算法拥有两个密钥（公钥和私钥），其加密运算和解密运算分别采用不同的密钥进行。

量子密码技术采用量子态作为信息载体，其安全性由量子力学原理所保证，即对量子态的测量会引起波函数塌缩，本质上改变量子态的性质，发送者和接受者通过信息校验就会发现它们的通信是否被窃听。对量子态的拷贝复制，由于量子相干性同样不可能克隆出与输入态完全一样的量子态来。量子密码技术原则上提供了不可破译、不可窃听和大容量的保密通信体系。在调度控制系统中，通常是将量子密码技术与经典密码技术结合使用，采用量子密码技术完成密钥协商，采用经典密码技术对通信数据进行加解密。

3. 数字证书和安全标签

数字证书是一个经证书授权中心数字签名的包含公开密钥拥有者信息以及公开密钥的

文件。最简单的证书包含一个公开密钥、名称以及证书授权中心的数字签名。数字证书可以由权威公正的第三方证书颁发机构（Certificate Authority，CA）签发，也可以由企业级 CA 进行签发。

调度控制系统使用的数字证书由国家电网公司的 CA 系统进行签发。调度数字证书系统采用三级认证模型，并由每级建立相应的 RSA 认证体系和 SM2[1]椭圆曲线密码算法认证体系。国调根 CA（Root CA）分别自签生成 RSA 算法根证书和 SM2 自签根证书，并向二级单位签发提供两种算法证书，以此类推逐级完成下级单位的证书申请和签发。

安全标签是对当地的服务主体、客体进行安全管理的标识数据。依靠已建立的电力调度数字证书系统，对调度控制系统中应用（服务请求者）和服务（服务提供者）分配安全标识，形成安全标签，实现服务提供者对请求者的粗粒度的基于角色的安全访问控制。

调度数字证书和安全标签作为安全基础措施，为系统上层应用和服务提供安全支撑。

4. 防火墙和入侵检测

防火墙是一种网络安全设备，部署在两个不同的安全域之间，根据定义的访问控制策略，检查并控制两个安全域之间的数据流。调度控制系统中的防火墙通常实现逻辑隔离、报文过滤、访问控制等功能。

入侵检测技术是一种动态的安全检测技术，其通过在计算机网络或者计算机系统中的若干关键点收集信息并对其进行分析，从中发现网络或者系统中是否有违反安全策略的行为和被攻击的迹象。入侵检测技术可以与防火墙联动，对网络攻击进行阻断。调度控制系统在各网络边界进行入侵检测，采用镜像口监听部署模式（旁路部署），把入侵检测设备连接到交换机镜像口，对入侵检测规则进行勾选启动。

2.7.2 结构安全

调度控制系统网络结构较为复杂，应采用“安全分区、网络专用、横向隔离、纵向认证”的防护策略。

1. 安全分区

调度控制系统划分为生产控制大区和管理信息大区。生产控制大区可以分为控制区（安全区Ⅰ）和非控制区（安全区Ⅱ）；管理信息大区可以分为信息内网（安全区Ⅲ）和信息外网（安全区Ⅳ）。生产控制大区内的电网调度系统在各级调控中心之间的纵向互联必须在相同安全区内进行，避免跨安全区纵向交叉连接。

生产控制大区与无线通信网之间设置安全接入区，在安全接入区内生产控制大区侧设置横向单向隔离装置，在无线通信网侧设置通信网关机和加密认证设备，保障无线通信网络安全地接入生产控制大区。管理信息大区与无线通信网之间设置安全接入区，在安全接入区内生产控制大区侧设置横向单向隔离装置，在无线通信网侧设置通信网关机和加密认证设备，保障无线通信网络安全地接入管理信息大区。管理信息大区的信息外网与互联网之间部署高性能防火墙，保障互联网的接入安全。

各区域安全边界采取必要的安全防护措施，禁止任何穿越生产控制大区和管理信息大

[1] SM2 是国家密码管理局于 2010 年 12 月 17 日发布的椭圆曲线公钥密码算法。

区之间边界的通用网络服务［如文件传输协议（FTP）、超文本传输协议（HTTP）、远程终端协议（TELNET）、电子邮件协议（MAIL）、远程登录协议（RLOGIN）和简单网络管理协议（SNMP）等］。

2. 网络专用

调度控制系统的生产控制大区在专用通道上使用独立的网络设备组网，采用基于同步数字体系（Synchronous Digital Hierarchy，SDH）不同通道、不同光波长和不同纤芯等方式，在物理层面上实现与其他通信网及外部公用网络的安全隔离。

生产控制大区通信网络可进一步划分为逻辑隔离的实时子网和非实时子网，采用多协议标签交换 VPN（Multi－Protocol Label Switching－VPN，MPLS－VPN）、安全隧道、永久虚电路（Permanent Virtual Circuit，PVC）和静态路由等技术构造子网。

生产控制大区数据通信的七层协议均采用相应安全措施，如图 2－12 所示。在物理层与其他网络实行物理隔离，在数据链路层合理划分 VLAN，在网络层设立安全路由和 VPN，在传输层应设置加密隧道，在会话层采用安全认证，在表示层采用数据加密，在应用层采用数字证书和安全标签进行身份认证和用户权限标识。

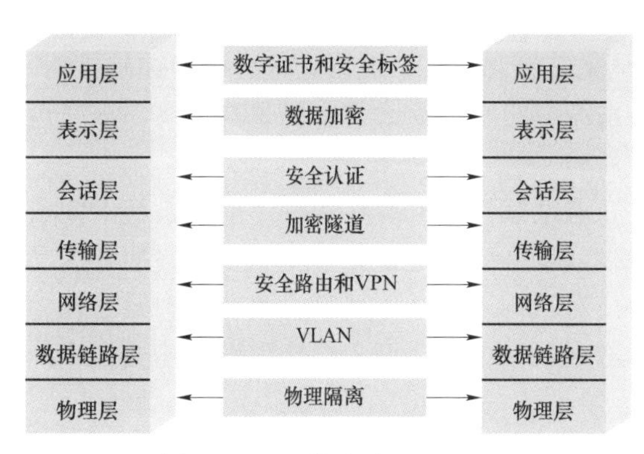

图 2－12　网络安全防护层次

3. 横向隔离

在生产控制大区与管理信息大区间采用隔离强度高于防火墙的物理隔离装置，即横向隔离设备。生产控制大区到管理信息大区的数据，通过正向隔离设备，进行高安全级别大区向低安全级别大区的单向数据传输；而管理信息大区到生产控制大区的数据，通过反向隔离设备，经过内容过滤、签证、有效性检查等处理后，实现低安全级别大区向高安全级别大区的单向数据传输。正反向隔离设备在物理层面上控制了数据的横向流动，确保数据的安全性和有效性。

安全接入区与生产控制大区中其他部分的连接处，同样需要设置电力专用横向单向安全隔离装置。

调度控制系统中为适应业务数据高速交互的需求，通常采用基于隔离阵列的集群部署方式，增强横向隔离传输性能。

4. 纵向认证

在生产控制大区与广域网的纵向连接处，设置电力专用纵向加密认证装置或者加密认证网关及相应设施。

纵向加密认证装置采用国密非对称算法实现双向身份认证与会话密钥协商，采用电力专用对称算法实现通信数据的对称加密。为进一步增强安全性，可以引入量子技术，采用量子密钥代替经典密钥，将纵向加密装置的会话密钥协商部分替换成量子设备实现。

量子设备可以采用专用通道或者公共通道进行通信，考虑到传输距离、抗干扰等因素，目前，比较实用的方式是采用专用光纤通道，通过光量子（光子）进行量子通信。因此，在网络通道上，需要为量子通信设备提供专用的光纤通道。同时，量子通信设备可借助原有的调度数据网网络通道进行量子密钥分发时的辅助信息交互及量子通信设备的远程集中管理。

对于短距离（一般 80km 以内）的点对点通信，总体的实现方案如图 2－13 所示。

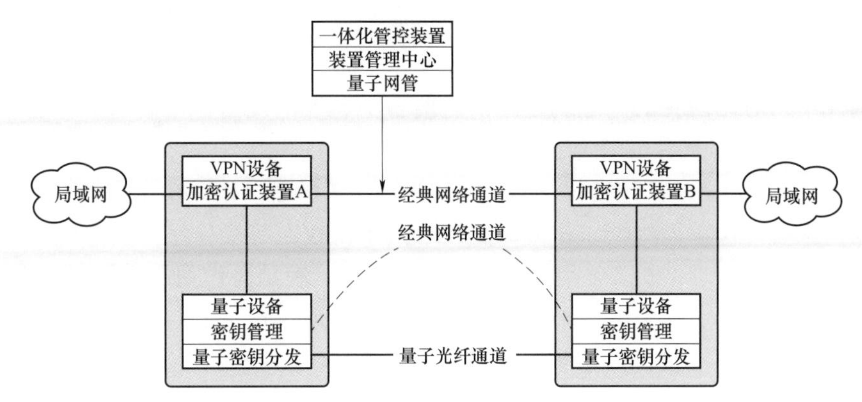

图 2－13　基于量子密钥的电力专用加密算法和国密算法实现方案

在认证加密方面，纵向加密认证装置与量子设备可以采用一体机的方式进行集成融合，也可以采用分离的方式进行集成融合。通过量子设备，实现密钥的协商，并分发到对应的纵向加密认证装置中，纵向加密认证装置直接使用量子设备分发的密钥进行数据加密通信，不再进行传统的密钥协商。纵向加密认证装置依然采用电力专用对称加密算法进行数据加密，仅采用国密 SM2 非对称算法进行双向身份认证。纵向加密认证装置与量子设备之间采用基于数字证书的方式进行安全通信。为了实现对现有纵向加密认证装置的兼容，方便后续的逐步升级，基于量子密钥的纵向加密认证装置需要保留原有的认证、协商、加密通信机制，实现与新老纵向加密认证装置的共存。

在远程统一管控方面，融合纵向加密认证装置原有的装置管理中心功能与量子设备网管功能，实现一体化的管控装置。一体化管控装置采用数字证书的方式实现与纵向加密认证装置和量子设备的安全通信。

2.7.3　本体安全

按照 GB/T 22239—2019《信息安全技术　网络安全等级保护基本要求》的要求，将具体安全措施落实到系统的需求调研、系统设计和研制开发，部署实施和测试整改等整个生命周期，坚持采用安全、可控、可靠的软硬件产品。按照“应用系统无恶意软件、操作系统无恶意后门、整机主板无恶意芯片、主要芯片无恶意指令”的思路，从业务系统软件的安全、操作系统和基础软件的安全、计算机和网络设备及电力测控设备的安全、核心处理器芯片的安全及安全免疫 5 个层面全力解决系统安全风险。

1. 业务系统软件的安全

调度控制系统在设计时即融入安全防护理念和措施，采用模块化总体设计，合理划分各业务模块，并部署于相应安全区，重点确保实时闭环控制核心模块安全，从而建立起合理安全架构，各功能模块严格按照所在安全区的防护要求，分区分级采取不同安全防护措施；系统可通过内部专用设施进行维护，采用身份认证和安全审计实施全程监控，保障维护行为可追溯。在系统部署前，通过了国家电网公司相关机构的安全性检测和代码安全审计，确保业务系统没有恶意软件或恶意代码，并留存二进制程序。

业务系统软件安装时，使用支撑平台提供的管理工具，获取软件二进制样本，对比留存的二进制程序；若两者不一致，禁止安装。业务系统软件运行时，支撑平台定期扫描各进程，抽取二进制样本，对比留存的二进制程序；若两者不一致，发出告警提示。

2. 操作系统和基础软件的安全

对于生产控制大区的物理主机，采用国产安全操作系统，并对操作系统进行安全防护，使其满足操作系统等保第四级要求，同时采用“最小特权”等操作系统安全机制。

对于安全Ⅲ区的物理主机，采用国产安全操作系统，满足操作系统等级保护第三级要求；云计算环境下的主机、人机云终端等设备的操作系统采取主机加固等措施，使其满足操作系统等保第三级要求，虚拟机操作系统采用满足操作系统等级保护第三级要求的国产安全操作系统；采用“最小特权”等操作系统安全机制。

调度控制系统中的云计算环境，可能存在虚拟机逃逸、虚拟机动态迁移漏洞、云管理软件漏洞等安全问题，需构建虚拟环境的安全防护体系，在虚拟机动态迁移时的迁出端和迁入端进行数据监控和流量监控，同时在云管理服务端对虚拟化系统管理软件进行监控。

3. 计算机和网络及监控设备的安全

电网调度控制系统中采用的计算机和网络设备，以及电力自动化设备、继电保护设备、安全稳定控制设备、智能电子设备（IED）、测控设备符合 GB/T 21028—2007《信息安全技术 服务器安全技术要求》和 GB/T 21050—2019《信息安全技术 网络交换机安全技术要求（评估保证级 3)》等国家标准的要求。核心服务器及设备经过国家有关机构的安全性检测，确保设备主板没有恶意芯片。

设备在使用时进行了合理配置并启用了安全策略。同时，封闭网络设备和计算机设备的空闲网络端口和其他无用端口，拆除或封闭不必要的移动存储设备接口（包括光驱、USB 接口等），仅保留调度数字证书所需要的 USB 端口。

4. 核心处理器芯片的安全

系统中的芯片采用安全可控的密码算法、真随机数发生器、安全 CPU、存储器加密、总线传输加密等安全措施，符合 GB/T 22186—2016《信息安全技术 具有中央处理器的 IC 卡芯片安全技术要求》等国家标准的要求。核心处理器芯片经过国家有关机构的安全性检测，确保了芯片没有恶意指令或模块。

5. 安全免疫

调控控制系统各个模块内部，应逐步采用基于可信计算的安全免疫防护技术，实现从硬件到业务程序的完整性度量、强制访问及执行控制、可信网络连接等功能。调度控制系统应建立主动免疫机制，形成对病毒木马等恶意代码的免疫，防范有组织的、高级别的恶意攻击，实现计算机环境和网络环境的全程可测可控和安全可信。

2.7.4　应用安全

随着信息技术的发展，云计算、大数据、物联网、移动互联和人工智能等新技术正逐步进入调度控制系统，并由此催生了许多新的业务。新技术、新业务的引入，导致业务应用在基本颗粒安全和身份认证等方面面临新的安全风险，具有难以预测、难以防范和隐蔽性强等特点。

1. 基本颗粒安全

调度控制系统的应用安全应从进程安全、存储安全、通信安全和服务安全等业务应用基本颗粒方面出发进行安全防护设计，在软件设计和开发阶段，通过编码规范、编译要求、访问控制策略建议等手段保障业务本质安全，生成业务编码编译规范、安全软件开发工具包（Software Development Kit，SDK）等，指导业务开发。

针对进程，通过支撑平台相关安全管理组件进行安全控制，防止未检测的应用版本安装或应用进程运行，监测进程运行状态，保护进程安全。

针对存储，使用文件加密技术，对应用的重要文件进行加密，保护应用文件在本地的存储安全。

针对通信，通过支撑平台相关安全管理组件对应用之间和应用内部的通信流量、通信内容进行统计分析，检测异常通信。

针对服务，采用支撑平台相关安全管理组件中的身份认证模块和平台安全服务中的加解密服务，保证服务安全。

2. 身份认证

调度控制系统部署在广域网内，需要在全网范围内对人员进行身份认证与识别，结合数字证书、人脸识别等多种认证手段，建立由“国－分”“省－地”两级广域身份认证中心组成的广域身份认证服务体系，提供全网统一身份认证服务。广域身份认证服务体系如图 2－14 所示。

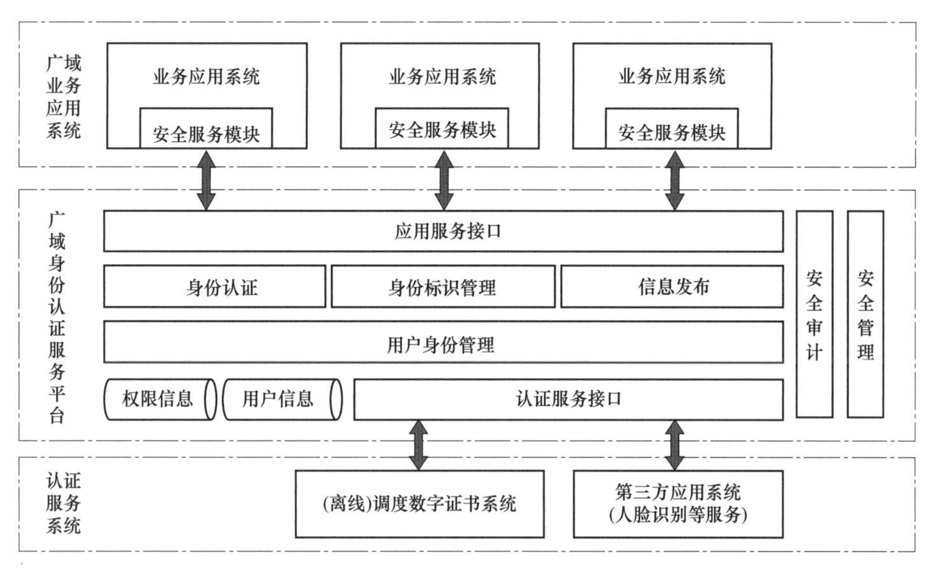

图 2－14　广域身份认证服务体系

2.7.5 数据安全

1. 数据分级分类

数据分级分类是数据安全的基础，调度控制系统中的数据通常可以分为核心数据、重要数据和一般数据。不同种类数据的安全防护要求也不尽相同。对于断面稳定限额、报价数据和控制类数据等核心数据，要求进行存储加密和访问控制；对于安全稳定量化分析结果、电网模型、指定故障集、安控策略模型、调度预案、历史评估结果、计划数据、告警信息和故障概率等重要数据，要求进行访问控制；对于外部气象、地理信息等一般数据，不采取特别的保护措施。

2. 数据安全防护

数据安全防护主要分为服务端数据安全和客户端数据安全。

服务端数据安全主要包括：

（1）数据存储安全：对系统中的关键数据加密（如电力市场的报价数据），保护核心数据的存储安全。

（2）数据传输加密：客户端与服务端之间使用安全传输协议，保证数据传输安全。

（3）访问记录：服务端对客户端的访问行为进行记录。

客户端数据安全主要包括：

（1）权限保护：对不同安全级别的数据设置不同的访问权限。

（2）缓存保护：被访问数据只保存在缓存里，使用人员退出后清空缓存。

（3）浏览保护：缓存中的数据使用专用软件读取查看，且该软件不支持复制粘贴，保证数据一旦脱离终端环境将无法查看。

2.7.6 安全应急

1. 冗余备用

系统实现了数据采集、系统功能和业务职能等三方面冗余备用，异地建成具备调度职能、场所和人员的备用调控系统，其与主用系统具备完全一致的功能应用。例如，在区域电网调度层面，实现了“三华”（华北、华东、华中）区域电网调度互相备用。

2. 应急响应

针对系统特性，制订了应急处理预案并进行预演或模拟验证。当生产控制大区出现安全事件，尤其是遭到黑客、恶意代码攻击和其他人为破坏时，按照应急处理预案，立即采取安全应急措施，并通报上级业务主管部门和安全主管部门，紧急情况下可按照应急处理要求，断开生产控制大区与管理信息区之间的横向边界连接，断开生产控制大区与下级或上级控制系统之间的纵向边界连接，以防止事态扩大。

3. 多道防线

系统构建面向外部网络、管理信息大区、生产控制大区的横向多道防线，实现核心控制区安全防护强度的累积效应。

国调、网调、省调、地县调的系统与其直调的发电厂、变电站之间的纵向边界，部署相应安全措施，形成纵向从下到上四道安全防线，实现高安全等级控制区安全防护强度的累积效应。

各防线分别采用相应安全措施，一旦发生安全事件，能实时检测、快速响应、及时处置，实现各防线协同防御。

2.7.7　安全管理

1. 融入电力安全生产管理体系

按照“谁主管、谁负责；谁运营、谁负责；谁使用、谁负责”的原则，智能调度控制系统由所辖调控中心负责归口管理，落实机构内各处室责任制，实现全设备、生命周期安全管理，通过内网安全监控功能提供必要的安全管理技术支撑。

2. 设备及系统的安全管理

针对系统采购全部业务系统软件模块和硬件设备，特别是安全防护设备，建立设备台账，实行全方位安全管理。

安全防护设备和重要系统及设备在选型及配置时，对于被国家相关部门检测通报存在漏洞和风险的特定系统及设备，一律纳入采购黑名单；相关系统、设备接入系统网络时，都制定接入技术方案，采取了相应安全防护措施，并经系统安全管理部门的审核、批准；定期对系统开展等级保护测评和安全风险评估，针对发现的问题及时进行整改加固。

3. 全体人员安全管理

针对系统，配备安全防护人员，设立安全主管、安全管理等岗位，配备安全管理员、系统管理员和安全审计员，明确各岗位职责，并指定专人负责数字证书系统等关键系统及设备的管理。

开展针对系统安全防护的管理、运行、维护和使用等全体人员的安全管理和培训教育，特别加强对厂家维护及评估检测等第三方人员的安全管理，提高全体内部人员和相关外部人员的安全意识。

4. 全生命周期安全管理

对系统及设备在规划设计、研究开发、施工建设、安装调试、系统改造、运行管理和停用废弃等全生命周期阶段采取相应安全管理措施。

采用安全、可控、可靠的软硬件产品，保证所采用的设备及系统符合国家与行业信息系统安全等级保护的要求；重要系统模块及专用安全防护产品的开发、使用及供应商，均按国家有关要求做好保密工作，禁止安全防护关键技术和设备的扩散。

依据相关标准和规定对系统进行安全防护专项验收；积极落实系统日常运维和安全防护管理措施，并定期开展运行分析和自评估；系统和设备退役报废时将按相关要求，销毁含敏感信息的介质和重要安全设备。

5. 内网安全监控

调控系统在安全管理方面设计并实现内网安全监视功能，通过对调控系统内的相关安全防护装置进行信息采集、数据分析和安全管理，从安全管理与设备监控角度完善现有的系统安全防护体系。

内网安全监控支持事件类型关联、事件内容关联和资产信息关联，能够通过特定算法从大量安全事件数据中挖掘当前的安全趋势和规律，能够及时发现安全防护体系中存在的安全事件并及时向运行值班人员告警。

2.8 案例管理

案例管理是电网调控系统实现应用场景数据存储和管理的公共工具，便于应用使用特定环境下的完整数据开展分析和研究。案例的保存与取出是事故反演、全景事故反演（全景PDR）和潮流计算等功能的数据基础，利用案例数据的关键特征，可对电网历史运行状况进行事后分析、评价和反演，找出薄弱环节，提出优化策略，指导后续电网运行优化，为电网的规划建设提供参考。

案例管理功能包括多种类型数据（集）及其组合的存储、载入、删除、查询、比较和版本管理等，并提供相应的管理工具和服务接口。

典型的案例数据类型包括模型数据、实时数据、文件数据及其组合。

2.8.1 模型数据案例管理

模型数据案例管理的内容是电网调控系统的模型和静态参数信息。主要包括区域、厂站信息、一次设备信息、二次设备信息、远程终端单元（Remote Terminal Unit，RTU）采集模型、同步相量测量装置（Phasor Measurement Unit，PMU）采集模型、电能计量计费系统（Tele Meter Reading System，TMRS）采集模型、计算点信息和各应用定义的模型信息等。

商用库模型数据断面的生成和管理通过模型多版本功能实现，案例数据管理提供根据指定时间查询最近断面内模型数据的接口。多数应用会使用到的实时库模型数据断面，通过定时全量读取，或者增量响应模型变化读取实时库数据的方式生成，其中生成的数据以文件形式进行存储。模型数据断面生成如图2-15所示。

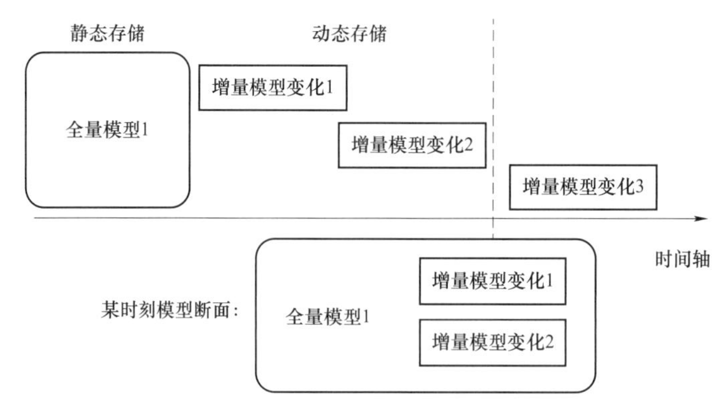

图2-15 模型数据断面生成示意图

模型数据案例管理功能包括基于应用的模型数据断面存储/载入/删除/查询等功能，自动周期存储/删除模型数据的功能，根据时间点匹配最近模型断面（全量+增量）功能，以及为应用提供指定时间断面模型数据的实时库查询接口。

2.8.2　实时数据案例管理

实时数据管理的内容是应用的方式数据信息，主要包括模型的参数信息、电网设备的遥信状态和量测数据、电网调控系统中各应用定义的参数信息和断面数据等。

实时数据的来源包括即时读取实时库的记录数据和应用程序在运行中产生的内存数据，可以是全表记录或者是某张表的某几个字段的值。实时数据断面通常按一定配置规则定时保存，在一定情况下也会由应用程序触发进行保存（实时性更强），生成的数据以文件形式存储。实时数据断面读取时通常需要结合相应的模型数据断面才能体现完整性。实时数据断面生成示意图如图 2-16 所示。

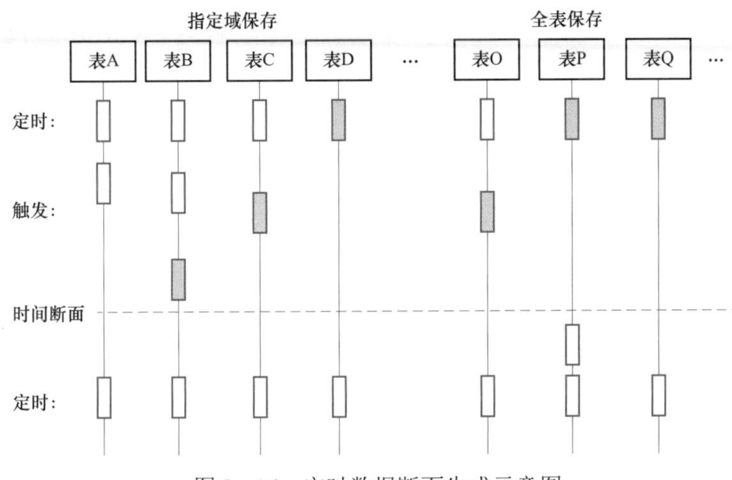

图 2-16　实时数据断面生成示意图

实时数据案例管理功能包括基于应用的实时数据断面存储/载入/删除/查询等功能，实时数据保存内容按需配置设置功能，极值断面/事件断面/整点断面等多种方式分类定义功能，模型数据和文件数据自动匹配功能，任意两个实时数据断面及某个断面和当前实时数据比较功能等。

2.8.3　文件数据案例管理

电网调度控制系统中的文件数据主要包括图形文件和日志文件。由于数据本身就是文件，所以采用文件拷贝压缩的方式进行断面的存储。其中，图形文件既可以根据文件修改时间增量存储也可以全量存储，日志文件可通过记录文件路径，在取出时进行查询定位。文件数据管理功能包括：文件数据断面的存储、载入、删除、查询等功能；自动周期保存结合增量保存图形文件功能；根据时间点匹配最近文件并进行路径指引功能等。

2.8.4　案例管理功能特点

（1）支持实时数据、模型数据、图形文件、日志和内存数据等多种类型数据及其组合的案例数据存储管理、查询、修改、删除、比较以及匹配、一致性及完整性校验等功能。

（2）支持通过配置，以增量或全网的方式储存模型、图形等断面，优化案例数据存储时所占带宽资源，缩短保存时间以及减少数据占用的调控系统空间。

（3）提供多样化的服务 API 接口，供应用程序按业务逻辑所需进行调用，实现案例数据的内容、来源和管理方式的可配置，截取保存断面，安装所需数据等功能。

（4）智能分析使用人员习惯、使用人员权限、管理周期特性、工作日/节假日等相关信息，结合人工配置，自动保存指定案例数据，并通过分析定期删除不需要的数据，减少调控系统资源的占用。

（5）支持通过界面工具直接查询案例数据内容，分析检查数据有无损坏，是否可靠。避免下装数据进行查询展示，减少对运行系统的影响。

案例数据管理服务通过实现支持多数据类型、增量数据存取、容量检查告警和智能存储/删除数据等方式丰富了服务的功能；通过对存储时间和空间利用以及所占调控系统的资源优化提升了服务的性能；通过对使用人员权限和数据权限的控制提高了服务的安全性。

2.9 多态场景应用

支撑平台使用态管理应用的使用场景，某一类使用场景称为一种态。根据使用场景的不同可分为实时态、研究态、规划态、测试态、反演态和培训态。使用应用来管理各项业务的功能，实现某一类功能的业务组成一个应用。由于应用都是在特定的场景（态）下运行的，如实时数据采集和监控功能都是在实时场景（态）下的，静态模型校验则是在测试场景（态）下运行的，支撑平台通常同时采用态和应用来表示具体业务应用。

支撑平台支持对运行在不同态下的应用进行配置，能够管理不同态的应用共同运行，支持对不同态的应用进行展示。综合而言，支撑平台支持对多态场景应用的配置、启停、管理及展示。

2.9.1 多态场景应用配置

支撑平台支持对多态场景应用进行配置，能够指定应用在系统中的部署位置，包括安全分区、节点，应用的优先级，应用的启动类型。应用配置是应用启动的依据。

支撑平台提供工具进行应用配置，通过设置态和应用指定待配置的应用，通过设置区域编号指定安全分区，通过设置节点数、节点指定部署的热备节点和应用的优先级，通过设置冷备节点个数和冷备节点指定应用部署的冷备节点和应用的冷备优先级。

由于应用是由进程组成的，启动应用是由启动所属应用的一组进程实现的。支撑平台提供工具支持配置应用的所属进程。在进行进程配置时，需要设置进程的应用、态、安全分区、进程的启动命令、命令行参数、进程的启动类型等。

2.9.2 多态场景应用启停

支撑平台能够启动和停止多态场景应用。支撑平台通过应用配置来实现应用启动和停止。

在启动应用时，支撑平台既支持启动节点上所有应用，也支持启动节点上某个指定应用。在启动节点上所有应用时，支撑平台通过应用配置确定节点待启动的所有应用，然后逐个启动应用。支撑平台在启动单个应用时，采用启动应用下所有进程实现。在启动进程的过程中，根据进程的属性，判断进程是否启动成功。如果进程是常驻可选进程或者常驻关键进程，支撑平台启动完进程后，需要判断进程是否正在执行。当应用的进程全部启动成功，则应用启动成功。如果关键进程启动失败，则应用启动失败。

在启动某个指定应用时，启动方式和启动所有应用中的单个应用一致。启动指定应用支持动态增加一个未在应用配置中设置的应用。

在停止应用时，支撑平台同样支持停止节点上所有应用或者某个指定应用。支撑平台通过停止应用下所有进程来实现应用停止。在停止节点上所有应用时，支撑平台通过应用监视获取节点上所有应用。针对每个应用，逐个停止应用下的常驻进程。

2.9.3　多态场景应用管理

支撑平台支持对多态场景应用进行整个生命周期的管理，应用管理主要包括主备管理、故障管理和断网管理。

应用管理是通过系统各个节点间互相交换应用报文实现的。当应用启动后，应用管理使用广播通信技术发送每个节点的应用信息。这些应用信息一方面可以起到心跳报文的作用，通知其他节点本节点是在线的；另一方面，可以通知其他节点本节点的应用信息，确保每个节点都可以获取整个系统所有节点的应用信息。

（1）主备管理。它是保证系统中每个应用必须存在一个主机状态而进行的主备切换。应用管理发现系统中某个应用没有主机状态时，自动将优先级最高节点的该应用从备机状态切换成主机状态。当系统中某个应用存在两个或者以上主机状态时，自动将低优先级节点上的该应用从主机状态切换成备机状态，确保该应用只存在一个主机状态。

主备管理支持手工切换，即支持用户通过工具手工切换应用的状态。当用户希望将节点的一个应用从备机状态切换成主机状态时，工具将该应用从备机状态切换为主机状态，应用管理自动将另一个节点上主机状态的该应用切换成备机状态。同样，当运维人员希望将节点的一个应用从主机状态切换成备机状态时，工具将该应用从主机状态切换成备机状态，应用管理自动将另一个节点备机状态的该应用切换成主机状态。

（2）故障管理。支持应用的故障容错和恢复。当节点的应用管理发现本节点的一个应用的关键进程故障时，则将该应用的状态切换成故障状态。如果该应用状态是从主机状态切换成故障状态，应用管理会将优先级最高节点的正常应用切换成主机状态。如果该应用状态是从备机状态切换成故障状态，则不需要进行应用切换。当故障的进程通过消缺恢复正常后，应用管理会自动将应用状态从故障状态切换成备机状态。

（3）断网管理。支持应用的断网容错和恢复。当一个节点断网时，应用管理将该节点的应用状态切换成断网状态。如果断网节点原来存在主机状态的应用，应用管理将优先级最高的正常节点的应用切换成主机状态。当节点的网络恢复，应用管理自动将该应用状态从断网状态切换成备机状态。

2.9.4　多态场景应用展示

支撑平台提供命令行工具和界面工具来展示多态场景应用。运维人员可以在终端命令行使用 showservice 或者 ss（showservice 的别名）展示应用的运行信息（图 2－17），也可以通过界面工具来展示应用的运行信息（图 2－18）。

```
-----------------------------------系统管理应用状态信息----------------------------------------
所属态          应用名   优先级   当前状态         节点名        刷新时间        刷新状态   切换状态
实时态          public     1       备机          dbian1-1     16时14分59秒      刷新      未锁定
实时态        data_srv     1       备机          dbian1-1     16时14分59秒      刷新      未锁定
实时态           scada     1       备机          dbian1-1     16时14分59秒      刷新      未锁定
```

图 2－17　命令行工具展示应用

界面工具可以展示系统中所有应用的运行信息，也可以查看指定应用在各个节点的运行信息。界面工具展示的应用信息包括应用状态、应用名、节点名和运行状态等。

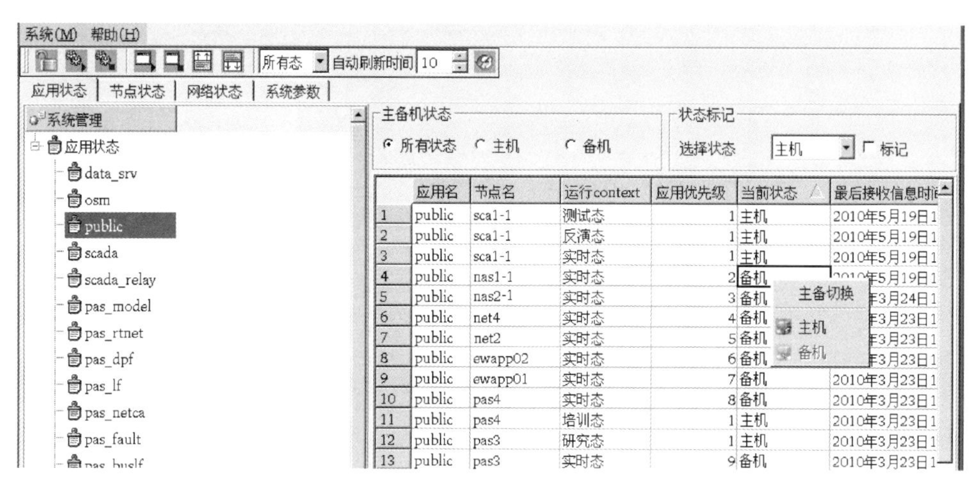

图 2－18　界面工具展示应用

2.10　多层次备用体系

电网调度控制系统是电网运行指挥中枢，承担着组织、指挥、指导和协调电力系统运行的重要任务。提高调控系统抵御各类事故、自然灾害和社会突发事件的能力，保证其不间断运行，是保障电网安全的必要前提，也是电网应急工作的重要基础条件。电网的发展和社会的进步，对调控系统的可靠性和连续性要求日益提高。考虑到调控系统调度中心故障对电力系统运行的严重影响，许多国家开展了备用调控系统建设工作。根据国内外备用调控系统现状、发展趋势和电网建设发展对调控系统运行的实际需要，国内电网企业根据调控系统运行的实际需要，陆续出台备用调控系统建设指导意见，形成了多层次、多类型的备用体系。

2.10.1　备用调控系统建设要求

国家电网公司 2008 年下发了《关于加强国家电网备用调度建设的通知》，确定了备用调控系统建设的基本原则和工作要求。根据各网省公司的实际情况和设备制造能力，通过技术创新和管理创新，建成可靠、实用的国、网、省三级备用调控系统，满足特高压电网运行控制和调度生产指挥不间断的要求，并为实现国家电网一体化调度运行提供技术保障。其中“三华”电网的华北、华东、华中网调与国调采用主调间异地互备模式实现备用（1+3 模式），结合各主调自动化系统的更新改造，配备统一的技术支持系统，逐步建成互为备用的一体化“三华”电网调控系统。东北网调与吉林省调、西北网调与甘肃省调实现主调异地互备，同时西北网调兼作青海省调的备用调控系统。省级备用调控系统原则上选择本省异地地调建设备调，共用调控系统基础设施。

南方电网于 2014 年 11 月 12 日下发《南方电网备用调度建设与管理指导意见》，明确了选址要求和技术系统要求。省级及以上调度机构应采用自备方式建设备用调控系统，并配置与主调系统相同的功能模块，包括基础资源平台、监视和控制、电力系统运行驾驶舱等功能模块，满足调度监控和指挥的要求。地区级调度机构可采用自备或互备方式建设备用调控系统。采用自备方式的备用调控系统应配置与主调系统相同的功能模块。采用互备方式的备用调控系统应在两侧主调系统上进行扩展，分别满足对方调度指挥和监控的要求，互备功能应不影响主调系统运行。

2.10.2　备用调控系统类型

从备用调控系统建设模式来划分，可分为自备和互备两种方式。自备是指各级电网调度控制中心根据自身需要，独自建设备用调控系统。自备系统可以与主系统同一机房建设，也可以与主系统同城不同机房建设，还可以异地建设。互备是指两个调控中心之间各自作为对方的备用系统，这样可以节约投资，还可以提高备用系统的可用性。互备模式一般为异地部署方式。

如图 2－19 所示，从备用调控系统技术架构来分，可分为冷备、热备和双活三种模式。

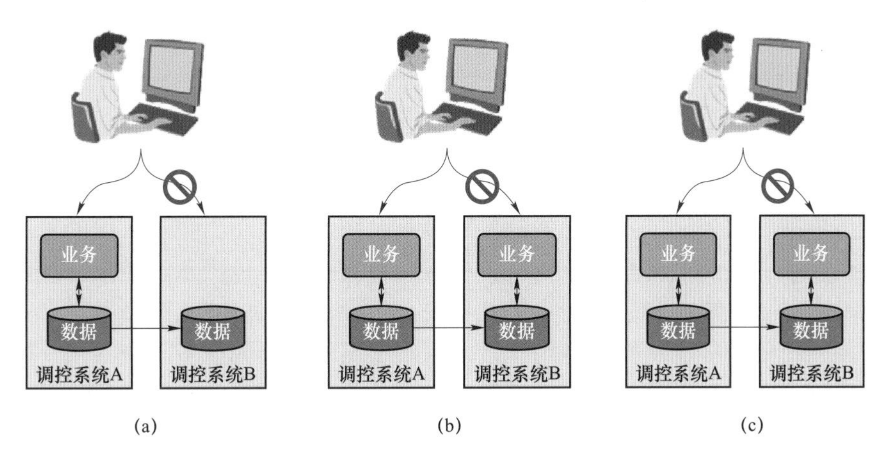

图 2－19　备用调控系统的技术架构

（a）冷备模式；（b）热备模式；（c）双活模式

冷备模式下，只有主调系统承担业务，备用调控系统只会对主调系统进行实时或周期性数据备份，不部署或不启动业务应用。如果主调系统出现故障，业务就会中断，备用调控系统的业务应用启动后，业务才能恢复。

热备模式下，也是只有主调系统承担业务，此时备用调控系统对主调系统进行实时的备份，业务应用也处于启动状态，但不接收访问。当主调系统故障以后，备用调控系统可以自动或手动接管主调系统的业务，业务不会中断或短暂中断，基本感觉不到调控系统的切换。热备模式能够解决一般应用系统的容灾需求，但由于备用调控系统平时不处理业务请求，如果主调故障时，还是可能会存在业务系统数据不一致、服务异常等问题，导致系统不可用，因此就产生了对双活架构的需求。

双活架构是指两个调控系统都同时承担业务，此时，两个调控系统互为备份，并且进行实时备份。这样当任何一个调控系统出现故障时，业务应用完全不受影响，只是单个调控系统的业务负载比平时要高。

表 2－1 比较了这三种备用调控系统架构的优缺点。

表 2－1　　三种备用调控系统架构的优缺点

容灾类型	冷备模式	热备模式	双活模式
切换方式	手动	手动/自动	手动/自动
资源利用率	低	中	高
切换难度	大，失败率高	中	小，可预置策略
切换周期	数小时～数天	数分钟～数小时	数秒～数分钟
实施难度	低	中	高

从备用调控系统备用效果来分，可分为部分功能备用和全功能备用。部分功能备用是指备用调控系统仅具备主调系统的部分关键功能，不具备其他非关键功能。全功能备用是指备用调控系统与主调系统的功能完全一致，主调系统故障后，原有功能完全不受影响。显然，随着备用调控系统功能的增加，其建设投资和建设难度也不断增加。

2.10.3　备用调控系统技术难点

目前大型电网普遍建设了不同形式的备用调控系统，并呈现出快速发展的趋势。备用调控系统的建设规模从临时简易型向永久完备型转变，风险防范范围从调控系统故障扩展到严重自然灾害，公共卫生事件和恐怖袭击等社会安全事件，备用方式从同城备用向异地备用发展。备用调控系统的功能也从数据备用、技术系统备用，发展为业务功能备用，以更好地满足大电网安全运行对调控系统工作连续性的要求。从备用调控系统的建设趋势看，在备用调控系统建设中需要解决如下两个技术难点。

1. 数据一致性

数据一致性指两套主调系统与备用调控系统之间的数据一致程度，双活调控系统要求两者的业务应用能够同时读/写数据，且任意时刻两套调控系统的应用程序看到的数据始终是完全一致的，这就要求能够实现跨调控系统数据库的事务操作，难度很大，同时对网络带宽和网络延迟的要求极高。

2. 网络延迟

网络延迟指一个数据包从使用者的计算机发送到网站服务器，然后再立即从网站服务器返回使用者计算机的来回时间。光纤理论上可以按照光速 30 万 km/s 传递数据，实际在光纤传输中能达到光速的 70%，即超过 21 万 km/s，即使计算机和访问的服务器位于地球上距离最远的两个位置，那延迟也不超过 1s，但在计算机和服务器之间要经过层层的网络设备，将这些网络设备的延时加起来，总延迟时间会大大增加。因此业界存在一种共识，即双活调控之间的物理网络距离不能超过 100km，才能保证调控系统之间的网络延迟在应用可接受的范围内。

第 3 章　数据采集与交换

数据采集与交换子系统（一般称为“前置子系统”）作为电网调度控制系统中实时数据输入、输出的中心，主要承担了调度中心与各所属厂站之间、与各个上下级调度中心之间、与其他系统之间以及与调度中心内的后台系统之间的实时数据通信处理任务，也是这些不同系统之间实时信息沟通的桥梁。信息交换、命令传递、规约的组织和解释、通道的编码与解码、卫星对时、采集资源的合理分配都是数据采集系统的基本任务，其他还有像通信报文监视与保存、站多源数据处理、为站端设备对时、设备或进程异常告警、维护界面管理等任务。

3.1　数据采集与交换子系统基本架构

3.1.1　基本结构

前置子系统基本结构如图 3－1 所示，远方数据信号通过专线通道或网络通道输送到终端服务器或路由器，此时的数据信号没有经过处理，称为生数据。由 3 号、4 号网段组成绿色通道，将生数据送入数据采集服务器，处理后成为熟数据，再通过 1 号、2 号网段，将熟数据送入数据采集与监视控制（Supervisory Control and Data Acquisition，SCADA）服务器，成为系统数据。

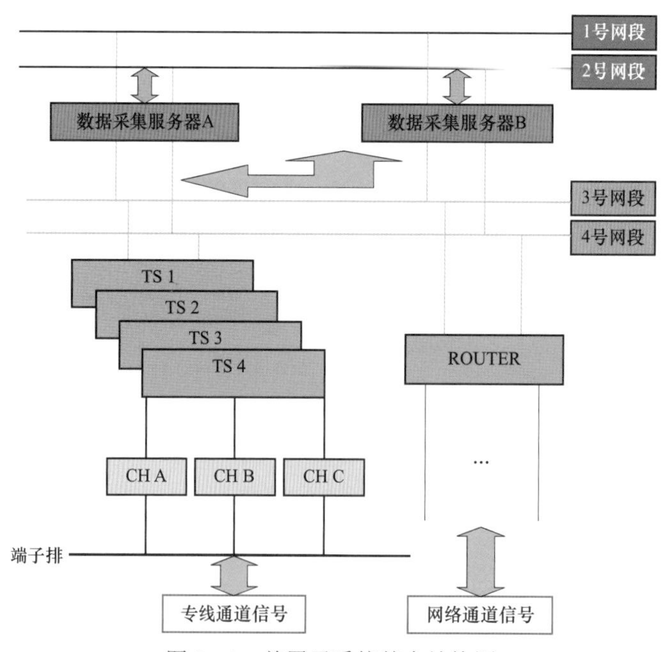

图 3－1　前置子系统基本结构图

前置子系统结构具有如下特点：

（1）网段分明。

外部数据传输网段与本地系统局域网网段分开，确保生、熟数据分开，使得网络畅通；减少网络干扰数据，使得网络使用效率提高。对于 3 号、4 号网段的管理及使用是完全透明的，并能像前置子系统中其他设备一样被监视且给出报告。

（2）配置灵活。

提供给用户的配置方式不再是单一的，也不会将某种配置强加给用户，而是让用户按需配置，最大配置全部是双冗余的，不仅能解决所有单点故障、双点交叉故障，而且能解决部分的三点交叉故障，能够根据用户的实际需求选配部分设备。

（3）通信管理。

通过网络通信的厂站及外部接口与通过专线通信的厂站都进入数据采集系统并统一处理，分工更明确，一个口子对外，数据发布的一致性及其权威性，方便运行管理。

3.1.2　按口值班

前置子系统采用“按口值班”的运行方式，此时子系统中配置的所有采集设备不再人为地被分成哪些是主用设备，哪些是备用设备，完全是根据各自的运行状态而进行动态调整。

“按口值班”摒弃了设备集中或成组的冗余方案，而是将采集设备细化到设备内部的各个独立端口。具体讲，系统中若有一台以上的计算机在运行，那么任一台正常运行的机器都不再同时对所有的厂站值班，而是将对所有厂站的值班权分布到几台不同的机器上。终端服务器是按冗余方式配置的，每个终端服务器往往都有 8～32 个串行端口，也不是让某一组终端服务器上的所有端口都同时值班，或者另一组终端服务器的所有端口都是备用，而是同样将值班权分配到不同终端服务器的不同端口上。通道有主通道和备通道之分，当然也不是让所有的主通道都值班，或者是让所有的备通道都备用，而是让通道运行情况较好的通道值班，另一个运行情况较差的通道作为备用。

所有运行设备的值班和备用状态都可以是动态调整的，但也支持人工调整，最好是通过人为设定条件让软件自动调整。比如某个厂站有光纤和载波两个通道，通常情况下，光纤通道的误码率总比载波通道的误码率低，如果人为固定将光纤通道设定为值班通道，一旦光纤通道中断，那么载波通道再好也无权值班；反之，如果仅将光纤通道设定为优先通道，光纤通道就能优先值班了。关键是所有设备的工作状态都能受到监视，无论是值班设备还是备用设备故障，除了决定值班权是否转移外，还要能对故障设备给出报警。

图 3-2 给出了“按口值班”工作模式下的设备值班或备用情况，可以明显看到值班设备或备用设备不是由成组设备来完成的，而是将原来成组的设备细化到一个个具体的端口，一个设备上可以有某些端口是值班的，同时该设备上的另一些端口又可能是备用的。

3.1.3　分布式数据采集

传统的电网调度控制系统数据采集方式是系统内的两台或两台以上的数据采集服务器集中于一地，各台数据采集服务器之间处于互为备用的运行状态，每台数据采集服务器都有可

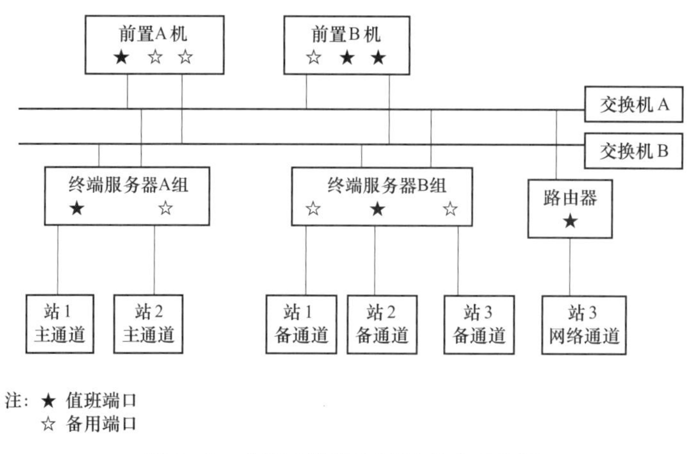

图3－2 “按口值班”运行方式示意图

以处理所有通信任务的能力。但是随着电网规模的不断发展，信息量越来越大，每台数据采集服务器的性能要求也越来越高，而且随着跨区域系统一体化以及异地容灾备用的要求越来越多，如果仍然采用传统的集中式数据采集方式，则需要建立多套电网调度控制系统，然后再用其他的方法实现数据的交换和共享，那么就会大大增加用户对于系统维护难度，而且系统的各项功能也已经不能够完全满足要求。

为解决现有电网调度控制系统集中式数据采集方式的不足，分布式数据采集通过部署在任意位置的数据采集服务器及采集设备协调工作，共同完成整个系统的数据采集任务，并且任意位置采集的数据可共享至全网，有效地解决大量的数据采集任务带来的巨大负载压力，满足用户对系统的异地容灾备用等广域分布的要求，并提供给用户一个统一而完整的系统平台，使得使用系统的人员在电网调度控制系统中的任意节点上就能全面地了解系统中所有的实时数据，并且易于维护，操作方便。

在正常运行时，系统中的数据采集服务器不再是置于一地，也不再是局限于2～4台，而是按需要分布在若干个地方，总数达到8～10台，甚至更多。此时数据采集系统不是将机器总数做简单的扩充，每台数据采集服务器也不是处理相同的任务，而是采用子区域的处理模式，将整个一体化系统的数据采集部分划分成若干个数据采集子区域。每个数据采集子区域都有自己独立运行的数据采集服务器和采集设备，只处理自己区域管辖的厂站和通道，在数据采集子区域内，数据采集仍然采用按口值班、负载均衡的技术，保证数据处理的可靠和高效。每个数据采集子区域都是独立运行，任何一个数据采集子区域的故障也不会影响其他数据采集子区域的正常运行，大量外部区域的数据也不会影响本数据采集子区域的数据处理，不会增加本数据采集子区域的负载。整个一体化前置子系统中数据采集区域的个数是没有限制的，可以任意地扩充和删减，因为每个数据采集子区域都是独立设置，独立运行的，所以在扩充和删减的时候不会影响其他数据采集区域的正常运行。

分布式数据采集运行方式如图3－3所示。在正常运行时，每个数据采集子区域只处理本区域所属的厂站和通道，但是有些信息还是需要同步到其他子区域的。例如，各个数据采集子区域之间会将本区域内所处理的各个通道和厂站的运行状态同步到其他数据采集子区域。

因为这些状态信息的数据量较少，所以不会对网络造成很大的压力。系统维护时如果需要查询具体某个通道的通信报文或实时数据等信息时，可以通过调用对应的数据采集子区域相应的服务进行查询。

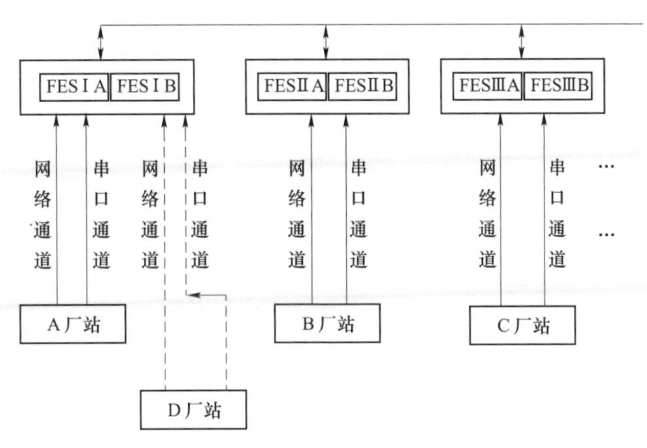

图 3－3　分布式数据采集运行方式示意图

在整个一体化前置子系统中，每个厂站的数据采集都归属于唯一一个数据采集子区域，各个数据采集子区域完成数据采集后将熟数据送往 SCADA 应用，形成全系统数据的合集，实现数据的全系统共享。

3.2　数据采集与交换子系统主要功能

1. 数据交换

在本地电网调度控制系统与多个外部系统之间进行信息传送，传送的信息可以是遥信量、遥测量、系统内部的计算量及系统的工况状态等。

2. 命令传递

在本地电网调度控制系统与多个外部系统之间进行控制、请求命令的传输，支持多种控制请求方式、各种通信方式和多种通信协议。

3. 规约的组织和解释

按照各种规约对接收或发送的数据进行解释或组织。

规约处理模块不再是一个总的模块，而是由若干个不同的规约进程独立运行。优点是各个规约之间互不干扰，容易查找故障，方便添加新的规约模块。

4. 通道的编码与解码

在按照规约进行解释和组织后再按照通道的具体通信设置进行编码与解码工作，支持通道的各种波特率、各种校验方式，并支持同步模式、异步模式、模拟信号、数字信号和网络通信。

5. 卫星对时

与天文钟进行对时操作，并作为 XNTPD 服务的服务器为本系统的其他节点对时，确保系统的时间与天文钟保持一致。

6. 采集资源的合理分配

对所有的采集资源进行合理分配，多台数据采集服务器之间协调管理所有的通信任务，总体原则是对于同一个厂站的多个通道会被分配在不同的数据采集服务器上处理。对于全部的通信值班任务，按照负荷均分的原则分配在不同的数据采集服务器上。

7. 通信报文监视与保存

提供多种方式对通信报文进行监视，同时可以预约或者同步保存。能够对报文进行翻译，能够对总召唤、对时命令提供手动下发，提供各种校验规则供人工校验等功能。

8. 站多源数据处理

对站多源（一个厂站通过多个通道传输信息的情况）进行处理，合理分配通信任务，按具体通信状态和数据质量选择最合适的上送数据送往 SCADA，能够对每一个厂站的具体通信状态进行自动或人工干预。

9. 为站端设备对时

以厂站为单位，对每一个站端设备进行自动或人工对时，对时的精度按照所选择规约可以各有不同。

10. 设备或进程异常告警

对前置子系统中的运行设备和核心进程进行实时的监控，当设备或进程故障或异常时，自动进行任务转移，同时产生告警。

11. 维护界面管理等任务

对前置子系统提供全方位的维护界面和管理，确保每一个过程全部透明，突出个性化及通用化的特点，确保对系统的生成、维护、监视都有友好的界面，确保所有操作都方便、明了并易于操作。

3.3 数据传输

电网调度控制系统采集数据包含稳态数据、动态数据、继电保护设备状态数据等。过去各种数据一般通过微波、电力载波等专线通道进行 RS232 信号的传输，传输规约多采用循环式运动规约、SC1801、μ4f 等规约，由于微波、电力载波等方式容易受环境影响，RS232 信号传输速率慢等因素会导致数据传输效率低和容量低。而随着网络技术的发展，传统的传输方式和串口通信规约逐步被淘汰，现在各种数据多采用 IEC 60870－5－104、DL/T 476 等规约通过电力调度数据网进行传输。

数据交换是指不同电网调度控制系统之间，以及电网调度控制系统与其他信息系统之间（例如雷电、气象系统等）的横向与纵向数据交互，实时数据一般采用 DL/T 476 规约通过电力调度数据网进行传输。

3.3.1 通信系统结构

电力调度数据网是建设在电力 SDH 通信传输网络平台上的调度生产专用数据网，是实现调度实时和非实时业务数据传输的基础平台，也是实现电力生产、电力调度、实时监控、数据管理智能化及电网调度自动化的有效途径，为发电、送电、变电、配电联合运转提供安全、经济、稳定及可靠的网络通道，满足承载业务安全性、实时性和可靠性的要求。承载的电力业务包括SCADA/EMS调度自动化系统、远动、电量采集、继电保护、故障录波、动态预警监测、安全自动装置等信息。

调度数据网采用分层网络结构，分为骨干网和接入网两级网络，数据的传输、交换是骨干网的主要用途，而接入网主要用于各站点的接入。骨干网采用双平面架构模式（即骨干网第一平面、骨干网第二平面）分别由国调、网调、省调和地调节点组成。省调以上的各个节点为骨干网的核心层面，其他节点构成了骨干网的骨干层面。接入网由各级调度接入网即国调接入网、网调接入网、省调接入网和地调接入网组成，其中各级调度接入网又分别通过两点接入骨干网双平面。

厂站的电力调度数据网络构架主要遵循双机配置的标准，同时接入不同种类的接入网中，即国调直调厂站应接入国调接入网和网调接入网；网调直调厂站应接入网调接入网和省调接入网；省调直调厂站应接入省调接入网和地调接入网；地调直调厂站和县调应接入地调接入网。

3.3.2 稳态数据采集

稳态数据采集内容包括：

（1）状态量。包括开关量和多状态的数字量，即断路器、隔离开关、接地刀开关、保护硬接点和软压板状态、AGC和AVC状态信号、一次调频状态信号等信号量。

（2）模拟量。包括一次设备（线路、主变压器、母线、发电机等）的有功、无功、电流、电压值以及主变压器挡位、电网频率，电容、电抗无功、电流值及发电机机端电压等。

（3）应用下发的控制命令。包括遥控命令和遥调命令。

稳态数据传输通常采用DL/T 634.5101、DL/T 634.5104（即IEC 60870－5－101、IEC 60870－5－104规约被等同采用而在国内发布的电力行业标准）等通信协议，厂站按照事先形成的遥测、遥信信息点表上送数据，主站按照事先形成的遥控、设点控制命令点表下发命令。

IEC 60870－5－104规约数据传输流程如下：

（1）电网调度控制系统（以下简称“主站”）与子站端建立TCP/IP链接，主站为客户端，子站为服务端，端口号2404。

（2）主站系统通过此链接发送启动激活命令。

（3）子站收到启动激活命令后回复启动激活确认。

（4）子站按照事先形成的遥测/遥信信息点表主动向主站发送变化数据。

（5）主站系统数据采集应用收到实时数据后将稳态数据送往后台应用处理和展示。

（6）主站系统可按需发送召唤子站全数据命令，子站按信息表将全部遥测、遥信数据上送主站。

（7）主站系统可按需发送遥控、设点等控制命令，子站设备动作后产生的变化数据按照流程（4）～（5）上送主站。

（8）停止数据传输时，主站系统通过此链接发送停止激活命令到子站端，子站回复停止激活确认后停止发送数据报文。

3.3.3 动态数据采集

动态数据包含状态量和模拟量。

（1）状态量。包括带时标的开关状态、机组一次调频功能投入/退出信号、一次调频动作/复归信号、AVR 自动/手动信号、PSS 投入/退出信号等。

（2）模拟量。包括带时标的电压相量、电流相量、频率、机组的功率、机端电压、定子电流、励磁电流、励磁电压、内电势与功角、水电机组导叶开度、火电机组气门开度和调节级压力、鉴相脉冲、机组转速等。

动态数据传输通常采用 GB/T 26865.2—2011《电力系统实时动态监测系统 第 2 部分：数据传输协议》。数据传输时在调度数据网上建立三个网络通信管道，即管理管道、数据管道和离线管道（也称为文件管道）。

管理管道实现对规约通信的控制，在管理管道中传送的报文包括召唤并传输 CFG－1 帧、召唤并传输 CFG－2 帧、下装 CFG－2 帧、启动和停止数据管道、启动录波、终端复位、心跳命令等。CFG－1 配置文件为 PMU 的原始传送集；CFG－2 配置文件为主站根据定义表下发的传送集。两者可能不同，CFG－2 文件内容是 CFG－1 文件内容的子集。

数据管道实现对 25/50/100 帧/s 实时数据的接收。

离线管道实现非实时数据文件和文件目录的传输，该管道在正常情况下是离线的，在存取文件时才会建立。

数据传输流程如下：

（1）主站系统与子站端建立管理连接。

（2）主站系统与子站端建立数据连接。

（3）主站系统通过管理连接获取子站端的 CFG－1 配置文件，CFG－1 配置文件中包括所有动态数据信息。

（4）编辑子站的 CFG－1 配置文件，选择主站所需的稳态和动态的数据，形成 CFG－2 配置文件。

（5）主站系统将 CFG－2 配置文件通过管理连接下发到子站。

（6）主站系统通过数据连接发送启动实时数据传输命令到子站端。

（7）子站根据最近接收到的 CFG－2 文件，通过数据连接定时上送动态实时数据至主站，时间间隔为 10ms、20ms、40ms 可配置。

（8）主站系统数据采集应用收到实时数据后，将动态数据送往后台应用处理和展示。

（9）停止数据传输时，主站系统通过数据连接发送停止实时数据传输命令到子站端，子站停止发送实时数据报文。

主站系统在接收子站端实时数据时，如果需要更改子站端上送的实时数据配置，先按照流程（9）停止实时数据传输，然后按照流程（3）～（5）进行配置修改，流程（6）～（8）

重新进行实时数据传输和处理。

3.3.4　继电保护设备状态数据采集

继电保护设备状态数据采集内容包括：

（1）保护实时信息。包括告警信息、状态变位信息、保护动作信息中的保护事件。

（2）保护专业使用信息。包括在线监测信息、中间节点信息、保护动作信息中的保护录波文件。

（3）故障录波器信息。包括标题文件（.hdr）、配置文件（.cfg）、数据文件（.dat）、数据模型文件（.dmf）等。

继电保护设备状态数据数据传输通常采用 DL/T 634.5104、DL/T 667 等通信协议，文件格式符合 GB/T 14598.24—2017 标准要求。

保护装置信息，包括保护实时信息和保护专业使用信息通过一区通信网关机上送至监控系统，故障录波器信息通过二区数据通信网关机上送至监控系统，从而实现了信息的分流。

3.3.5　数据交换

数据交换功能支持跨操作系统、跨平台和跨安全区，一般通过调度数据网络双平面进行通信，内容包括：

（1）文本文件交换。数据交换功能支持文本文件的交换。文本文件包括 CIM/E 文件、CIM/G 文件、从气象台获取天气预报和实时气象信息文件等。

（2）二进制文件交换。数据交换功能支持二进制文件的交换。二进制文件包括实时数据库文件、关系数据库文件等。

（3）横向数据交换。横向数据交换指电网调度控制系统内应用之间、电网调度控制系统与其他信息系统之间的数据交互，主要有以下两类：

1）实时监控与预警类应用、调度计划类应用、安全校核类应用、调度管理类应用之间的实时数据交换。

2）电网调度控制系统和其他信息系统之间的数据交换，主要数据包括电网设备参数、电网准实时数据、关口电量、调度日报等统计分析数据、电网规划及新设备投产数据、中长期交易计划、人员基础信息等。

（4）纵向数据交换：纵向数据交换指上下级电网调度控制系统之间的数据交互，主要包含实时监控与预警类应用、调度计划类应用、安全校核类应用、调度管理类应用所需的模型、图形、参数、计划数据、预测数据、申报数据、评估与考核结果数据等。

数据交换支持横向（生产大区和管理大区之间）、纵向（上下级调度之间）的消息、文件、流程等内容的传输和交互，支持对纵向传输过程中文件的加密、解密。支持跨越调度机构安全Ⅰ、Ⅱ和Ⅲ区的单向数据交换，遵守电力监控系统安全防护规定的要求。

在实时数据交换时，多采用 DL/T 476 规约传输。DL/T 476 规约传输数据的过程与 DL/T 634.5104 类似，也是按照事先形成的数据/命令信息点表发送数据/命令。

3.4 数据采集与交换系统运行监控

前置子系统的主要任务是与外部系统的数据交互，首先需按照通信双方事先约定好的各种参数完成设置，然后通过前置子系统提供的一些工具确认通信是否正常，这些工具主要包括报文显示工具、实时数据显示工具等。

3.4.1 报文显示工具

报文显示工具能够按规约的格式，用简单明了的方式实时显示主子站之间的通信报文，同时提供与规约相关的操作工具，为子站的数据接入以及通信问题的分析排查提供便利。

报文显示工具界面如图 3-4 所示，在工具界面上能够显示厂站及通道的全部列表，并能够通过图元颜色的变化显示通信状态，红色代表退出，绿色代表投入，黄色代表故障（通道误码率较高）。双击厂站/通道名称选中相应的厂站/通道后，下方的状态栏显示所选中对象的基本信息或正在执行的操作，如选中通道，则显示通道编号、连接关系、通道状态和规约类型。工具界面上的工具栏提供了搜索厂站（支持拼音首字母和中文）、保存报文和报文暂停等功能。界面上的主显示框，能够以动态刷新的方式显示报文，报文按照遥信、遥测、遥控、设点、对时、总召等不同类别进行分帧、分色显示，能够清楚地反映目前的报文收发状况，对于存在错误的报文，还以亮色及文字提醒用户注意。另外，报文显示工具还提供了一些报文显示相关的功能操作，包括分类显示报文、手动发送单次/循环数据召唤命令，通过关键字查找报文、对校验码的人工校验等。

图 3-4　报文显示工具界面

对于动态数据采集，功能栏中增加了“召唤配置”功能，可以通过管理通道进行召唤 CFG－1 帧、召唤 CFG－2 帧、查看 CFG－1 文件等一系列操作。

（1）召唤 CFG－1 帧。下发命令，让 PMU 将其原始传送集送上来。当 WAMS 前置遥测定义表中的“通道一、点号、变量名、PMU 子站单元号、主站是否接收”域值发生变化时，需要人工去执行该操作。

（2）下传 CFG－2 帧。下发命令，将主站配置接收的 PMU 测点下发给 PMU 装置，让 PMU 装置按照选择的测点进行数据上送。

（3）查看 CFG－1/CFG－2 文件。将 CFG－1/CFG－2 帧传送的报文转换为文本配置供查看。*.cfg1 是 PMU 的原始配置；*.cfg2 文件与*.cfg1 类似，是 PMU 生效的配置。

3.4.2　实时数据显示工具

实时数据显示工具能够查看厂站端上送的实时数据，方便查阅遥信/遥测/遥脉点名称、遥信/遥测/遥脉值、质量码、刷新时间等。

实时数据显示工具界面如图 3－5 所示，在厂站及通道列表中选中相应的厂站/通道后，主显示框，按照数据类型不同分为遥测/遥信/遥脉三个子页面，以遥测页面为例，可以看到点号、遥测名称、原码值、遥测值、归零值、最近变化时间、最近上送时间等域。最近变化时间是指该数据最近发生变化的时间，最近上送时间指子站最近上送数据的时间，两者不一定一致。实时数据显示工具的状态栏显示所选中对象的基本信息或正在执行的操作，如选中通道，则显示通道编号、连接关系、通道状态和规约类型。实时数据显示工具的工具栏提供了厂站检索、数据收发切换显示、数据刷新周期切换、重新载入通信参数等功能，可以通过输入厂站编号、厂站名拼音首字母进行厂站检索，或直接点取厂站通道列表进行检索，数据刷新周期为 1～5s 可调。

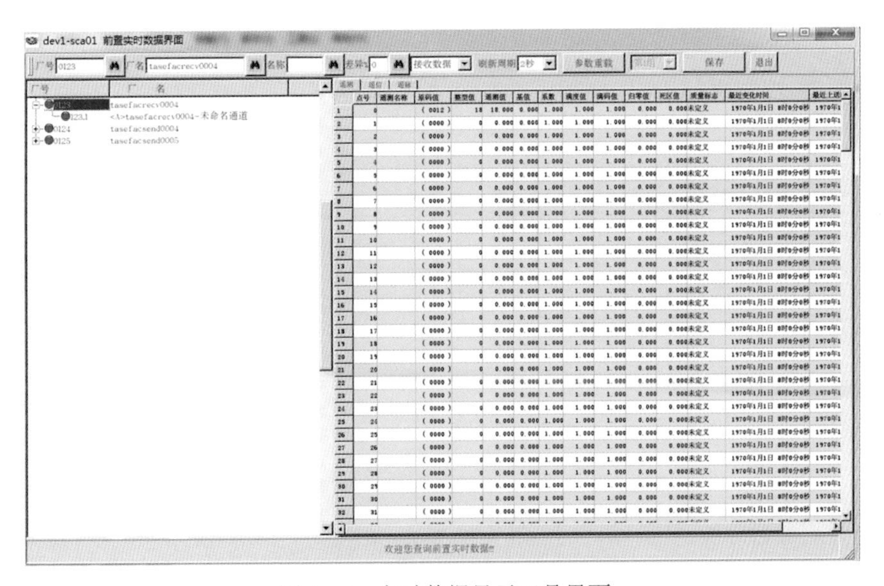

图 3－5　实时数据显示工具界面

3.4.3 动态数据离线数据文件召唤工具

动态数据离线数据文件召唤工具提供了在扰动等非正常情况下，人工提取 PMU 设备上的录波文件及更详细地记录文件的工具。可以按时间提取子站的文件目录，按时间提取实时 100 帧的数据文件，提取故障录波文件。同时在提取文件时，可以显示传输的进度。

在动态数据离线数据文件召唤工具上能够选择相应的厂站，选择提取文件的时间、所属厂站和类型，相应的信息（文件名称、传输进度）会在主界面的信息框中列出。

数据类型可选择“录波文件目录”和“实时数据”。PMU 装置可本地存储两类离线文件，一类是检测到故障时存储的暂态故障录波文件，另一类是实时的 100 帧离线数据文件。

（1）对于故障录波文件的召唤，需首先召唤“录波文件目录”，在选择的时间范围内，如果有暂态故障录波文件，则会在列表框中罗列暂态故障录波文件名称，然后对相关文件名称进行文件召唤。

（2）对于 100 帧离线数据文件，直接对选定时间的文件进行召唤。PMU 装置上存储最近 14 天的 100 帧离线数据文件，超过时间范围的文件无法召唤。在进行 100 帧离线文件召唤时，建议每次召唤的起止时间范围尽量短（尽量按 10min 内的范围召唤），不要一次召唤过长时间范围的 100 帧离线数据文件。

上述离线文件显示召唤成功后，可直接在文件名处单击打开，进行数据文件的查看与浏览。

第4章　电网运行稳态监控

电网运行稳态监控是电网调度控制系统最基本的应用之一，用于实现完整的、高性能的电网实时运行稳态信息的监视和设备控制，并为其他应用提供可靠的数据基础与服务。电网运行稳态监控主要功能包括SCADA数据处理、SCADA计算统计、电网运行监视、电力设备监控、调度操作与控制、电网拓扑分析与着色和电力系统事故追忆等。

4.1　功能框架

电网运行稳态监控作为电网实时运行稳态数据中心，实现对电网实时运行稳态信息的监视和设备控制。电网运行稳态监控具备的主要功能包括基础数据处理、计算和统计、顺序事件记录、断面监视、备用监视、事故追忆和反演、事件和报警、控制与调节、动态着色、人机界面操作、计划值处理、一次设备监视、图形显示、趋势曲线、历史数据采样等。电网运行稳态监控与外部应用关系如图4-1所示。

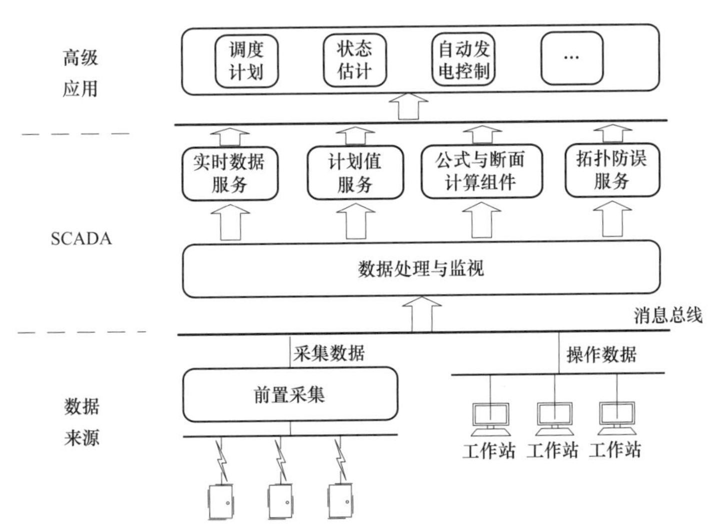

图4-1　电网运行稳态监控与外部应用关系

根据电网调度自动化领域多年不断积累的经验，充分考虑电网的发展需求，电网运行稳态监控在传统功能基础上实现了如下的技术改进与突破：

1. 设计理念升级

以面向设备对象和网络模型为核心设计理念，经历了从传统系统的面向测点→面向设备→面向网络的重大升级，使得电网运行稳态监控功能有了本质上的飞跃，在此基础上可以实现更多的智能化功能，有效地体现了系统的智能化优势。

2. 一次设备监视

实现了根据现场采集的实时运行数据，结合电网模型、拓扑连接关系，将传统面向量测的监视提升为面向一次设备运行状态的综合监视，为调度员提供基于设备基本量测的信息，如机组停复役、线路停运、线路充电、线路过载、高抗的投退、静止补偿器投退、变压器投退或充电、变压器过载及母线投退等，使得调度员能够直观地了解设备运行状态。一方面有效综合了量测信息，将面向测点的告警提升为设备状态告警，为综合智能告警打下了很好的数据基础；另一方面通过设备状态变化触发状态估计、动态预警等功能的联动，有效提高了系统响应速度。

3. 稳定断面监视

通过对电网安全稳定运行所必需的稳定监控规则进行分析，提供基于运行条件概念的稳定断面建模工具，对稳定限额规则进行了结构化描述。在此基础上，根据电网当前网络拓扑的变化，自动识别设备运行状态，结合季节等条件因素，实时选择正确的稳定控制断面及相应的稳定限额值进行监控，降低了由于断面和限额人工维护不及时等因素对电网运行带来的潜在风险。提供了自适应的稳定限额监视画面，包括正常方式断面、检修方式断面、已越限断面等多个页面，调度员可以根据这些画面方便快捷地监视整个电网的稳定断面运行情况。

4. 备用容量监视

通过对备用计算建模，实现机组/厂站/区域/系统不同层次、5min/10min/30min 不同响应时间、旋转备用/非旋转备用不同等级、有功备用/无功备用不同类型等多个视角的综合监视，将传统的依赖计算点、各应用孤立的备用计算统一集成在一处监视，提高了系统的智能化水平和综合能力，并可将监视结果应用于实时调度计划编制。

5. 自编程计算

提供了用户自编程计算功能，此功能可以定义复杂的计算条件，能完成算术运算、关系运算和逻辑运算等，能进行变量说明，并能支持通常程序设计所必需的最基本的语句，如赋值语句、循环语句、条件语句等语句。用户可根据自己的需求灵活定义计算公式，将应用逻辑从系统中分离出来，为系统大大增加了灵活性。

4.2 SCADA 数据处理

SCADA 系统主要任务是对采集子系统所提供的原始数据（生数据）进行一些筛选、甄别等工作后，得到处理结果（熟数据），并将其写入到存储介质中，或将处理结果以消息形式发出，提供给外部应用使用。简言之，SCADA 的数据处理就是一个将生数据转换为熟数据的流程。这个流程的规则一般是在主站侧制定的，较为典型的处理流程是模拟量处理、状态量处理、计划值处理、多数据源处理、旁路代识别与处理和对端代处理。

4.2.1　模拟量处理

模拟量处理主要负责接收前置处理的遥测数据，并经遥测模块进行合理性校验、替代处理、零漂处理、越限判断、跳变监视等功能处理后更新 SCADA 实时库。

1. 基本功能

（1）合理性校验。滤除无效数据，并给出告警，提示出错原因。在遥测表可以针对每个遥测定义合理值上、下限，超出合理范围的数据将被丢弃，不进入实时库，防止实时库出现坏数据。对于没有单独定义合理值上、下限的遥测，系统提供一对缺省的合理值上、下限，用于这些遥测的合理性校验。

（2）零漂处理。对遥测值与零值相差小于指定误差（零漂）时，转换后的遥测值应被置为零，每个遥测值的零漂参数均可以设置。

（3）设置数据质量标识。数据质量主要根据采集数据的质量位，以及 SCADA 处理后生成的数据质量情况，比如不变化、越限、封锁等。

（4）更新实时库。接收前置数据报文，经处理后，更新本地实时库，这也是最基本的功能。

（5）历史数据采样。模拟量数据支持 1s、5s、1min、5min、1h、1d 等多种采样周期。

2. 越限监视处理

通过合理性校验进入实时库的遥测量，当处于限值范围之内且满足延时条件，则生成遥测越限报警，仅当量测值由异常状态恢复到正常状态时，才认为越限恢复。

遥测越限限值范围按需求可设置多级，限值可按代数值或基值上下浮动百分比的方式设置静态限值，也可以按时段、计划值设置动态限值。

遥测越限判断算法有两种：① 简单算法，测量数值直接与限值比较，越限后立即报警；② 延时算法，定义一个告警死区范围，越过限值告警死区，则立即告警，否则在等待延时时间后若仍处于越限状态才进行告警，从而减少量测值在限值上下变化而频繁产生的告警。

对于重要的遥测量，可以指定越限时按事故告警处理，并启动事故追忆。

3. 跳变监视处理

通过合理性校验进入实时库的遥测量，可根据数据库的定义进行跳变监视，当遥测量在指定时间段内的变化超过指定范围的变化值、变化门槛时，主动给出告警提示。

对于重要的遥测量，可以指定跳变时按事故告警处理，并启动事故追忆。

4.2.2　状态量处理

状态量处理负责接收前置处理的遥信数据，经过处理后更新 SCADA 实时库，变位状态更新商用数据库，实现多种变位告警、双位遥信处理和事故判断等功能。

1. 基本功能

处理包括断路器位置、隔离开关、接地开关位置、保护硬接点状态以及远方控制投退信号等各种信号量在内的状态量，经前置应用采集并通过规约解释及初步处理后，按照全数据及变化数据两种报文格式将数据通过消息总线发送至 SCADA 服务器，由遥信处理模块负责将通过合理性校验的数据写入实时库。

单点状态量用1位二进制数表示，1表示合闸（动作/投入），0表示分闸（复归/退出）。双点状态量用1位二进制数及相应的质量码表示，1且质量码为正常表示主遥信为合和辅遥信为分，1且质量码为双位错表示主遥信和辅遥信均为合；0且质量码为正常表示主遥信为分和辅遥信为合，0且质量码为双位错表示主遥信和辅遥信均为分。

2. 变位告警

收到变化遥信报文后发出变位告警，对于断路器、隔离开关及接地开关，按“合闸”“分闸”告警。对于硬接点保护及其他遥信，按“动作”“复归”告警。对于挂牌设备的变位，按特殊的告警发出，以区分普通的变位，可以根据需要定义此类告警是否需要显示。

3. 双位遥信处理

针对双位置遥信量，在数据中用主、辅（或常开、常闭）两个遥信表示其状态量值，主遥信、辅遥信、状态量值和质量码的对应关系见表4-1。

表4-1　双位遥信数据对应关系表

主遥信	辅遥信	状态量值	质量码
分	合	分	正常
合	分	合	正常
分	分	分（错误）	坏数据
合	合	合（错误）	坏数据

主遥信、辅遥信变位的时延在一定范围（缺省为3s，可定义）之内，不判定错误状态，超过时延范围如果只有一个变位，则判定状态量错误，并告警。当另一个遥信上送之后，可判定状态量由错误状态恢复正常。

4. 三相遥信处理

针对三相遥信，在数据库中用三个遥信值来表示其状态量。当三相遥信变位的时延在一定范围（缺省为3s，可定义）之内，不判定错误状态，超过时延范围，如果收到的三相遥信变位遥信值不相同，或只收到任一相或两相变位，则判定三相不一致，并告警；反之，则判定遥信正常。

5. 事故判断

支持多种事故判断方式，形成事故跳闸告警，并启动事故追忆。判断方式包括：对于重要的断路器，单独的断路器分闸变位也作为事故变位；断路器分闸结合厂站事故总动作；断路器分闸结合相关保护信号动作。

4.2.3 计划值处理

调度计划的实时、日内和日前计划对系统的调度方式安排起着非常大的作用，在电网调度控制系统内部调度计划应用与平台一体化集成，实现直接通过消息总线方式将计划更新请求提交给 SCADA 计划值管理服务，实现相关计划值的更新。

在调度控制系统中，调度计划相关功能主要在调度计划类应用中实现，包括各类计划的申报、编制、校核、修改、发布和管理等多种应用功能。同时，SCADA 应用也需高效地获取调度计划实现监视和统计考核等。SCADA 对调度计划的处理如下：

（1）调度计划导入。支持当日/未来计划的导入，即可以由 SCADA 从调度计划类应用中获取，也支持调度计划类应用向 SCADA 发送计划数据。调度计划的导入过程可以执行多次，未收到次日调度计划时进行告警，确保次日调度计划的及时获取。支持导入过程的日志记录。

（2）调度计划存储。支持存储计划，每日计划数据点数可定义，支持 96 点、144 点、288 点等，每日 0 时次日计划自动导入到当日计划表中。

（3）调度计划定义。支持对调度计划进行灵活定义。计划量配置：能增、删计划量；计划点数定义：可根据需要选择全天定义 96 点、144 点、288 点。其他参数设置：包括上/下限、插值类型、相应实时量测等。

（4）调度计划监视。提供多种方式对调度计划进行显示，包括表格、曲线等；支持插值计划的生成；提供计划偏离监视及计划积分电量统计用于追踪计划的执行情况。

4.2.4　多数据源处理

多数据源处理是一种数据择优选取的处理方式，也可以说是一种处理策略，一般分为“点多源”和“站多源”两种处理方式，分别由 SCADA 应用和前置应用处理。

“站多源”是一个前置采集上的概念。对于实际的数据采集装置（RTU）来说，它是对一个厂站内所有遥测与遥信数据统一进行采集，在主站侧一般通过 TCP 协议与 RTU 建立网络连接，RTU 通过这个连接源源不断地向主站侧输送数据，这个连接称之为“通道”。由于一个厂站内所有数据都被包含在同一个通道里，这个通道一旦断开（网络故障或者 RTU 自身故障），主站侧就无法接收到这个厂站数据。为了规避这种风险，可以再建立一个通道提供故障情况下的冗余备用处理方式，把这个通道称为备用通道，相对的，原通道被称为值班通道。通常情况下，厂站的数据由值班通道负责传输给主站 SCADA 系统，当值班通道发生故障时，在主站侧可自动切换至备用通道使用，将备用通道的数据传输给 SCADA，保证数据传输不间断。由于备用通道也必须是完整的全厂站的数据，所以这样的方式被称为“站多源”，即同一个站有多个数据源。其实这只是一种简单的冗余备用的方案，既然已经想到了可以建立一个通道来备用，那么自然就可以再多建几个备用通道来提高数据可靠性。在实际应用中，多个通道并不是都必须来源于 RTU，也可以与下级调度系统建立一路通道，从下级系统获取对应的量测。对每一个厂站，前置应用根据各路通道的质量自动判断使用哪一路的结果，切换通道时，整厂站的数据都统一被切换至另一路通道，即时原通道中仅有少部分数据不正确，剩下的大部分正确数据也会被一起切走，这就是“站多源”的特点。

而“点多源”顾名思义，是指具体到某一个测点上的数据多源。系统中对同一个测量对象（比如某一条线路的有功，或某变电站的某个断路器）可能会有多个不同的数据来源，但都是对同一个测量对象的反映，一般应该是一致的。例如，来源于采集装置、用户自定义计算公式及状态估计等。数据一致并不代表多个来源的数据值与数据质量是“完全相同的”，或多或少会有些差异，并不影响数据一致性，因此，通常情况下实际选用哪一个源作为最终数据并没有太大区别。但由于一些不可预料的原因，某一个或几个源可能会出现异常情况，通过数据质量反映出来。例如，越限、跳变、采集异常等，这时就需要通过对所有源的数据质量进行甄选来获取一个最优源，当作是该测量对象的最终数据。这个甄选过程就被称为“点多源处理”。同一个测量对象的不同的遥测（或遥信）称为该对象的源数据，系统根据一套规则，从这些源数据中择优选择出一个数据存入目标遥测（或遥信）中，目标数据的质量码也更新为被选取源的质量码，这就是数据择优选取的过程。

4.2.5 旁路代识别与处理

“旁路”顾名思义就是旁边还有一条通路。在有母线的电气主接线形式中，为了提高单断路器接线单元的供电可靠性，可以装设旁路母线，当某条线路断路器检修时，通过旁路母线及旁路断路器为该线路供电，旁路断路器可以专用，也可以由母联兼作，图 4－2 中为几种常见的带旁路电气主接线形式。

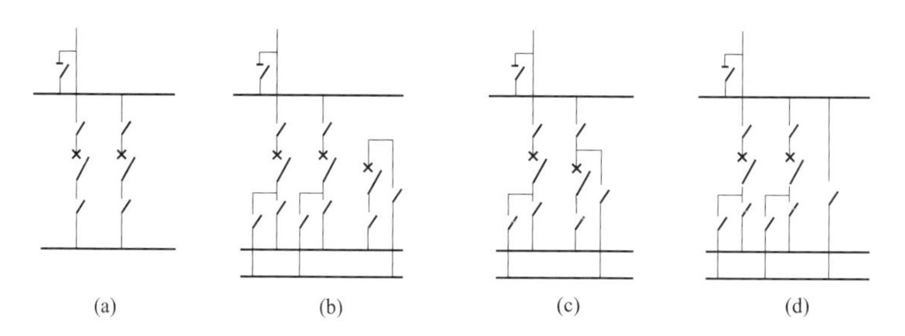

图 4－2　常见的带旁路电气主接线形式

（a）单线带旁路；（b）双母带旁路；（c）双母母联兼旁路；（d）双母旁路兼母联

对于图 4－2 中几种装设旁路的接线方式，当需要检修某一线路断路器时，可以临时通过旁路断路器经过旁路母线及该线路的旁路隔离开关来供电，线路并不中断供电，这就是所谓的旁路代。

旁路代在电力系统行为是一个特别常用的概念和过程。当旁路代发生时，被代设备的电流、功率测量和电量计量点全部转移到旁路断路器上，所以必须正确识别旁路代才能保证量测或电量计量的正确性。旁路代识别是针对非开断设备端子而进行分析，所以算法中只要针对全部非开断设备的端子进行循环分析即可。非开断设备端子可能不属于任何间隔，该端子不和任何断路器或隔离开关相连，可以首先排除，否则按照图 4－3 所示的流程来判断该端子是否被旁路代，若被旁路代，则将该识别结果写入到数据库中。

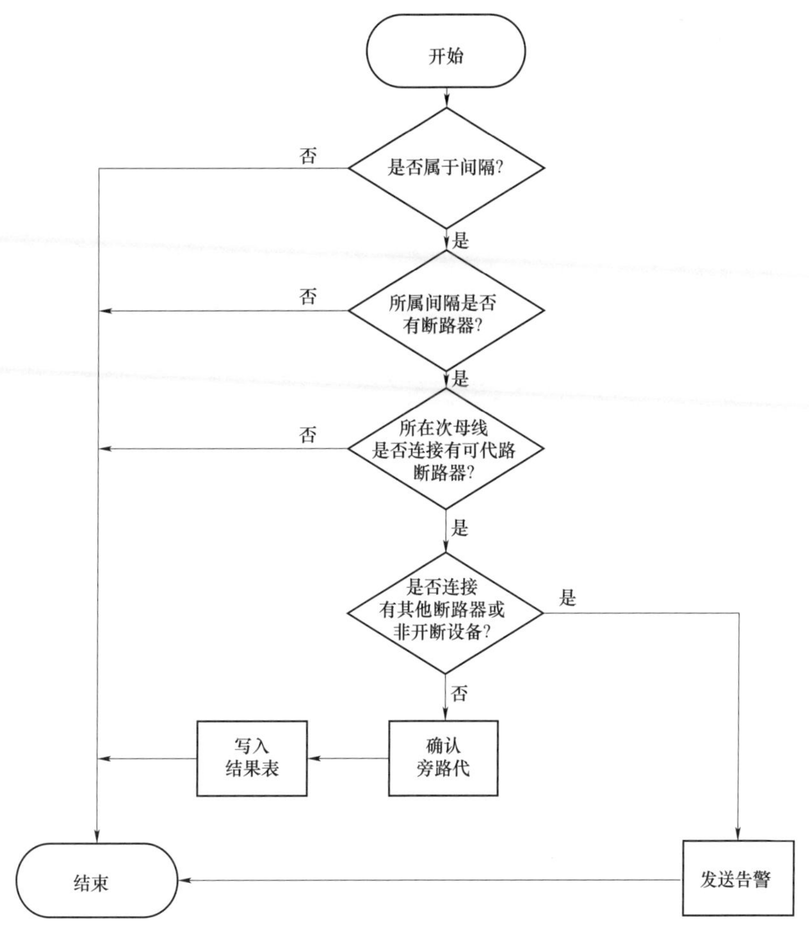

图 4-3　非开断设备旁路代判别流程

4.2.6　对端代处理

要理解对端代处理的流程，首先要弄清楚一条线路的两端是什么概念。数据采集装置是以厂站为单位的，而输电线路却是跨站的，需要从一个厂站将电输送到另一个厂站。虽然对于一条线路来说应该只有一组量测，但总不能在输送的半途放置采集装置，既不好维护又不好管理，而且采集是基于厂站的，放在半途的装置属于哪个厂站就很难界定了。于是对于输电线路，行业标准规定在线路两端的厂站分别进行数据采集，一条输电线路是一个双端采集模型，采集装置本身也放在两端的厂站里，各自向主站系统独立传输采集结果。而在电力调度自动化主站系统中，线路的模型分为线段模型和端点模型两部分，一条线段有且仅有两个端点，线路的两端分别属于不同的变电站。复杂一些的 T 接或 π 接的接线情况可以将线路抽象为多条线段的组合，每条线路都有一个实际端点和一个虚拟端点，各线段将虚拟的端点看作是中心点，形成一个星形的连接关系。

1. 人工对端代

人工替代的流程较为简单，由用户人为地在实时监控画面上进行操作，对需要进行量测替代的线路下达人工对端代指令，这条指令会被系统后台接收到并写入至数据库中，记录了线路的本端与对端等信息。人工对端代是一种强制性的操作，无论对端线路量测是好是坏均不考虑。在实时数据处理的流程中，在接收到采集系统上送的线端量测时，需要到数据库中查找是否存在该端点的人工对端代记录，若存在，则丢弃采集系统上送的数据，直接将对端的对应量测值与状态作为本端的结果写入至数据库中；若不存在，则认为线路没有被人工对端代，无需进行对端代处理。

2. 自动对端代

自动对端代，即无需人工干预的自动处理。可在数据质量优先级定义的基础上进行一些扩展，对每一个质量码，增加两个属性定义：一个是定义该质量码是否允许被对端代（此处称之为 R1 属性）；另一个是定义该质量码是不是可以替代对端（此处称之为 R2 属性）。不难发现，这也是一个本端和对端角色双向互换的过程。举个例子来说，数据质量中有一个质量叫作“采集异常”，表示数据采集装置可能出现故障，向主站上送的数值不可信，因此可以定义该质量码允许被对端代，R1 属性配置为“是”。由于该质量码并不是正常的，自然不希望对端的数据被一个不正常的数据替代，因此可以定义该质量码不可替代对端，R2 属性配置为“否”。搞清楚了 R1 和 R2 的具体含义后，用户就可以对所有质量码的 R1 与 R2 属性进行预先定义，实时数据处理的流程就可以根据预定义的情况自动执行对端代的识别与处理。

4.3 SCADA 计算统计

计算与统计功能是 SCADA 主要模块之一，负责对数据进行二次加工。计算功能主要包括公式计算、标准计算、拓扑计算及派生计算等；统计功能主要包括分电量统计、极值统计、数值统计、合格率统计及其他类型统计。

4.3.1 计算功能

1. 公式计算

公式计算通过用户自编程技术定义复杂的计算条件，完成算术运算、关系运算和逻辑运算等，能进行变量说明，支持通常程序设计所必需的最基本的语句，如赋值语句、循环语句和条件语句等。它采用 C 语言的语法，用于满足稳定计算等高要求应用场合，用户可根据自己的需求灵活定义计算公式。这样就将应用逻辑从应用系统中分离出来，为应用系统大大增加了灵活性。公式解释器为自定义计算公式以及其他功能提供服务，对计算公式进行解释执行，具有很高的运算速度。

自定义计算公式遵循 C 语言的语法，给用户定义公式带来了极大的方便。支持的数据类型，包括常用的数据类型 int、float、char、short、string。还支持自定义数据类型结构体和数组；支持自定义变量，如 int i、float f 等；支持的运算符，包括：算术运算符（+、–（减）、–（负号）、*、/、%、前缀++、后缀++、前缀––、后缀––）；逻辑运算符（&&、||、!）；关系运算符（>、>=、==、!=、<=、<）；位运算符（&、|、～、^），以及其他运算符等。运算

符之间的优先级的和结合性遵循 ANSIC 的规定；支持表达式语句、循环语句（do...while、for、while 等）、条件判断语句（if、switch..CASE 等）、控制执行顺序的语句（break 语句和 continue 语句）、说明语句（包括数据结构的定义和描述语句、变量的定义性说明语句）、复合语句（用花括号{}把一个或多个语句括起来构成的一条语句）；支持指数、对数函数（exp、log、lg、pow、sqrt），三角运算和反三角运算函数（sin、cos、tan、ctan、arcsin、arccos、arctan、arcctan），绝对值函数（abs、fabs），字符串函数（strcmp、strcpy、strcat、strlen）。

2. 标准计算

标准计算将常用的特殊计算标准化，通过预知的逻辑规则自动计算相关量测，以提高系统实用性，减轻自动化维护人员定义计算公式的压力。

主要功能包括：① 力率计算用于变压器和厂站的计算，对高峰和低谷时段的厂站力率不合格情况进行监视，并以每 30min 作为一个统计点，对厂站力率不合格点进行统计（只判断高峰和低谷时段，总考核点数取高峰和低谷点数之和）；在传统系统中，对于厂站总有功、总无功的计算，需要通过公式进行定义，当需要计算的厂站数量较多时，定义的工作繁琐且重复。现有系统提供厂站总有功、总无功自动计算功能，在实际计算中，当高压侧功率未采集时，可以通过中低压侧功率来进行替代。② 负载率计算包括变压器负载率、线路的负载率的计算功能，无需定义公式即可实现；变压器挡位计算包括常见的 BCD 码、遥信数值合成等计算方法。③ 功率因数计算通过标准功率计算库，实现线路、变压器等有功、无功功率因数计算。④ 还有电流有效值计算、负荷超欠值计算等。

3. 拓扑计算

通过动态拓扑分析，实现自动平衡率计算功能，不平衡率超出预设的阀值时主动报警，并在设备上进行标记，同时统计不平衡开始时间、不平衡持续时间和不平衡总时间等结果。主要功能包括：

（1）以逻辑母线为计算单元，将逻辑母线上的流入/流出有功、无功量测分别相加，计算出逻辑母线有功和无功不平衡量。

（2）根据某一母线和其他全部与其并列的母线电压幅值平均值的差值，计算出母线电压不平衡量。

（3）将变压器三侧的有功、无功量测分别相加，计算出变压器的有功和无功不平衡量。

（4）将线路两侧的有功、无功量测分别相加，计算出线路的有功和无功不平衡量。

4. 派生计算

派生计算是对公式定义的重要补充，将有一定算法规律的公式自动计算。对所采集的所有量能进行综合计算，以派生出新的模拟量、状态量和计算量。派生计算量能像采集量一样进行数据库定义、处理、存档和计算等，例如，全网总发电、全网火力总发电等。

4.3.2 统计功能

根据调度运行的需要，对各类数据进行统计，提供统计结果，主要包括积分电量统计、极值统计、数值统计、停电设备统计、合格率统计及其他类型统计。

（1）积分电量统计。实现统计对象的定义及积分电量统计结果的存储。电度统计分为硬电度与软电度两类：硬电度为系统直收的脉冲值；软电度由系统的量测实时值积分统计而得，又分为梯形与矩形算法两种积分方式。

（2）极值统计。实现极值统计对象的定义及统计结果的存储。可对指定的遥测量或计算量进行实时统计，统计结果包括日极大值、日极小值及相应时间，月极大值、月极小值及相应时间，年极大值、年极小值及相应时间。

（3）数值统计。一般指模拟量的最大值、最小值、平均值和负荷率，统计时段包括年、月、日、时等。对于一般状态量的结果统计，主要包括设备变位次数、事故变位次数、电容器投切次数和人工操作次数等。

（4）停电设备统计。对动态拓扑计算后的停电设备进行统计，实现分区、分类的停电时间统计、设备情况统计。

（5）合格率统计。主要与限值配合使用，对正常值范围内数据所占百分比进行统计，一般包括母线电压合格率、变压器功率合格率等。

（6）其他类型统计。主要包括未复归保护信号的统计、越限时间的统计、频率相关的统计及各类告警数据的统计等。

4.4 电网运行监视

电网运行监视是电网实时监控的重要组成部分，对电网潮流数据、设备状态、故障综合分析等方面进行专项处理并展示，方便快速正确地判断和处理异常情况，提高电网安全运行控制能力。主要功能包括一次设备监视、稳定断面监视、系统潮流监视、电网、备用容量监视、故障跳闸监视、力率监视和可疑量测监视及其他监视功能等。

4.4.1 一次设备监视

一次设备监视能根据事件重要程度为调度员提供提示、告警等通知手段。根据现场采集的实时运行数据，结合电网模型、拓扑连接关系，将传统面向量测的监视提升为面向一次设备运行状态的综合监视，使得调度员能够直观了解设备运行状态。监视范围包括：机组停复役，机组越限；线路停运，线路充电，线路过载；变压器投退，变压器充电，变压器过载；母线投退，母线越限；无功补偿装置投退等。

人机界面根据一次设备不同的运行状态显示配置相应的颜色，并通过一次设备监视信息列表，实现按区域、厂站、设备类型等条件分类显示监视结果，并统计状态开始时间、状态持续时间等结果。

4.4.2 稳定断面监视

电网中的断面是指连接两地区之间的多条支路所形成的联络线族，断面潮流即为组成断面的各条支路的潮流之和，它清晰地反映了断面所连接的两地区之间的功率交换关系。监视、分析和控制断面有功潮流可以保证单支路满足热稳定限制，并保证地区电压稳定及系统暂态稳定，最终保证整个电网的安全。

对电网中各个运行断面（设备或设备的组合）进行实时监视，是电网调度值班运行的重要任务之一。稳定断面监视模块主要用于辅助调度值班运行人员对相关的运行断面进行实时监视，减轻值班人员负担，主要功能包括断面规则定义、断面运行方式判别、断面在线监视、断面历史数据记录四部分组成。稳定断面监视功能的设计遵循松耦合、通用性的原则，采用独立模块、独立程序设计，与外界的通信采用消息方式通知，保证其他模块的异常不影响稳定断面监视模块运行，其他模块（调度员模拟培训、调度员潮流、$N-1$ 扫描等）可获取稳定断面模型。

4.4.3 系统潮流监视

潮流监视主要是对电网运行的监视，包括有功、无功、电流、电压监视及越限监视，断路器、隔离开关状态及变位监视等。潮流监视实现如下功能：通过地理潮流图、分层分区电网潮流图、厂站一次接线图、曲线、列表等人机界面显示当前潮流运行情况，利用可视化的展现手段，如饼图、棒图、等高线、柱状图、管道图和箭头图等，提升显示效果；对全网发电、受电、用电、联络线、总加等重要量测及相应的极值和越限情况的记录和告警提示；展示同期并列相关信息。

4.4.4 备用容量监视

电力系统中的备用容量，就是电网中处于备用状态的发电机组容量和正在发电但是没有满发的剩余容量。电网预留一定的发电容量备用，是电网安全、稳定运行的基础，它能保证系统在受到一定范围的扰动时，平稳地过渡到新的稳定运行状态。

备用容量分为有功备用容量和无功备用容量。其中，有功备用容量依据电网实时负荷、发展趋势来进行考虑；无功备用容量根据电网实时电压情况、变化趋势来进行考虑。备用容量监视通过对发电机、厂站、区域备用容量进行逐级计算，按照预定义的周期进行，依据机组当前出力和机组控制上下限，计算和监视整个电网所需的发电备用容量，包括有功备用和无功备用的监视，通过比较实际备用和备用需求，发现备用容量不足时发出报警。备用容量监视结果可应用于实时调度计划编制。

备用容量有多种系统备用等级，如旋转备用、非旋转备用和运行备用，以及典型的响应时间，如5min、10min、30min等。

4.4.5 故障跳闸监视

故障跳闸判据用于在不同条件下实现故障跳闸监视，正确区分正常操作跳闸和故障跳闸，判断断路器故障跳闸和设备故障跳闸，判断机组出力突变，实现机组故障跳闸监视。可形成故障跳闸监视结果列表，并自动推出画面及自动触发事故追忆。

4.5 电力设备监控

为适应电网快速发展的要求，在确保电网安全稳定的同时，降低电网运行维护成本，提高变电运行水平，解决变电运行人员日益短缺的发展矛盾，需要在电网调度控制系统基础上研究面向设备的监控类业务。本节主要介绍面向电力设备监控相关功能。

4.5.1 信息分区分层处理

电网调控运行集约化模式下系统监控范围大幅度扩大，一方面采集和处理的信息量急剧增加，造成每个监控席处理压力的增加；另一方面，随着调控一体化工作的推进，系统将面临不同业务领域的监控需求。结合横向的责任区处理功能和纵向的权限管理功能，以及信息分流机制，实现信息分区的目标。

1. 责任区和权限

同一个用户在不同的责任区可以有完全不同的权限，在不同的责任区，组成用户的功能、角色以及特殊属性都可以不一样，用户权限在不同的责任区上是完全独立的。系统提供责任区管理维护人机界面，对用户责任区权限进行定义与维护。如果当前用户添加了责任区权限，则在该用户下会出现责任区权限子节点。在该节点上列明该用户当前责任区权限的全部信息，并可对当前责任区权限进行修改。

2. 信息分区分流

所有厂站的实时信息在被处理后会根据责任区的设置发送到不同的节点上，实现了信息分区分流。在对信息进行了有效地分流和分层处理之后，网络报文流量大大减轻，响应速度得到相应的提高，从而整个系统的性能和信息吞吐量也相应地得到了提高。

信息分流后，每个中心监控站只处理该责任区域内需要处理的信息，无关的画面、报表、历史数据等都不会出现在该监控站内。告警信息窗也只显示和该责任区域相关的告警信息，遥控、置数、封锁、挂牌等操作也只对责任区域内的设备有效，画面上不属于该责任区域的设备和信息将被消隐或者屏蔽，满足各个工作站节点之间信息分层和安全有效隔离的要求。

3. 信息分层监视

调度与监控两类运行人员对系统监控的范围和关注的应用功能侧重点都有所不同，因此对快速全面掌握所有变电站设备信号提出了更高的要求。同时，由于一体化系统的建设，系统运行维护工作量也随之增大，因此对间隔图、厂站图的自动生成需求也越来越迫切。通过信息分层监视实现对全网设备保护信号分责任区、厂站、间隔、设备四层进行多层级光字牌监视，有效提高设备信号监控效率；通过自动生成间隔图技术大大减少了系统运维人员工作量，减少了人为画图出错的可能性，提高了系统的安全性；通过自动生成厂站图技术实现由模型自动生成图形，简化厂站图的绘制工作，节省大量人力，极大提高自动化维护人员工作效率。

系统对光字牌的处理分为四层，即责任区总光字牌、厂站总光字牌、间隔总光字牌和间隔内设备光字牌，除间隔内设备光字牌外，其他类光字牌都是下级光字牌进行逻辑“或”计算的结果。光字牌复归和确认操作只能对间隔内的具体光字牌进行。系统各种操作可定制到只能在间隔图形上进行操作。多级光字牌在计算合成时，只有当下一级所有光字牌值复归后，上一级光字牌值才为复归状态，否则为动作状态。在确认过程中，只有当下一级光字牌都确认后，上一级光字牌才为确认状态，否则为未确认状态。设备保护信号发生动作触发各级光字牌信号逐层计算。

4. 自动生成间隔图

自动生成间隔图功能，能够根据事先定义的间隔图模板，单个或根据厂站批量生成间隔图实体，示意图如图4-4所示。

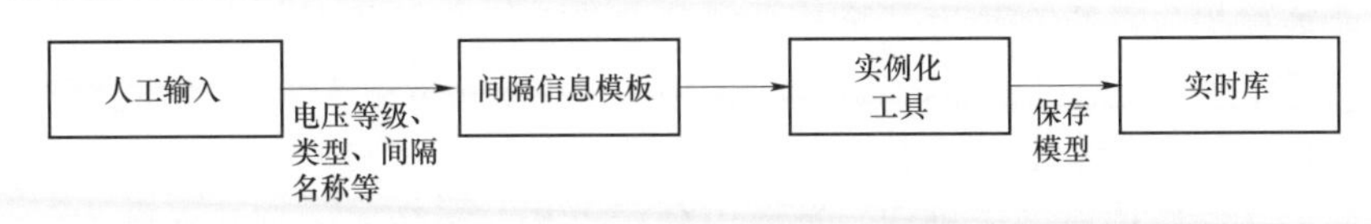

图4-4　间隔模板绘制示意图

系统自带单间隔模板图、两卷变压器间隔模板图、三卷变压器间隔模板图等典型模板图，以及厂站光字牌索引图模板和间隔光字牌索引图模板，用户完全可以根据需要在图形编辑器中自定义这些模板图的显示位置及风格。

4.5.2　监控综合智能告警

电网调控运行集约化模式下系统将接收到大量的告警信息，监控人员将面临繁重的工作压力，稍有不慎将无所适从且难以抓住事故的重点，不能在第一时间处理问题。在现有功能基础上，需要研究更为智能的告警技术，根据各类电网调控运行信息的重要性对信号进行分类，实现电网调控运行告警信号的分层分类处理与显示，对信息进行智能加工分析、综合应用，挖掘出有价值的分析，提供各类处理方案，辅助运行决策，协助电网调控运行人员及时准确地分析和处理故障，提高电网调控运行的智能化水平。

1. 信息分类

按照监控信息对电网和设备影响的轻重缓急程度分为五类：事故、异常、越限、变位及告知。事故信息指由于电网故障、设备故障等原因引起断路器跳闸、保护及安全自动装置动作出口的信息及影响全站安全运行的其他信息，是需实时监控、立即处理的重要信息；异常信息指反映电网和设备非正常运行情况的报警信息和影响设备遥控操作的信息，直接威胁电网安全与设备运行，是需要实时监控、及时处理的重要信息；越限信息指反映重要遥测量超出告警上下限区间的信息，重要遥测量主要有有功、无功、电流、电压、变压器油温及断面潮流等。变位信息指反映一二次设备运行位置状态改变的信息，主要包括断路器、隔离开关分合闸位置，保护压板投、退等位置信息；告知信息指反映电网设备运行情况、状态监测的一般信息，主要包括设备操作时发出的伴生信息以及故障录波器、断路器储能电机起动等信息。

2. 信息压缩

在正常工况条件下，系统也会输出大量的信息，其中绝大部分都属于一般性的告知信息，尤以“液压/气动开关操作机构打压”“故障录波器启动或动作”“保护装置网通信中断”三类信息最为频繁。通过一定的算法和规则对这类信息进行压缩处理，显示更重要的其他信息。

信息压缩的算法如下：当经预先定义的某个信息在一个时间周期（一般取 24h）内重复出现时，系统自动删除前一条信息，只保留后一条信息同时在这条信息的后面出现一个带括弧的累计数。在此信息上用鼠标右键单击可以调出带有时间轴和时间刻度的曲线图将压缩的信息展开，可直观地显示该信息的动作脉冲及其在时间轴上的分布情况。

3. 智能推理

综合智能告警提供基于知识库的推理功能，包括单一事件推理和综合事件推理。

（1）单一事件推理。通过将监控信号与知识库中归纳的事故告警信号种类建立关联关系，即定义好每个信号所属的事故告警信号种类，形成逐一事件推理判断关系。在告警事件发生后，可以根据每条告警信息做出推理，推给出异常事故发生的原因及处理措施。

（2）综合事件推理。分析同一间隔内多条告警信号的关联关系，在一个短时间段内，变电站某一间隔设备连续发生多个（2 个以上）事故或告警信号，这些连续发生信号是一个存在关联的有机整体，称为一个“综合事件”。这个综合事件中必然是由某个事故或异常引起的“综合推理”逻辑就是要根据发生的“综合事件”推理出该单元设备究竟发生了何种异常和事故，给出一个综合的判断和处理方案。“综合事件”逻辑推理方法主要是两种：一是穷举法，即某种事件的组合推理出一个异常事件；另一种是模糊推理法，只要在某单元设备上找到某个或几个事件，不管是否有其他事件就推理出一个异常事件。

4. 信息警示

综合智能告警提供多种手段提醒监控人员当前系统发生的告警。根据信号的重要等级可以有上不同的告警页面窗口、推画面、警铃、警笛、语音等多种告警动作提醒用户。同时告警信号处理支持告警语音合成功能，提供事故、故障、越限、告知信息多个告警页面窗口，对不同等级的告警信号进入不同的页面窗口，方便监控人员抓住重要告警。提供单独的未复归信息窗口，方便监控人员及时了解当前系统中所有异常信号。提供单独的检修信息窗口，所有检修信号的告警进入检修页面。当某个间隔被置“检修”牌后，该间隔的所有信号进入检修页面显示，这样检修设备的告警，不会影响到监控人员的正常监视，同时也方便调试人员调试信号。

4.5.3 监控信号验收

目前变电站监控信息的核对都由调控值班人员和现场调试人员通过电话联系，由现场调试人员按照遥测信息表逐一施加模拟遥测量，按照遥信信息表逐一施加模拟遥信动作，调控值班人员则在主站侧配合监视，确认并完成变电站监控信息接入调控中心的验收。这种验收方式存在两方面问题：一是调值班人员核对工作量大；二是核对过程中可能会出现差错或遗漏。

监控信号验收技术针对监控信息验收的现状与标准流程，制定变电站监控信息接入调控中心自动验收的制度和流程，以确保现场调试人员的操作方法满足主站系统进行自动验收的需要。建立遥测自动验收表和遥信自动验收表，并支持各参数的维护。对于遥信误动、拒动等异常情况，分析遥信信息上送失败原因，实现遥信正确性、事件顺序记录、顺序等核对校验功能。遥测测试及误差范围情况，实现遥测值合理性核对校验功能。

监控信息验收全过程的流程管理，采用遥测、遥信统一的验收界面，实现流程管理功能，可以对验收流程实现启动、中断、恢复与停止等流程管控，根据验收过程生成验收报告。分析多个通道信号上送规律，实现多通道遥信、遥测自动核对，提高信号核对效率。

4.6　调度操作与控制

稳态监控调度操作与控制通过修正电网异常数据、标识重点关注设备、远方控制与调节调整电网运行方式，为保障电网安全稳定运行提供重要手段。目前远方操作逐步成为常态化，从监控设备操作到变电站设备正确响应整个过程存在很多环节，需要从主站侧、子站侧、远动通信等各环节建立远方操作相关的更加严密的多重校验机制，消除遥控过程潜在的隐患，提升设备远方操作的安全水平。

4.6.1　批量控制的分类

批量控制操作包括顺序控制操作和群控操作。

（1）顺序控制操作。根据预先定义的控制设备序列，按次序执行遥控操作，在执行过程中，若发生执行失败的情况，则本轮控制操作终止。

（2）群控操作。在预先定义的控制序列中，不同厂站间实行“并行”控制操作，即“并行”下发遥控操作。在同一厂站间执行“顺序”控制操作。整个操作过程不会因为某一步骤执行失败而终止，但具备暂停/继续等流程管控操作。

4.6.2　控制的安全保障

1. 操作防误与操作预演

传统的电力系统操作防误主要是指“五防”校核。在电力系统中，电气设备因不具备“五防”功能而造成的误操作事故是电力行业最大的灾难，直接影响电网的安全运行以及企业正常的生产供电，严重时甚至造成电气设备损坏、企业停产以及人身伤亡事故，因此，为确保电力系统及电网供电的安全性以及电厂生产的可靠性和经济性，必须加强电气设备的“五防”管理。

“五防”是指防止电力系统倒闸操作中经常发生的五种误操作事故，即误分合断路器、带负荷拉合隔离开关、带接地开关合隔离开关、带电合接地开关（挂接地线）、误入带电间隔。

（1）断路器。由于断路器是具有灭弧能力的开断设备，因此“五防”中针对断路器的主要是防止误分合断路器以及防止带接地合断路器；断路器断开后，如果断路器任一端节点的电气岛由活岛变为死岛，则提示用户断开断路器可能导致下游母线失电；断路器断开后，如果断路器两端节点的电气岛号不同，则提示用户断开断路器可能导致系统解环；断开变压器高（中）压侧断路器，如果低压侧断路器在合闸位置，则提示用户；如果高（中）压侧中性点接地开关在分位，则提示用户；断开 3/2 接线断路器，如果不满足串内断路器停电顺序，则提示用户；断路器任一侧隔离开关合上时，如果断路器任一端为接地岛，则禁止操作；断路器两侧隔离开关均在分位，不论是否接地，均可合闸。此种情况主要用于检修时断路器遥控测试；断路器合上后，如果断路器的任一端由死岛变为活岛，则提示用户将给下游母线充电；断路器合上前，断路器两端节点电气岛号不同，则合上断路器时提示系统合环；合上变压器高（中）压侧断路器，如果高（中）压侧接地隔离开关在分位，则提示用户；合上变压器中（低）压侧断路器，如果高（中）压侧断路器在分位，则提示用户。

（2）隔离开关。如果隔离开关任一端节点属于接地岛，则不允许合操作，以免带接地开关合隔离开关。此时假定隔离开关在拓扑上所连接的断路器均为非明显断开点，即使断路器断开也作为合上进行网络拓扑。防止带接地开关合隔离开关是系统拓扑防误的最大特点之一。可以完全杜绝线路操作时带接地开关合隔离开关的恶性事故发生。对于隔离开关的倒母线操作，如果母联间隔为非运行状态，则提示用户先将母联间隔转为运行状态，从而保证母联间隔必须在运行状态才可以倒母线操作。杜绝了母联间隔隔离开关在分位，母联断路器在合位进行倒母线的误操作事故发生，旁路隔离开关操作。如果旁路断路器在合位，则禁止操作旁路隔离开关，母线联络隔离开关的操作。如果隔离开关任一侧母线所连的任一断路器在合位，则禁止操作；如果隔离开关所在间隔的断路器在合位，则禁止隔离开关分合操作。停电时，如果负荷隔离开关在合位，则不运行拉开母线侧隔离开关；送电时，如果母线侧隔离开关在分位，则不允许合负荷侧隔离开关。

（3）接地开关。合接地开关时，如果接地开关连接带电岛，则禁止带电操作；如果接地开关连接停电岛，但接地开关所连接的任一隔离开关在合位，则禁止合接地开关；对于线路侧接地开关，如果线路任一侧（包括T接）线路电压互感器有电压量测，且电压值大于$0.65U_n$，则不允许合接地隔离开关；对于母线接地开关，如果母线有电压量测，且电压值大于$0.65U_n$，则不允许合接地开关。以上接地开关所连接的隔离开关、线路电压互感器和母线电压互感器均通过拓扑自动搜索，无需用户关联。

（4）操作预演。模拟环境具备真实的电网模型、图形及实时方式数据断面，模型、图形数据的变动性较小，同步时间较长。遥测、遥信等方式数据是实时变化的，同步时间很短，在模拟环境的图形上点选，即可完成图模信息与方式数据的同步。操作预演并非一定要以与实时状态完全一致的状态作为起始，有时也需要连续预演一系列的操作，因此，系统提供了置位操作，可以将设备的运行方式进行人工设置，并能够在下一次同步之前保持目前状态。在模拟环境下可以进行操作预演，预演时可严格按照各种防误闭锁规则进行校验，预演时的校验逻辑与实时控制时的校验逻辑完全相同，对于可能错误或危险的操作进行提示。

2. 安全分析

在调控人员进行遥控操作过程中，调控人员常常需要对当前操作进行定量分析。当前操作对电网潮流有什么影响？当前操作是否会影响系统的静态安全程度？当前操作是否会造成某些断路器设备的遮蔽容量越界？系统是否还可以正常运行？针对这类问题，电网调度控制系统提供了在遥控操作时，进行快速的系统级安全分析的功能，系统将当前的操作内容用消息的方式发送给安全分析应用，在研究模式下完成“同步实时运行方式”“遥控操作内容置位”“启动潮流计算”“启动静态安全分析计算”“启动短路电流计算”“计算等待”“获取计算结果”等一系列的动作，并将上述计算的越限信息进行有序的展示，为调控人员准确、安全地遥控操作提供定量的辅助手段。

（1）潮流计算。电力系统潮流计算是电力系统最基本的计算，也是最重要的计算。所谓潮流计算，就是已知电网的接线方式与参数及其运行条件，计算电力系统稳态运行各母线电压、各支路电流与功率及网损。对于正在运行的电力系统，通过潮流计算可以判断电网母线电压、支路电流和功率是否越限，如果越限，就应采取措施，调整运行方式。对于正在规划的电力系统，通过潮流计算，可以为选择电网供电方案和电气设备提供依据。潮流计算还可以为继电保护和自动装置定整计算、电力系统故障计算和稳定计算等提供原始数据。

模拟遥控变位，利用潮流计算得到的变位后的越限信息，辅助调控人员了解遥控操作的风险和影响。

（2）静态安全分析。安全分析是按 $N-1$ 准则分析运行中或研究状态下的网络在元件因故障退出运行后的安全情况及安全裕度。

$N-1$ 准则，是判定电力系统安全性的一种准则，又称为单一故障安全准则。按照这一准则，电力系统的 N 个元件中的任一独立元件（发电机、输电线路、变压器等）发生故障而被切除后，应不造成因其他线路过负荷跳闸而导致用户停电；不破坏系统的稳定性，不出现电压崩溃等事故。

模拟遥控变位，利用静态安全分析得到的变位后的系统安全裕度和越限信息，辅助调控人员了解遥控操作的风险和影响。

（3）短路电流计算。短路电流计算是为了修正由于故障或连接错误而在电路中造成短路时所产生的过电流。电力系统在运行中相与相之间或相与地（或中性线）之间发生非正常连接（短路）时流过的电流称为短路电流。在三相系统中发生短路的基本类型有三相短路、两相短路、单相对地短路和两相对地短路。三相短路因短路时的三相回路依旧是对称的，故称为对称短路；其他几种短路均使三相电路不对称，故称为不对称短路。在中性点直接接地的电网中，以一相对地的短路故障为最多，约占全部短路故障的 90%。在中性点非直接接地的电力网络中，短路故障主要是各种相间短路。发生短路时，由于电源供电回路阻抗的减小以及突然短路时的暂态过程，使短路回路中的电流大大增加，可能超过回路的额定电流许多倍。短路电流的大小取决于短路点距离电源的电气距离，例如，在发电机端发生短路时，流过发电机的短路电流最大瞬时值可达发电机额定电流的 10～15 倍，在大容量的电力系统中，短路电流可高达数万安培。

模拟遥控变位，利用短路电流计算得到的变位后的相关断路器的遮蔽容量越限情况，辅助调控人员了解遥控操作的风险和影响。

4.6.3　典型应用与发展

1. 省地一体负荷切除

通过省地之间的通信和信息实时交互，实现省地之间的特殊批量顺控，省地一体化负荷批量控制由省调发起并向各地调下发切除负荷的目标值，地调负荷批量控制程序接收并根据目标值自动选择控制序列，将控制序列上传省调，省调确认后地调系统执行控制操作，地调根据固定的策略直接切除目标负荷值，并将控制结果反馈给省调。

（1）各地区实时可切负荷量监视。省调侧系统实时监视各地区省调事故拉路序位的可切负荷量信息，并可以完成对其历史曲线的查询，结合各地区的实时统调用电负荷，每小时计算一次该地区的实时可切负荷占比，当小于理论占比的 80%时，自动记录一次，以保证紧急情况下各地区有足够的可切负荷量。

本系统进行批量拉路的范围扩展到地区事故拉路序位，省调侧系统能实时监视各地区事故拉路序位可切负荷量信息。

通过拓扑分析，得到受控负荷所属 220kV 供电变电站，之后将这些实时可切负荷按照所属 220kV 变电站进行统计，并将这些信息实时上送省调。

（2）各地区批量拉路目标值的确定。当全省需切除的负荷总量确定后，省调侧系统应提供多种方案计算各地区的批量拉路目标值：按照各地区省调事故拉路序位实时可切负荷的比例进行分配；按照各地区实时统调用电负荷的比例进行分配；按照事先定义的方案进行分配；按照调度员临时指定的比例进行分配。

若按某种方案计算出某地区的批量拉路目标值超出了该地区省调事故拉路序位实际能切的负荷数，则将该地区的批量拉路目标值设定为其省调事故拉路序位最大能切的负荷数，并将超出部分按照其他地区剩余可切负荷量的比例进行分配。

（3）各地区批量拉路目标的下发。省调将批量拉路目标值下发至各地调，各地调系统收到命令后自动返回校验信息，省调系统自动确认后，地调系统自动生成批量拉路方案并执行拉路操作。

（4）各地区控制序列的一次选择与实时可切容量的上送。地调系统收到省调下发的批量拉路目标值后，系统按照省调事故拉路序位表的顺序（即负荷重要性顺序）组织批量拉路方案，组织好拉路序列，按照拓扑分析得到的所属 220kV 供电变电站，进行可切容量统计，将选择结果与统计信息一并上送。

（5）各地区实时可切容量的安全分析及结果反馈。主站接收到全部地调首次上送的选择结果与统计信息后，生成校核文件，将文件传送给安全校核模块进行安全分析。接收到校核结果文件后，将校核结果进行整理分析，下发给各地调。

（6）各地区控制序列的二次调整与可切容量的再次上送。省调将安全校核结果整理，按照各厂站所在的地调，将未通过校验的厂站信息下发到各个地调，地调接收到调整信息后，重新组织批量拉路方案，选取过程中绕过调整信息中包含的厂站，再次上送选择结果与统计信息。

2. 程序化控制

目前已经投运的智能变电站普遍具备了程序化控制功能，电网调度控制系统的相关技术规范也已经对程序化控制提出了明确和具体的要求，要求变电站能够接收和执行控制中心的程序化控制指令，操作界面要实现可视化等。

智能调度控制系统的程序化控制操作以子站现场操作的典型票为原本，由主站发起操作，采用主站拓扑防误和子站防误校验协同防误的程序化控制方案。由于主子站防误系统之间原理不同、防误侧重点与范围不同，数据信息颗粒度及实时性也不同，彼此之间互为补充，提高远方操作安全性。主子站间以字符串“控制对象名称”与“状态变化”为唯一关键字进行全匹配。

为了全面提升系统的安全性和稳定性，同时进一步深化系统智能性，主流的调度控制系统中兼容了以操作票指令为基础的程序化控制模块，作为批量顺控功能的变种：操作票可由一区系统图形开票形成，也可通过三区传送到一区，通过接口读入系统；远方操作过程中，在拓扑防误的基础上，充分利用了多种量测数据，包括三相遥信和三相电流等。完善利用了系统中各类保护信号，同一保护信号在不同操作方式和不同操作条件下的判定逻辑也不尽相同。

以操作票为基础的程序化控制流程图如图 4－5 所示。

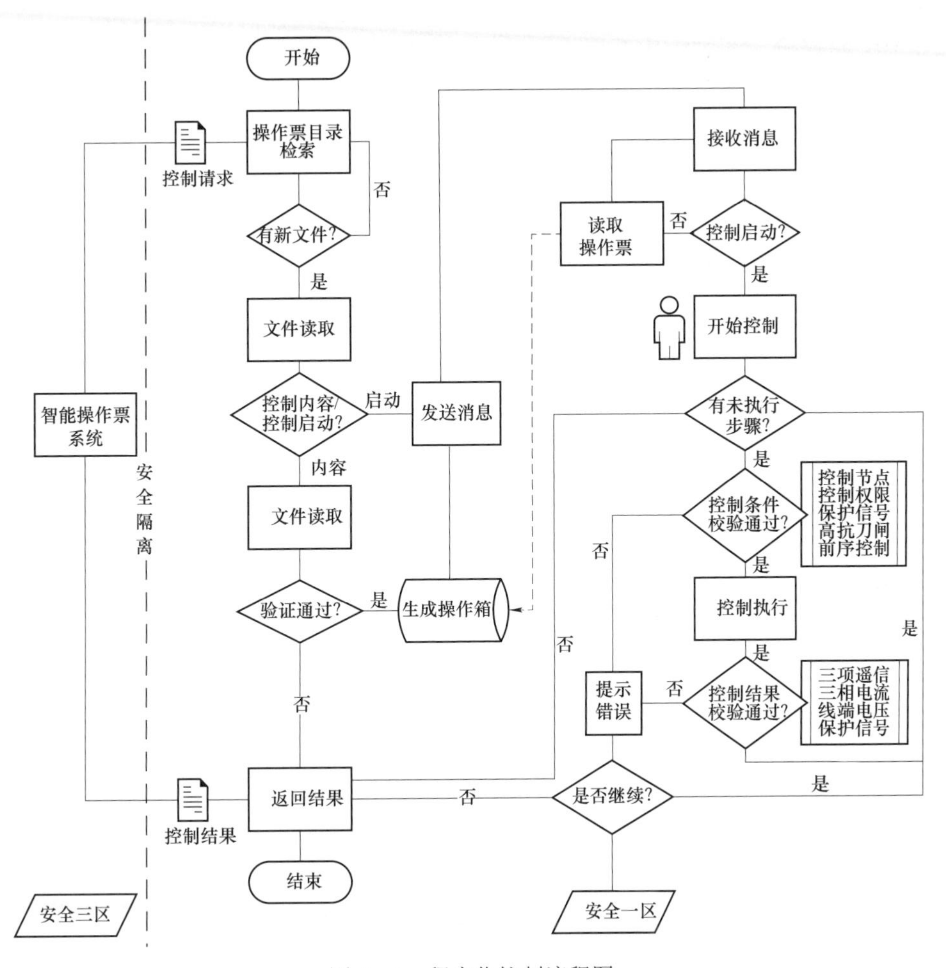

图 4－5　程序化控制流程图

3. 小电流接地检测

在电网调度控制系统中，厂站接线图一般只绘制到 35kV 或 10kV 电压等级接线，下游的配电网供电网络不再详细绘制，均用“负荷”进行等效替代。但是在负荷替代的配电网部分，多采用小接地电流系统，其发生单相接地故障的概率较高；一旦发生单相接地故障，伴随馈线的增多，电容电流的增大，长时间运行就易使故障扩大成两点或多点接地短路，可能还会引起全系统过电压，进而损坏设备，破坏系统安全运行，因此调度须及时找到故障线路并予以切除。

小电流接地检测功能，能够根据故障母线拓扑生成监测控制序列，自动完成序列的控制和接地信号的监测，智能地判定出接地线路，是电网调度控制系统中用于快速定位故障线路的有效方法。

（1）单线路接地。结合通过实际的接线图，来明确整个检测的控制流程，图 4－6 所示为简单的单线路接地示意图，其中 102 线路下游接地。

母线 A 的接地信号动作，按照顺控生成批量顺控序列如下：

拉开 101 断路器，闭合 101 断路器；拉开 102 断路器，闭合 102 断路器；拉开 103 断路器，闭合 103 断路器；拉开 104 断路器，闭合 104 断路器；拉开 105 断路器，闭合 105 断路器。

在控制过程中，实时监测母线 A 的接地信号是否复归，发现完成第 3 步（拉开 102 断路器）之后，接地信号复归，则可以判定线路 102 下游接地，后续的步骤无须继续操作。

（2）两条以上线路接地和母线接地。容易看出，若出现两条及以上的多线路接地（图 4－7），则上一节中列举的操作序列是无法使母线接地信号复归的。

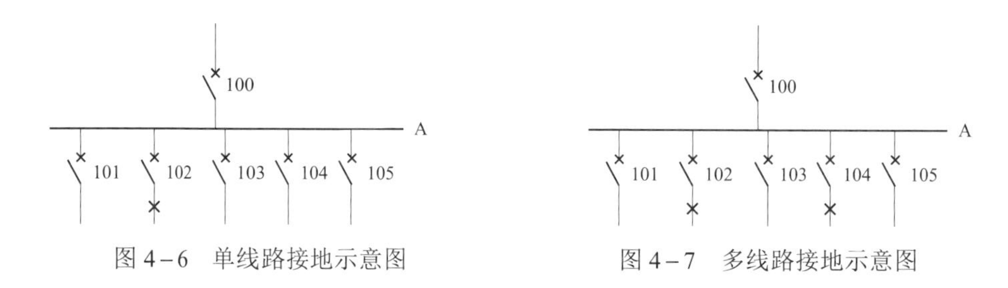

图 4－6　单线路接地示意图　　　图 4－7　多线路接地示意图

进行多线路序列判定的前提，是完成单线路检测序列后，A 母线的接地信号从未复归，此时首先完成以下序列：拉开 101 断路器，拉开 102 断路器，拉开 103 断路器，拉开 104 断路器，拉开 105 断路器。

此时查看母线接地信号是否复归，若仍未复归，则可判定是母线本身接地，此时需要进一步断开 100 断路器，实现接地点的排除。在图 4－7 中，显然进行到第 4 步（拉开 104 断路器）之后，母线接地信号复归，此时按照如下序列继续进行遥控操作：

闭合 101 断路器，若母线接地信号动作，则断开 101 断路器；

闭合 102 断路器，若母线接地信号动作，则断开 102 断路器；

闭合 103 断路器，若母线接地信号动作，则断开 103 断路器；

闭合 104 断路器，若母线接地信号动作，则断开 104 断路器；

闭合 105 断路器，若母线接地信号动作，则断开 105 断路器；

该序列全部操作完毕，能够定位到线路 102、104 下游接地。

（3）小电流接地检测功能实现。能够将各站的接地拉路线路序列表固化系统中，拉路序列中所控断路器控分、控合成对出现，并支持拉路序列可定义关联母线以及保护信号的操作；可定义判断断路器控制成功的条件，判断断路器以及序列是否可控的条件等。

能够监视母线状态，通过系统实时获取母线的三相电压值计算母线电压平衡率，或者是能够反应母线接地状态的保护信号，将其保存在系统中，并能通过图形列表展示。

当检测到小电流接地信号后，可启动小电流系统接地快速拉路程序，载入发生故障设备的接地拉路线路序列表，调度员可选择其中某些线路不控制，形成最终控制序列后，逐一由人工确认拉路操作；在拉路过程中，实时获取展示故障恢复情况，自动、人工闭锁控制。

4.7　电网拓扑分析与着色

电网拓扑分析是电力系统仿真和动态潮流计算、安全分析等模块的基础。它根据网络元件（线路、变压器、断路器/隔离开关等）的连接关系和断路器/隔离开关的开合状态，以帮助调控人员直观地了解系统的状态。网络分析和仿真培训系统分别在本书的第 8 章和第 13 章进行详细的介绍，本节着重阐述电网拓扑分析的抽象建模和基础拓扑分析在稳态监控方面的应用。

4.7.1　抽象建模

1. 电力设备模型抽象

根据电力设备模型包含的端子个数，可以将设备分为“单端设备”“双端设备”和“多端设备”，一般地，单端设备包括母线、接地刀闸、避雷器、并联电容/电抗器等，双端设备包括断路器、隔离开关、线路、两卷变压器、串联电容/电抗器等，多端设备包括三卷变压器、直流逆变器等。

在此基础上，可以把常见的电力设备模型抽象为图论中的点、边，这样厂站接线图即可抽象成便于搜索、分析、计算的图，进而应用图算法，得到电网拓扑分析信息。

2. 连接关系的生成

电网设备拓扑结构最常见的构建方式是给设备的端子赋予独立的“节点编号”。若两个设备端子的节点编号相同，则表示这两个设备在拓扑结构中直接相连。

目前国内智能调度控制系统多为集中式系统，在电网拓扑结构构建的过程中，采用厂站接线图与实际设备模型对应的方式生成节点编号。首先，在一次接线图的绘制过程中，图形编辑器形成并分配各端子的“初始点号”，之后结合当前图形所属的厂站信息、当前设备的电压等级信息，生成端子最终的节点编号并保存至模型信息中，从而完成电网设备拓扑结构的构建。

4.7.2　电网拓扑分析的应用

前面提到，电网拓扑分析能够给调控人员带来许多具象化信息，本节简要介绍常见的拓扑应用和分析方法。

1. 逻辑母线分析与母线平衡量计算

母线的功率平衡依赖于拓扑计算中逻辑母线分析结果，将属于同一逻辑母线的设备功率量测求取代数和，得到该逻辑母线包含的各物理母线的功率不平衡量。母线的电压平衡同样依赖于拓扑计算中逻辑母线分析结果，若逻辑母线中仅包含一条物理母线，则其电压不平衡量为零；若逻辑母线中包含多于一条的物理母线，则其电压不平衡量由以下公式求得：

$$U_{i-\text{balance}} = \frac{N}{N-1}(U_i - \overline{U})$$

式中：$U_{i-\text{balance}}$ 为当前母线的电压不平衡量；N 为当前逻辑母线包含的物理母线数目；U_i 为当前母线的电压遥测数据；$\overline{U}$ 为当前逻辑母线包含的各母线电压遥测数的平均值。

2. 电气岛分析与拓扑着色

根据电网实时拓扑，确定系统中各种电气设备的带电、停电、接地等状态，并能够将结果在人机界面上用不同的颜色表示出来，其中不带电的元件统一用一种颜色表示；接地元件统一用一种颜色表示；正常带电的元件根据其不同的电压等级分别用不同的颜色表示。

动态拓扑着色应能由事件启动，即当电网的运行状态发生改变，导致一部分电气元件和电气设备不带电或恢复带电时，可实时分析各设备的带电状态。根据各类规则校验实时数据的正确性，辨识可疑量测。

3. 控制关系分析与设备状态判定

首先，通过拓扑分析能够准确地得到设备与断路器之间的连接控制关系，在此基础上完成设备状态判定。

通过开断设备的遥信信息和连接关系，确定开断设备的运行状态（包括“运行”“退出”“充电”）；母线、变压器、线路等非开断设备，结合拓扑计算中的动态设备连接关系信息；确定非开断设备直接相连的全部断路器的运行状态，进而完成设备状态判定。

对于母线，母线所连全部断路器中，有至少两个断路器处于“运行”状态，则判定该母线为“运行”状态；有且只有一个断路器处于“运行”状态，则判定该母线为“充电”状态；没有任何一个断路器处于“运行”状态，则判定该母线为“退出”状态。

对于变压器，若各侧绕组所连接断路器均处于“运行”状态，则变压器、各侧绕组均判定为“运行”状态；若各侧绕组所连接断路器均处于“充电”或“退出”状态，则变压器、若各侧绕组均判定为“退出”状态；若有且只有一个绕组所连接断路器均处于“运行”状态，则变压器、各侧绕组均判定为“充电”状态；若存在多于一个绕组所连接断路器均处于“运行”状态，同时至少有一个绕组所连接断路器处于“充电”或“退出”状态，则变压器判定为“运行”状态，所连接断路器均处于“运行”状态的绕组判定为“运行”状态，其他绕组判定为“充电”状态。

对于线路，若两端所连接断路器均处于“运行”状态，则线路判定为“运行”状态；若两端所连断路器均处于“充电”或“退出”状态，则线路判定为“退出”状态；若一端所连断路器处于“运行”状态，另一端所连断路器处于“充电”或“退出”状态，则线路判定为“充电”状态。

4. 设备故障跳闸判定

以断路器跳闸信号作为判定的启动条件，在一定的延迟时间内，结合拓扑计算中设备连接关系信息，检测设备关联的控制断路器和相关量测是否满足条件，即延迟时间内，控制断路器全部跳开，并且相关量测跳零。若条件满足，则判定设备发生故障跳闸，并生成告警提示；若条件不满足，则继续等待下一个断路器跳闸信号。

5. 可疑量测分析

针对母线、线路、变压器、容抗器等设备，根据拓扑计算中静态设备连接关系以及设备功率遥测数据，分析出“设备相关遥信为合遥测为零”与“设备相关遥测有值遥信为分”两类设备可疑状态。之后获取设备的有功功率、无功功率、电流遥测数据，满足下面公式的设备判定为有功、无功电流值不一致：

$$|\sqrt{3}UI - x\sqrt{p^2+q^2}| > y$$

式中，U 为设备直接相连的母线线电压遥测数据；I 为设备的电流遥测数据；p、q 分别为设备的有功功率、无功功率遥测数据；x 为用于调节数据单位换算的系数，一般取 1000；y 为判定阈值，一般取 40。

4.8 电力系统事故追忆

电力系统事故追忆（Post Disturbance Review，PDR）是电网运行稳态监控中一项重要的功能，它通过记录事故发生前后电网的各类事件序列，例如，断路器跳开、闭合、保护动作、遥测异常等信息，形成事故分析的信息基础，通过事故追忆的反演功能，将保存的事故追忆按当时的情景进行重演。随着互连电网规模越来越大，通过事故追忆提供的事故发生前后的电网运行状态，调控人员和方式人员可以方便和有效地分析事故的原因，调整电网的运行方式，避免误操作而引发大事故，保障电网安全经济运行。事故追忆功能还可以为调度员培训仿真提供培训教案。

事故追忆不仅逼真再现当时的电网模型与运行方式，而且具有实时运行时的全部特征，包括告警信息的显示、语音、推画面等，并可在此基础上进行网络分析（如状态估计、调度员潮流等），所以称为全景事故追忆。

事故追忆功能主要包括数据记录功能和事故反演功能。

4.8.1 数据记录

将事件发生前后（事故发生前 M 分钟，事故发生后 N 分钟，时间段可调，M、N 分钟可长达几小时或 1 天）必要的电力系统数据、接线方式及图形按一定的方式存储；模型、数据和图形需要保持一致性，即使电网接线方式改变，也能正确重演当时的事故追忆。

事故追忆需要保存的场景数据包括电网模型数据、图形数据及电网全景数据。其中全景数据可以包括电网稳态监视数据、动态监视数据及二次设备监视数据等。

4.8.2 事故追忆

事故追忆功能具备全部采集数据（模拟量、状态量等）的追忆能力，完整、准确地记录和保存电网的事故状态，以便对事故前后系统的运行情况和状态进行必要的分析、查看和重演。

1. 事故追忆的启动和处理

以保存数据断面及报文的形式，存储一定时间范围内所有的实时稳态数据，重演事故前后系统的实际状态。事故追忆既可以由预定义的触发事件自动启动，包括设备状态变化、测量值越限、计算值越限、测量值突变、逻辑计算值为真以及操作命令等，也可以由指定时间范围内的人工启动。触发事件由用户定义，其类型可以为开关量的变位加事故总信号动作，开关量的变位加相关保护信号动作，开关量的变位、频率、电压及其他数据越限或跳变，用户指定的其他事故定义方式。同时记录多重事故记录的功能，记录多重事故时，事故追忆的记录存储时间相应顺延，可指定事故前和事故后追忆的时间段。

2. 事故重演

通过对系统内任意一台工作站进行事故重演，其他工作站同时观察事故重演，重演的运行环境相对独立，与实时环境互不干扰。重演时，断面数据与重演时刻的电网模型及画面相匹配，通过专门的重演控制画面，选择已经记录的任意时段的电力系统的状态作为重演的对象（局部重演），设定重演的速度（快放或慢放），可以暂停正在进行的事故重演，将网络分析应用软件和事故追忆相结合。例如，当重演到某个时刻时，可以直接启动该断面下的状态估计、潮流计算等，而无须应用软件的启动、断面装载等一系列复杂的操作。

第 5 章　电网运行动态监视与分析

电网运行动态监视与分析应利用同步相量测量单元（Phasor Measurement Unit，PMU）采集上送的高精度、带统一时标的动态数据进行集中处理分析，对电力系统动态行为、扰动事件等进行实时监视与评估，帮助调度员准确地把握系统运行状况，理解电力系统的动态过程，提高系统运行的可靠性。

电网运行动态监视与分析应用提供电网动态过程的监测、预警和分析，主要包括电网动态运行状态监视、低频振荡在线监视、在线扰动识别、并网机组涉网行为在线监测等功能。

5.1　电网动态运行状态监视

基于 PMU 装置采集的动态数据，从量测数据处理、设备量测监视、设备越限告警等几个方面监视电网的动态行为，并提供各种直观、准确、方便的可视化表现手段，使调度运行人员能及时了解电网的动态运行状态。

电网动态运行状态监视主要功能包括量测数据监视、量测数据分析和量测数据展示。

5.1.1　量测数据监视

1. 母线量测监视

母线量测监视用于监视 PMU 采集的母线运行信息。根据现场 PMU 采集的动态数据，结合电网模型，对电压量测进行在线监测，并根据三相电压计算出线电压及正序电压分量。对于 PMU 未采集母线，根据线路电压计算其母线电压。

2. 机组量测监视

机组量测监视用于监视 PMU 采集的机组运行信息。根据现场 PMU 采集的动态数据，结合电网模型，对机组电压、电流、频率、有功、无功等主要相量和模拟量数据进行在线监测。

3. 线路量测监视

线路量测监视用于监视 PMU 采集的线路运行信息。根据现场 PMU 采集的动态数据，结合电网模型，对线路电压、电流、功率等相量和模拟量进行在线监测。对于 PMU 未采集功率的线路，根据该线路三相电压、电流相量计算线路有功功率、无功功率。对于 PMU 未采集电压的线路，根据母线电压计算其线路电压。

4. 变压器量测监视

变压器量测监视用于监视 PMU 采集的变压器运行信息。根据现场 PMU 采集的动态数据，结合电网模型，对相角测量进行归算，消除变压器接线方式产生的相角偏移，实现对电压、电流、功率等相量和模拟量的在线监测。

5.1.2 量测数据分析

1. 电压和频率动态过程分析

电网在实际运行过程不可避免受到各种各样的扰动，致使电压和频率产生波动。长时间的低压或低（高）频运行，都将对电网和用户产生不利影响，这也是不可接受的。

电压/频率动态安全评估依据电压二元表来描述电压低于某个门槛值的持续时间不能超过要求的时间，同样使用一组频率二元表来描述频率低于或高于某个门槛值的持续时间不能超过要求的时间。并利用统一量纲的电压/频率偏移可接受性裕度来表示电压/频率偏移可接受性程度，定量分析电网运行中电压/频率动态安全性，指出薄弱区域。

2. 机组运行状态分析

发电机在非额定状态下运行时，为保证设备安全，必须满足一系列的运行条件，包括定子绕组温升（定子电流）、励磁绕组温升（转子电流）、原动机功率、定子端部温升及其他约束。这些约束条件共同构成了发电机运行的极限范围，在以发电机有功功率 P 和无功功率 Q 的直角坐标系中，其运行极限形成一个闭合的“枕形”曲线，即发电机运行极限图（PQ 图），如图 5－1 所示。

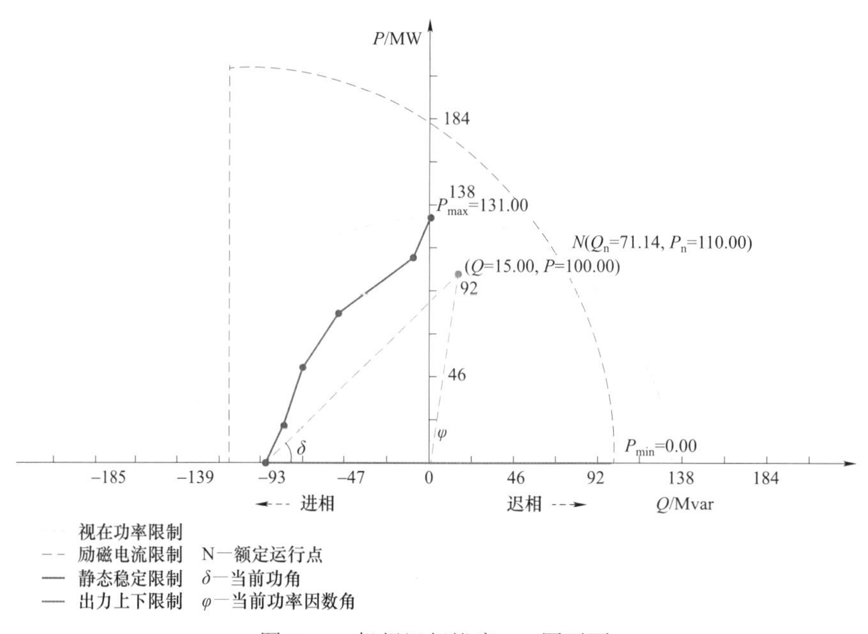

图 5－1　机组运行裕度 PQ 图画面

机组运行裕度监视功能利用 PMU 上送的机组电气量测数据，实现对机组运行裕度、进相运行状态的在线监视、记录与展示，主要功能如下：

（1）机组进相分析。对全网具有 PMU 量测的发电机运行状态进行监视，判断机组进相运行情况，并对进相运行情况进行告警。通过机组 PQ 图，可以观察机组当前运行位置及其运行限值范围，能够直观地了解当前机组运行裕度情况。

（2）机组运行裕度分析。根据实时测量数据，确定发电机的运行点和运行数据，实时计算发电机的运行裕度及进相深度等，并利用 *PQ* 图的形式直观表现出来。

3. 量测越限分析

根据 PMU 动态测量数据，实时监视电压、电流、功率、频率、功角等量测的动态变化过程，对其进行越限判断与告警，对于超过告警门槛的设备进行告警。

对两侧都具有 PMU 测量的线路，实时监视两端母线的电压相角差，并对于超过告警门槛的线路进行告警；对有功角量测的机组，将其功角归并于同一电压等级，实时监视相对于参考点的功角差，并对于超过告警门槛的机组进行告警。

4. 量测数据对比

实时获取电压、有功、无功功率等量测的动态数据和稳态数据，对动态量测和稳态量测数据进行对比分析，输出数据对比差值及百分比，对于超过误差门槛值的量测数据进行统计与展示。

5.1.3 量测数据展示

1. PMU 曲线

根据 PMU 采集的动态数据，结合电网模型，以目录树方式显示一次设备信息列表，调度运行人员通过“实时曲线”和“历史曲线”界面，调取指定量测点的实时数据或历史数据，并通过曲线予以展示，如图 5－2 所示。

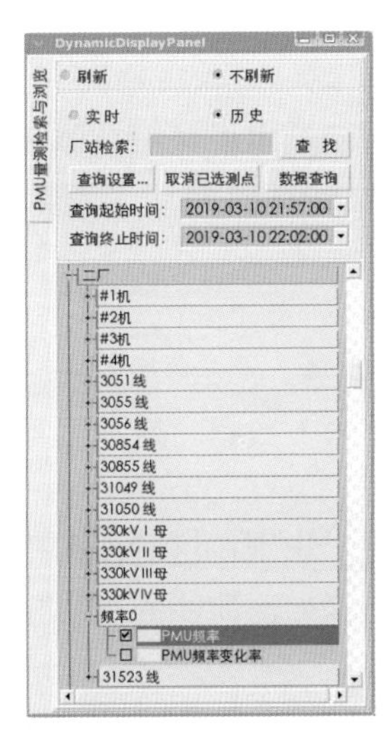

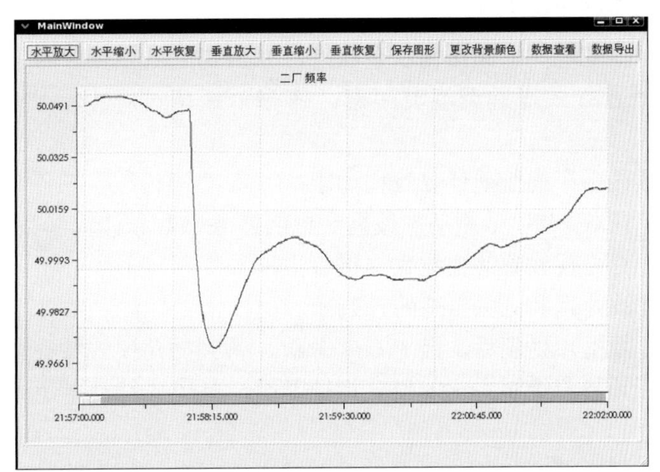

图 5－2　PMU 曲线图

PMU 曲线提供水平放大、水平缩小、水平恢复、垂直放大、垂直缩小、垂直恢复和保存图形等功能，方便曲线查看。根据一次设备不同类型配置相应的显示颜色。

支持基本的图形缩放、保存、数据导出等功能，方便外部获取 PMU 历史数据。

2. 相量图

三相相量图可直观展示三相相量量测关系。在三相相量图中，黄色指针表示 A 相数据，绿色指针表示 B 相数据，红色指针表示 C 相数据，指针的长度表示幅值，指针越长，所表

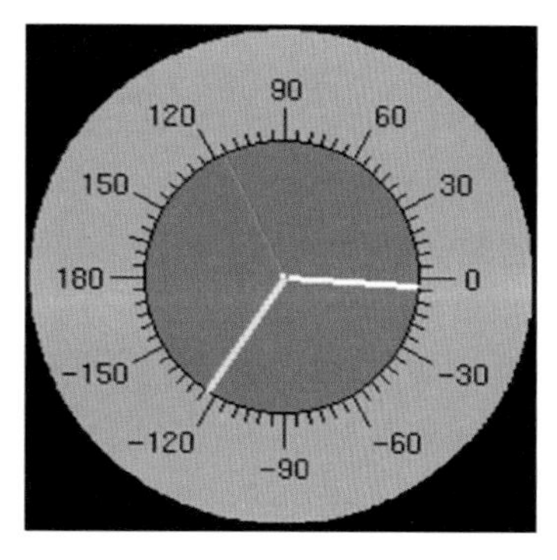

图 5-3　三相相量图

示的幅值越大，指针的角度表示相角。同时，还可以通过鼠标悬停方式显示三相相量量测的详细提示信息。三相相量图如图 5-3 所示。

3. 地理接线图

基于电网潮流图或地理接线图背景，实现全网 PMU 布点和工况、电压相角和幅值、频率、机组功角分布等广域量测信息的动态监视，并利用可视化手段，采用等高线分布图、罗盘仪表图等形式展示全网节点电压角度、频率变化等的分布情况，根据不同的运行状态配置相应的颜色区分不同的紧急程度，以引起调度运行人员注意。

5.2　低频振荡监视

低频振荡监视分析利用 PMU 装置采集的实时数据，识别电网中发生的低频振荡。当发生低频振荡时，及时发送告警信息，分析电网低频振荡特性，识别主导振荡模式，跟踪模式变化，让调度员有充裕的时间采取措施，防止振荡进一步恶化，避免大事故的发生，提高电网稳定性。

5.2.1　低频振荡在线监视

实时监视电网低频振荡安全状态，在识别到低频振荡时，自动推出低频振荡监视画面，同时以语音方式提醒调度员注意。在整个振荡过程中，实时刷新振荡曲线，跟踪振荡模式变化。

低频振荡在线监视计算流程如下：

（1）获取 PMU 量测动态数据、电网静态参数和计算参数等信息。

（2）对监视设备的实测数据进行数据预处理，形成分析计算输入数据。数据预处理包括数据的滤波处理和低频振荡的预判断。

（3）数据预处理后，经 Prony 分析，得到振荡模式特征量组，识别在这些振荡模式特征量组中幅频响应绝对占优的模式特征量组，此模式特征量组即为该振荡曲线的主导振荡模式特征量组。

（4）判断得到的各曲线主导振荡模式是否在低频振荡频率范围，并将满足频率限值的主导振荡模式按照能量大小排序，找出最严重的振荡模式。

（5）根据低频振荡预警阻尼比门槛值，判断监视发电机和联络线振荡低频振荡安全状态。

（6）依据监视发电机和联络线安全状态，判断当前电网低频振荡安全状态。

（7）若发生低频振荡，则发出告警消息，启动在线分析模块。

电网发生振荡时，推出在线监视画面，展示低频振荡分析信息，包括振荡发生时间、消失时间、振荡机组数、振荡线路数、持续时间等总体信息和振荡机组详细列表信息、振荡线路详细列表信息等。

5.2.2　低频振荡在线分析

在电网出现低频振荡时，准确实时分析电网低频振荡特性，识别主导振荡模式和强相关机组，计算机组参与因子、识别模式可观线路和振荡中心大致区域等信息。

低频振荡在线分析计算流程如下：

（1）电网发生低频振荡后进入分析流程，获取发电机、交流线路、变压器和厂站母线的实测数据。

（2）对实测数据进行数据预处理，形成分析计算输入数据。

（3）预处理后数据经分析计算，得到振荡模式特征量组，汇集振荡模式，根据能量最大原则，识别振荡的主导模式，依据频率差 Δf 和阻尼比差 Δd 判断相同模式。

（4）利用发电机功角、厂站电压相角和主导模式信息，进行模态分布计算。基于模态分布计算得到的初相角，对发电机和厂站进行分群，在 0° 附近的为一群，180° 附近的为另一群。选择分群结果中振荡幅值的最大值作为基准值，其余设备幅值与基准值相比来计算参与因子。依据计算得到的参与因子，识别模式强相关机组。

根据厂站分析结果和主导模式信息，识别振荡中心区域厂站，振荡中心大致区域为新的初相角位于 90° 附近的，且电压波动幅值大于设定值的厂站。利用厂站分群结果，结合厂站电压波动，识别振荡中心大致区域。

5.2.3　低频振荡辅助决策

当电网即将发生低频振荡或发生低频振荡且阻尼较小时，启动低频振荡辅助决策功能进行策略搜索。具体步骤如下：

（1）获取在线监视和分析结果，判断是否低频振荡告警，如果告警，依据分析结果自动搜索得到辅助决策信息；或者通过匹配事先制定的离线策略表获取辅助决策信息。

（2）进行辅助策略等级判断。将辅助策略划分为三个等级：在电网即将发生低频振荡或低频振荡发生初期，给出一级策略；在抑制效果不明显时，给出二级策略；当振荡长时间不能平息，且为增幅或等幅振荡时，给出三级策略。策略等级根据振荡时间、功率波动幅值和阻尼比限值划分。

（3）进行策略整理。在向调度员提交辅助策略前，需要对初步得到的辅助决策信息进行检查，剔除可能出现的冗余信息。将同一时间给出的控制措施合并为一条策略。

5.3　在线扰动识别

电网发生扰动事件时，遍布于电网的 PMU 将采集到的事件信息实时传送到调控中心的 WAMS 主站，在线扰动识别功能模块对 PMU 采集的实时动态数据进行特征提取，与表征不同扰动类型的特征进行匹配，实现对扰动事故的分类、定位并发出告警信息，辅助调度运行人员快速定位与处理故障事件。

在线扰动识别监视的类型包括短路故障跳闸、非同期并列、非全相运行、机组故障跳闸、直流闭锁等扰动类型，对应不同的扰动类型，其详细信息不尽相同。

5.3.1 短路跳闸识别

短路是指系统相与相或相与地之间发生的不正常通路。短路过程中故障相电流增大，母线及线路上各点电压降低。短路扰动识别选择母线电压、支路电流这两类变化特征明显的电气量，采用模式匹配法，实时判断电网是否发生了短路故障，如果发生短路故障，再计算满足电压、电流特征分量门槛值的短路电流，准确定位到故障线路或定位到离故障设备电气距离最近的设备，并发出告警信息告知调度员短路的具体位置、相别、时间、重合闸成功与否，帮助调度员及时了解电网中开关动作的原因以及电网中的故障状态，从而辅助调度员做出正确的安全稳定控制决策。

短路扰动分析信息除了包括扰动设备、扰动时间、扰动类型、短路电流、负荷电流以及是否本线等概要信息，还包括短路时刻的三相电压、电流曲线。

扰动曲线能够展示故障时刻的实测电压、电流曲线，显示时间窗宽度为3s，分别为故障前、故障时刻及故障后各1s的数据。通过该曲线，可以直观清晰地掌握短路故障过程的电压、电流变化情况。

5.3.2 非同期并列识别

同期并列是电力系统中经常进行的一项重要操作。发电厂在系统正常运行时，随着负荷的增加，要求备用发电机组迅速投入系统，以满足用电量增长的需求。在系统发生事故时，会失去部分电源，要求备用机组快速投入电力系统制止系统崩溃。这些情况均要进行同期操作，将发电机组安全可靠、准确快速地投入，确保系统的可靠、经济运行以及发电机的安全运行。在变电站，同期操作可以使系统中分开运行的线路断路器正确投入，实现系统并列运行，以提高系统的稳定、可靠运行及线路负荷的合理、经济分配。

同期并列时需满足以下三个条件：

（1）并列断路器两侧电源的电压差必须在允许的范围内。

（2）并列断路器两侧电源的频率差必须在允许的范围内。

（3）在并网合闸瞬间，并列断路器两侧电源电压的相角差必须在允许范围内。

基于同期并列特征，非同期并列识别根据 PMU 量测的电压及频率等，实时监视电网中并网的设备，对并网电压相角、幅值、频率和冲击电流的实时监视，统计并列断路器两侧电源的电压差、频率差和相角差等相关指标，对发电机并网效果进行监视与评价，判断是否发生非同期并列运行的情况。相关指标如下：

（1）$|U_G - U_S| < \varepsilon$，即并网两侧的电压幅值差小于给定的数值。

（2）$|f_G - f_S| < \varepsilon$，即并网两侧的频率幅值差小于给定的数值。

（3）$|\delta_G - \delta_S| < \varepsilon$，即并网两侧的相角幅值差小于给定的数值。

非同期并列分析信息包括并列设备、并网时间及并列时刻的正序电压信息，通过该曲线可以直观清晰地掌握设备并网时刻的电压波动情况。

5.3.3 非全相运行识别

在电力系统中，220kV 及以上电压等级的线路，大部分采用单相重合闸，当线路单相故障，单相重合闸过程中，或单相跳开后，因开关压力低，操作箱未经保护出口跳开等各种原因而造成开关未重合，线路即进入非全相运行。当系统处于非全相运行状态时，系统中出现的负序、零序等分量一方面对电气设备产生一定危害，另一方面使得系统中的一些保护可能处于启动状态，严重时系统中的负序、零序等分量还可能使一些保护动作跳闸，误断开正常运行的线路，造成事故。

基于非全相运行特征，非全相运行识别根据 PMU 采集的三相电压和三相电流相量，实时计算相应的负序和零序分量，根据相序分量的越限指标判断设备是否处于非全相运行状态，在线告知调度员非全相运行导致的负序和零序电压或电流的程度，辅助调度员做出正确的安全稳定控制决策。相关指标如下：

（1）负序电压百分比（%）：$U_2 / U_N < \varepsilon$，即负序电压相比于额定电压的数值小于定值。

（2）零序电压百分比（%）：$U_0 / U_N < \varepsilon$，即零序电压相比于额定电压的数值小于定值。

（3）负序电流百分比（%）：$I_2 / I_{load} < \varepsilon$，即负序电流相比于负荷电流的数值小于定值。

（4）零序电流百分比（%）：$I_0 / I_{load} < \varepsilon$，即零序电流相比于负荷电流的数值小于定值。

（5）负序电流大小：$I_2 < \varepsilon$，即负序电流数值小于定值。

（6）零序电流大小：$I_0 < \varepsilon$，即零序电流数值小于定值。

非全相运行分析信息包括非全相运行设备名称、时间以及非全相运行时刻的相电压和零序电流信息，通过曲线可以直观清晰地掌握设备非全相运行时刻的相电流和零序电流情况。

5.3.4 机组故障跳闸识别

机组故障跳闸主要是指在机组运行过程中，由于某种原因导致需要跳开机组的出口开关，使得机组紧急停下来，反映在电气量上则为机组出力突变为零，电网中的发电和负荷出现短暂的不平衡，电网频率将会降低，由于现代电网容量一般都很大，单台发电机切除对电网的影响较小，故电网电压和频率变化会较小。

基于上述特征，在线扰动识别功能实时监视机端电压、机组出力等电气量的动态变化过程，根据出力和频率的越限指标对非正常停机进行识别，定位到跳闸机组，并发出告警信息告知调度员，从而辅助调度人员采取合理的电网控制措施，及时恢复停机机组的运行。

机组跳闸分析信息除了包括机组名称、跳闸时间以及机组出力等概要信息，还包括机组跳闸前后的有功出力和频率曲线。通过曲线，可以直观清晰的掌握机组跳闸前后的功率、频率变化情况。

5.3.5 直流闭锁识别

高压直流输电是现代电力电子技术在电力系统中最成功的应用之一，适合大容量、远距离输电。当换流器故障、直流线路故障及交流故障等引起直流单极或双极闭锁时，直流系统电流和相邻设备潮流会发生突然变化，直流传输功率急剧减少，无功消耗随之减少，多余的无功功率将促使系统电压上升。

基于上述特征，在线扰动识别功能实时监视直流功率、母线电压等电气量的动态变化过程，根据直流功率及母线电压突变量初步判断发生直流闭锁，并通过相邻设备潮流变化情况进一步确认。

在电网故障瞬间，PMU数据中存在一定的干扰信息，对数据形态特征的识别会产生偏差，导致扰动识别功能产生漏判或误判，需要根据错误识别案例进行检查，以持续改进模式识别算法以提高辨识准确性。

5.4 机组涉网行为监视

基于机组相关设备 PMU 采集的实时动态量测数据，实现在线监测机组调频系统、励磁系统运行调节情况，并全面计算反映机组调频和调压能力的性能指标参数，结合性能评价指标体系实现对机组调速系统与励磁系统性能的在线分析与评价。

5.4.1 调速系统性能监视

机组一次调频动态性能分析与评价功能通过监视电网频率变化，对于满足分析条件的机组，利用其机组及调速系统相关的 PMU 数据进行调频性能指标的在线计算、统计、存储与展示。

主要功能是检测并启动性能指标的计算，存储并展示当前系统中所有被监视机组各自一次调频调节性能分析结果，包括实测贡献电量、理论贡献电量、电量贡献指数、调差系数、延迟时间和调频死区等各类性能指标。

同时，提供专用的浏览界面展示机组一次调频计算的详细信息，包括频率/出力各特征值、最大出力调节量、最大理论调节量、实际贡献电量、理论贡献电量等各指标分量，并用曲线方式显示本次频率扰动中的机组实际出力、机组理论出力随电网频率变化的调频过程曲线。

1. 短期指标计算与评价

短期指标计算与评价功能是基于在线计算功能的结果，对在线监测到的各机组每次一次调频事件按照不同对象、不同事件维度再进行对应短期指标的计算、存储、评价与展示，辅助运行人员对电网一次调频能力进行全局掌握和宏观把控。

短期指标计算与评价具体可以分为：

（1）短期电网级信息。分析了电网中最近发生的所有一次调频事件，并以扰动事件为索引对每次事件的电网级调频效果进行计算与展示。

主要信息包括扰动开始时刻、扰动结束时刻、频率初值、频率末值、频率极值、机组投运率、机组优秀率、机组合格率、机组反调节率、15s 电量指数、30s 电量指数、45s 电量指数和 60s 电量指数等。

（2）短期机组级调频信息。分析了全部机组一次调频性能分析结果，并综合各指标对本次机组的调节性能指标进行计算、展示和评价。

主要信息包括机组名称、厂站名称、调频开始时刻、调频结束时刻、频率初值、频率末值、频率极值、出力初值、出力极值、出力末值、15s 贡献电量、30s 贡献电量、45s 贡献电量、60s 贡献电量、15s 电量指数、30s 电量指数、45s 电量指数、60s 电量指数、出力响应指数、综合指数和延迟时间等。

（3）机组调频过程信息浏览。对机组级调频分析结果，可以浏览具体机组在本次调频事件中的机组响应过程，包括本次一次调频响应过程系统频率曲线、机组出力曲线及机组调频性能分析结果信息。

主要信息包括机组名称、机组类型、出力上限、出力下限、响应滞后时间、调差系数、调频死区响应偏差率、出力响应指数、电量贡献指数和综合指数等。

2. 长期指标计算与评价

长期指标计算与评价功能是基于历史存储的计算结果，以指定的统计时间段按照不同对象、不同事件维度对机组一次调频的历史分析存储结果进行综合统计、分析、评价与展示，为使用人员提供从机组到全网的一次调频性能效果的长期综合分析与评价。

长期指标计算与评价具体可以分为：

（1）长期电网级分析。分析了统计时段内电网层面一次调频整体调节及运行情况的统计结果信息。

主要信息包括频率扰动次数、机组平均优秀率、机组平均良好率、机组平均不合格率、机组平均反调节率，正贡献电量、负贡献电量、实际贡献电量和理论贡献电量等。

（2）长期机组级调频分析。以机组为对象展示了统计时段内各机组所有一次调频事件的性能指标的综合计算与评价结果。

主要信息包括机组、厂站、扰动次数、考核次数、优秀次数、良好次数、合格次数、不合格次数、反调节次数、动作率、正贡献电量、负贡献电量、实际贡献电量和理论贡献电量。

（3）长期机组级稳态运行分析。以机组为对象展示了统计时段内各机组相关设备的长期稳态运行指标的综合统计与评价结果。

主要信息包括机组、厂站和一次调频投运率。

5.4.2 励磁系统性能监视

励磁系统动态性能监视与分析评价功能通过监视励磁系统相关的 PMU 数据，实时对各机组的电压扰动情况进行监测，对于满足励磁调节性能分析条件的机组进行性能指标的在线计算、统计、存储与展示。

主要功能是在线监测并启动励磁调节性能指标的计算，存储并展示当前系统中所有被监视机组各自励磁调节性能指标分析结果，包括扰动发生时间、励磁状态、顶值电压倍数、励磁电压响应时间和阻尼比等各类性能指标。

同时，提供专用的浏览界面对监测的励磁调节动态过程及励磁调节详细分析结果进行浏览，包括机端电压、机端电流、励磁电压、励磁电流等曲线和主要的性能指标计算结果。

1. 短期指标计算与评价

短期指标计算与评价功能是基于在线计算功能的结果，对在线监测到的各机组每一次励磁调节事件按照不同对象、不同事件维度再进行对应短期指标的计算、存储、评价与展示，为使用人员提供机组针对每次励磁调节事件的相关调节性能的全面分析。

（1）短期机组级大扰动分析。对于所有满足大扰动事件判定条件的机组励磁调节事件，以扰动事件和机组对象为索引对每次机组的励磁调节的大扰动性能指标进行计算、展示和评价。

主要信息包括机组、厂站、扰动发生时间（秒）、扰动发生时间（毫秒）、综合指标评价、励磁电压响应时间、顶值电压倍数、顶值电流倍数和励磁系统标称响应。

（2）短期机组级小扰动分析。对于所有满足小扰动事件判定条件的机组励磁调节事件，以扰动事件和机组对象为索引对每次机组的励磁调节的小扰动性能指标进行计算、展示和评价。

主要信息包括机组、厂站、扰动发生时间（秒）、扰动发生时间（毫秒）、综合指标评价、超调量、波动次数、阻尼比和调节时间。

2. 长期指标计算与评价

长期指标计算与评价功能是基于历史存储的计算结果，以指定的统计时间段按照不同对象、不同事件维度对机组励磁调节的历史分析存储结果进行综合统计、分析、评价与展示，为使用人员提供机组励磁调节性能效果的长期综合分析与评价。

（1）长期机组级大扰动分析。以机组为对象，展示了统计时段内各机组所有满足大扰动事件的励磁性能指标的综合计算与评价结果。

主要信息包括机组、厂站、大扰动综合指标评价、大扰动总动作次数、大扰动正确动作次数、大扰动正确动作率、平均励磁电压响应时间、平均顶值电压倍数、平均顶值电流倍数及平均励磁系统标称响应。

（2）长期机组级小扰动分析。以机组为对象，展示了统计时段内各机组所有满足小扰动事件的励磁性能指标的综合计算与评价结果。

主要信息包括机组、厂站、小扰动综合指标评价、小扰动总动作次数、小扰动正确动作次数、小扰动正确动作率、平均超调量、平均波动次数及平均调节时间。

（3）长期机组级运行分析。以机组为对象，展示了统计时段内各机组相关设备的长期运行指标的综合统计与评价结果。

主要信息包括机组、厂站、PSS 投运率、AVR 投运率及总正确动作率。

第6章　继电保护设备运行监视

继电保护设备运行监视主要实现继电保护装置、安全自动装置、故障录波器等设备的运行工况、运行信息、动作信息、录波信息、测距信息的分析处理。继电保护设备运行监视功能为调度管理部门实时掌握继电保护设备运行状态，及时判断电网实际故障状况，分析继电保护动作行为，提供统一的数据平台和可靠的技术支撑。

6.1　继电保护设备模型

继电保护设备模型包括继电保护设备的基本信息和配置参数，以及这些设备的名称、装置类型、装置型号和软件版本等。继电保护设备模型的建立是继电保护设备数据采集、信息管理及后续高级应用的基础。继电保护设备模型包括继电保护设备信息模型和一、二次设备关联模型，模型的建立充分发挥了“源端维护”的优势，遵循“免维护”及“少维护”的建模原则，以尽量减少系统维护的工作量。

6.1.1　继电保护设备基本模型

继电保护设备基本模型包括继电保护装置、故障录波器以及其他有管理需要的二次设备的基本信息和配置参数。基本信息包含装置名称、装置类型、装置型号和软件版本等。配置参数包括保护动作事件、自检告警、开关量、模拟量、定值、定值区号、软压板和故障量等。

6.1.2　继电保护统一数据模型

继电保护统一数据模型包含 EMS、统计分析平台、故障录波联网、保护台账、定值整定计算等不同系统的模型数据信息，将各平台模型经过筛选、映射、转换处理后，按照通用数据对象结构的要求进行存储，最终实现继电保护统一数据模型，以支撑保护专业相关业务的开展。

6.2　继电保护监视数据分类

6.2.1　保护装置信息

保护装置的信息可以分为保护定值信息、保护自检信息、保护动作信息、保护装置采样信息、保护装置开入/开出信息、故障录波信息，详细定义如下：

1. 保护定值信息

在电网运行中需要根据系统的特征及运行模式的要求，基于“快速性、灵敏性、选择性和可靠性”的原则确定继电保护装置定值，保护定值基本涵盖如下几部分信息：

（1）保护装置的特征信息。如装置的型号、参数、版本号、保护安装地点、TA/TV 二次额定值等，这些信息确定了保护的基本特征。

（2）保护装置动作值信息。如各种测量元件的门槛值、各种时间元件的设定值、告警信息的门槛值等，这些信息反映了保护装置对于电网故障的响应情况。

（3）保护装置应用方案信息。如内部逻辑组合方式、保护功能的选用，这些信息确定了在系统中保护装置的应用模式。

（4）保护信息的输出定义。如描述保护装置出口跳闸、启动失灵、重合闸、异常告警灯等信息，这些信息描述了保护装置的动作行为结果。

（5）保护对象的参数定义。如距离保护，必须有该保护对应线路的长度、零序电抗、零序电阻、正序电抗和正序电阻等。

（6）保护录波记录量的定义。目前大部分数字式保护装置具有简单的故障录波功能，在保护装置应用中需要设定故障录波采样时间、事件量信息的定义和描述等。

2. 保护自检信息（异常告警信息）

数字式保护的主要特征之一就是保护装置具有很强的软、硬件自检能力，使保护装置能在设备发生异常时发出报警信息，以便于检修人员及时进行消缺处理，确保在电网发生异常或事故时，所有的保护装置处于良好的运行状态。

保护自检信息主要包括如下几类：

（1）装置硬件元器件异常信息。

（2）装置软件模块异常信息。

（3）装置对外采集接口的通信异常信息。

（4）装置对外采集接口的采集量异常信息。

（5）人机界面及功能失效信息。

3. 保护动作信息

保护动作信息完整记录了保护装置内部各元件的动作时序，是分析保护动作行为的主要依据。许多保护可以灵活地设置哪些信息可以以软报文方式作为保护动作事件信息的输出，哪些信息以硬接点形式输出。

无论什么类型、什么动作原理的保护装置，就保护各种元件的动作行为来讲，在整个事件过程中经过了一系列的动作判断，构成了一个完整的动作时序过程，即从保护装置启动、测量元件动作到最终出口跳闸。因此，保护动作信息是一系列有先后顺序的事件序列。

4. 保护装置采样信息（模拟量）

保护装置采样信息主要指保护装置的交流采样信息，以及各种保护装置以特定组合方式形成的模拟量信息。其中，交流采样信息是判断交流回路是否正常工作的主要依据，如电流、电压幅值、相位、电压、电流相位差和相差动电流等信息。

5. 保护装置的开入/开出量信息

保护装置的开入/开出量信息主要是指通过保护装置 I/O 接口输入/输出的各种信息。

（1）输入信息主要包括：

1）外部输入信息：跳闸方式的改变（直接三跳）、启动失灵、某些保护退出运行（高频通道退出）等，属于命令性信息。

2）外部保护动作信息的记录：如变压器本体保护的动作信号的接入等。这种信息的特点并非由保护装置本身确定，而是由其他因素确定，属于描述性信息。

（2）输出信息主要包括：

1）通过输出信息启动断路器跳闸、启动相关保护（作为其他保护的输入信息）等，属于命令性信息。

2）以硬接点方式输出的保护动作事件信息，如保护装置动作或告警等。

6. 保护装置录波信息

保护装置的录波体现了分散式录波方式的具体应用，可作为集中式故障录波器信息的补充，其用途有以下几种：

（1）可以进行故障测距计算，确定故障元件，并进行故障相别、类型及故障距离的判断。

（2）可以根据不同类型保护的原理绘制出不同的特性曲线或特性运动轨迹图，来进行保护的行为分析。

（3）提供事故状态下定值校验或故障回放的基本数据。

6.2.2　故障录波器信息

作为电网故障时异常情况记录的“黑匣子”，故障录波器可完整地记录电网扰动的整个过程。因此，故障录波器的信息记录与处理能力会在相当程度上影响着电网故障分析的进程和效果，故障录波器信息的特点和应用基本原则也是需要重点关注的问题。

随着现代信息技术的应用与发展，故障录波器在 20 世纪 90 年代就逐步实现了数字化，在数据采集单元完成交流采样后，CPU 进行数值处理并负责实时记录故障电流、电压波形。由于采用了计算机技术，故障录波器可实现对各种电气量的组合分析，并具备数据通信功能，实现数据的传输。数据文件遵循 IEEE 标准电力系统暂态数据交换通用格式（Common Format for Transient Data Exchange，COMTRADE 格式）。

COMTRADE 格式有头文件（Header）、配置文件（Configuration）、数据文件（Data）和信息文件（Information）组成。

（1）头文件。用叙述方式记录辅助信息，使用户能较好地了解暂态记录的情况，其格式为 ASCII 码文件。

（2）配置文件。包含采样通道、采样频率和通道个数等信息，其格式遵循 COMTRADE 规范。

（3）数据文件。记录电网实际故障数据，其格式遵循为 COMTRADE 规范的 ASCII 码或二进制文件。

（4）信息文件。记录了断路器跳闸、保护动作等辅助电网事件分析的信息文件，主要包括以下几类信息：

1）模拟量信息。

2）断路器分相跳闸信息（通过断路器辅助接点接入）。

3）保护出口动作信息（含静态保护的硬接点输入信息）。

4）保护通道信息（主保护、远方跳闸等）。

5）保护异常信息。

6.3 继电保护运行监视

6.3.1 运行状态监视

电网调度控制系统将采集到的自检告警、动作事件、开关量变位等信息转化为继电保护设备的运行状态，并以图元的方式供运行人员进行监视。当继电保护设备的运行状态发生变化时，可通过图元变色、闪烁的方式进行提示。

1. 电网运行状态监视

基于厂站总目录图监视全网继电保护设备的运行状态，当厂站内有任意一台继电保护装置发生异常、检修、闭锁或者跳闸时，该厂站的状态图元可以针对不同状态分别以绿色、黄色、蓝色、橙色、红色进行显示，当所有继电保护装置正常运行时，该厂站的状态图元显示为绿色。

2. 厂站运行状态监视

基于变电站接线图监视该变电站内所有继电保护装置的运行状态，当有任意一台继电保护装置发生异常、检修、闭锁或者跳闸时，该间隔相关保护的状态图元针对不同状态分别以绿色、黄色、蓝色、橙色、红色进行显示，当所有继电保护装置正常运行时，该间隔相关保护的状态图元显示为绿色。

各状态对应的图元颜色如下：

（1）闭锁状态：继电保护设备状态为“闭锁”状态，在图形显示时，以红色表示，反映主保护功能失效。

（2）保护跳闸状态：继电保护设备状态为“保护跳闸”状态，在图形显示时，以橙色表示。

（3）异常状态：继电保护设备状态为“异常”状态，在图形显示时，以黄色表示。

（4）检修状态：继电保护设备状态为“检修”状态，在图形显示时，以蓝色表示。

（5）运行状态：继电保护设备为“运行”状态，在图形显示时，以绿色表示。

3. 继电保护装置运行状态监视

基于继电保护间隔图监视继电保护装置运行状态，监视内容包括：

（1）装置的面板显示灯（装置的运行状态）。

（2）装置的软硬压板。

（3）装置的光字牌。

（4）装置的动作、告警、状态变位信息。

6.3.2 继电保护回路监视

基于 SCD 文件建立的变电站二次回路全景模型可提供以下几种继电保护回路监视功能：

1. 实现基于图模映射机制的变电站单线图监视

依据 SCD 中建立的变电站一、二次设备关联关系，采用图模映射技术，实现具有模型特征的变电站单线图，为后续在线监测的可视化展示提供引导。

SCD 全景建模如图 6-1 所示。

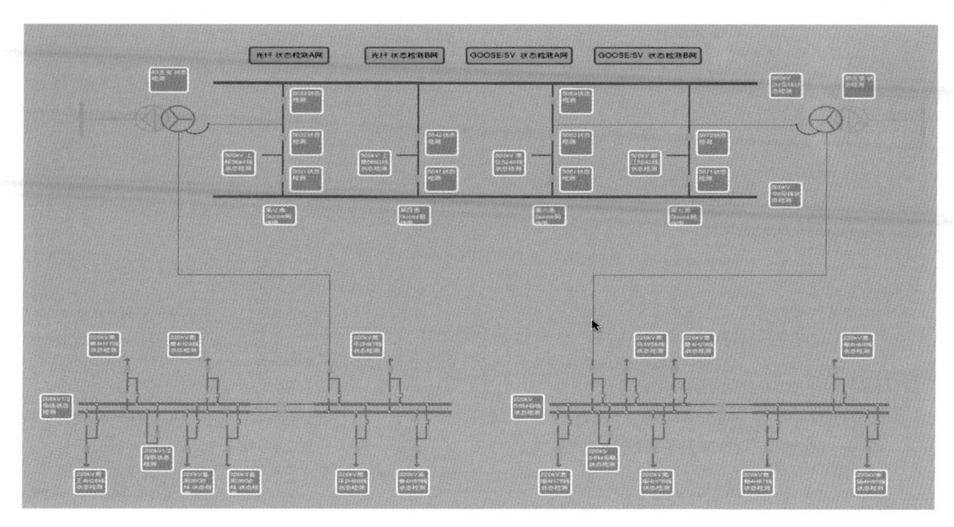

图 6-1　SCD 全景建模

2. 实现基于间隔物理连接图监视

在变电站单线图基础上，依据模型映射关系，引入间隔物理连接图，展示间隔内一、二次设备连接关系，二次设备之间的连接关系，如图 6-2 所示。

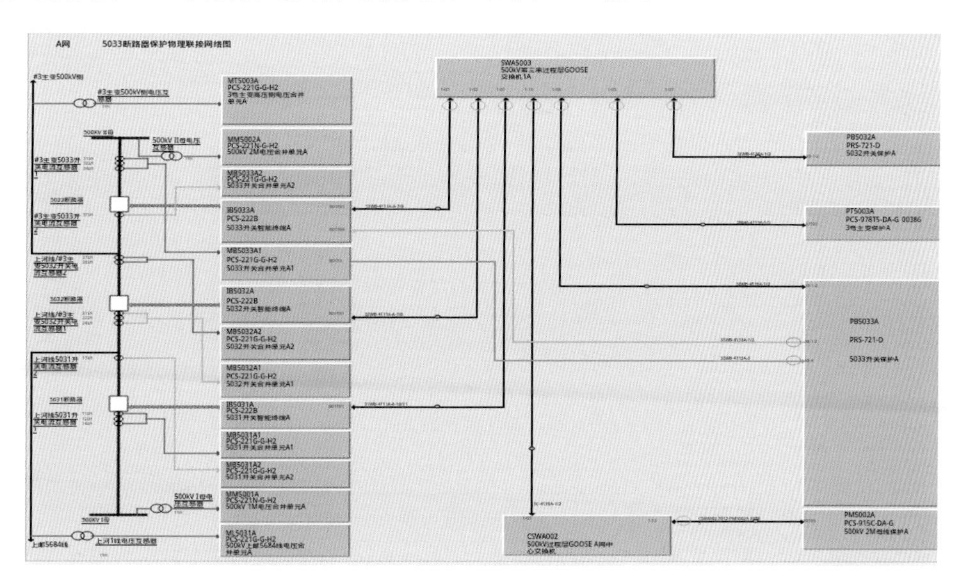

图 6-2　物理连接映射图

3. 光缆物理连接与链路映射关系监视

在变电站单线图基础上，依据模型映射关系，引入间隔物理连接图，展示间隔内一、二次设备连接关系，二次设备之间的连接关系，如图 6-3 所示。

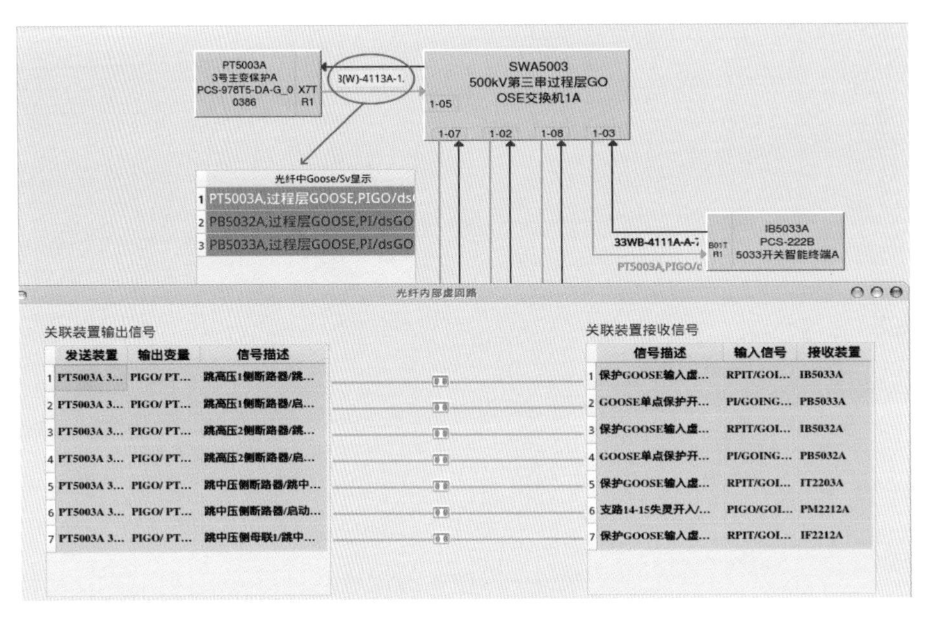

图 6-3　光缆物理连接映射图

4. GOOSE 链路与功能回路监视

将 GOOSE 链路与物理设备对应，建立 GOOSE 链路与间隔控制回路的映射关系，如图 6-4 所示。

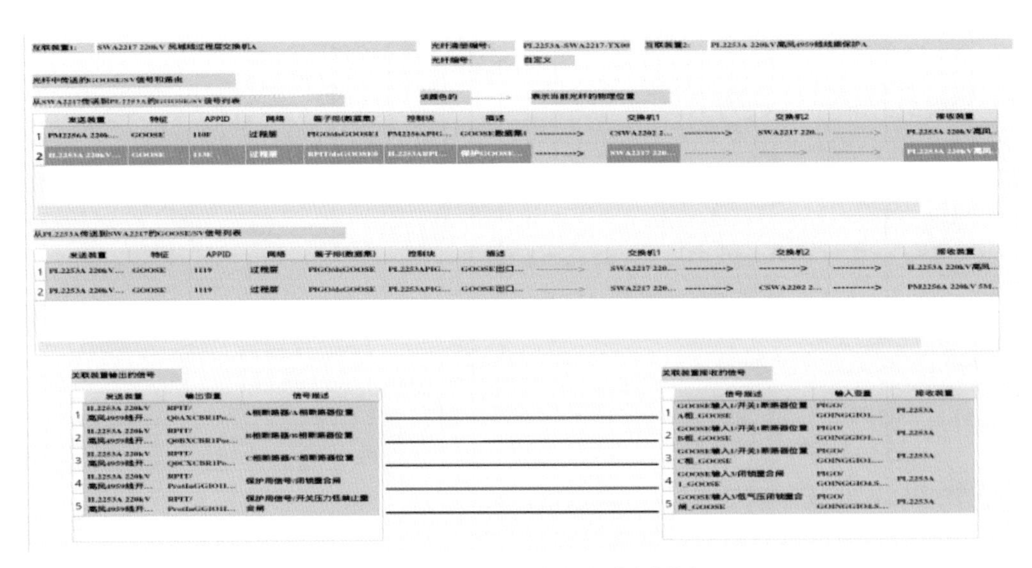

图 6-4　GOOSE 连接关系映射图

5. GOOSE、SV 报文状态监视

选择任意连接光纤，可以实时展示光纤中 GOOSE、SV 报文的实时发送状态，如图 6-5 所示。

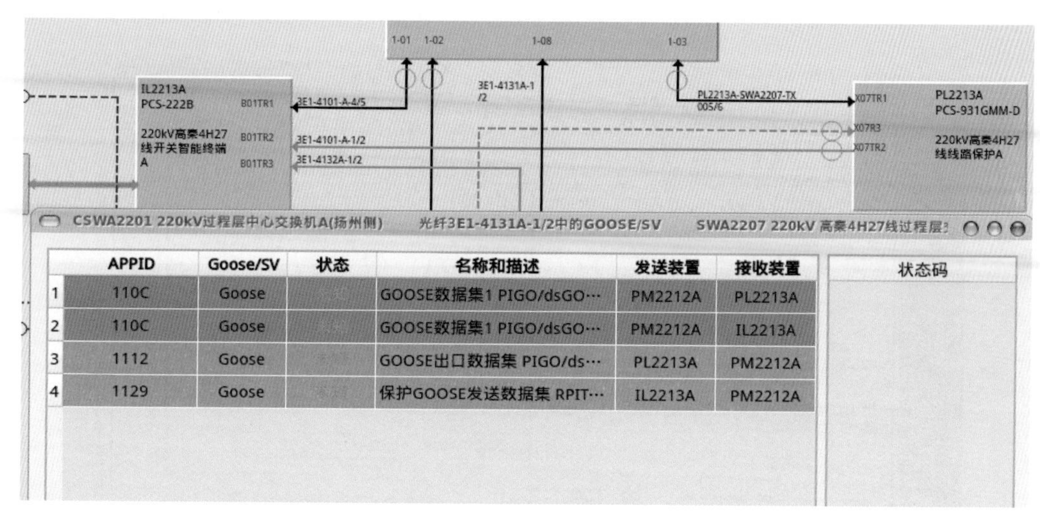

	APPID	Goose/SV	状态	名称和描述	发送装置	接收装置
1	110C	Goose		GOOSE数据集1 PIGO/dsGO···	PM2212A	PL2213A
2	110C	Goose		GOOSE数据集1 PIGO/dsGO···	PM2212A	IL2213A
3	1112	Goose		GOOSE出口数据集 PIGO/ds···	PL2213A	PM2212A
4	1129	Goose		保护GOOSE发送数据集 RPIT···	IL2213A	PM2212A

图 6-5　数据报文发送状态

6. IED 输入输出虚端子状态监视

系统解析 IED 装置的 ICD 文件，生成装置输入/输出虚端子图，并进行虚端子状态监视，如图 6-6 所示。

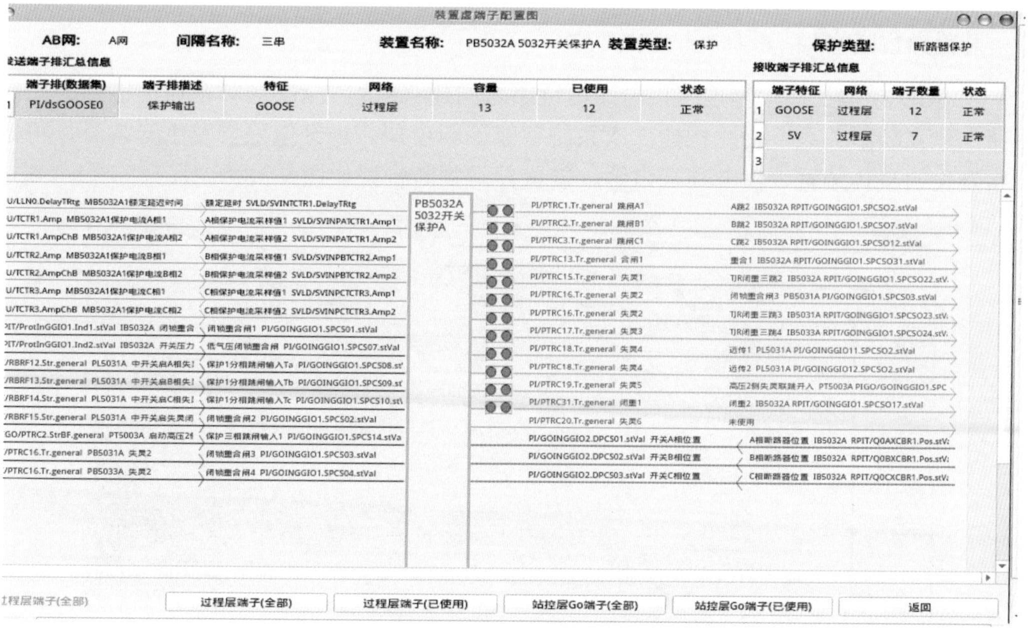

装置虚端子配置图

AB网：A网　间隔名称：三串　装置名称：PB5032A 5032开关保护A　装置类型：保护　保护类型：断路器保护

发送端子排汇总信息

	端子排(数据集)	端子排描述	特征	网络	容量	已使用	状态
1	PI/dsGOOSE0	保护输出	GOOSE	过程层	13	12	正常

接收端子排汇总信息

	端子特征	网络	端子数量	状态
1	GOOSE	过程层	12	正常
2	SV	过程层	7	正常
3				

PB5032A 5032开关保护A

过程层端子(全部)　过程层端子(已使用)　站控层Go端子(全部)　站控层Go端子(已使用)　返回

图 6-6　虚端子连接映射图

7. 保护二次回路原理图可视化展示

根据导入的SCD文件，建立变电站二次回路关系，通过自动关联GOOSE和MMS获得的在线监测虚端子信息，还原保护二次系统原理图，获得动态“竣工二次图”，如图6-7所示。

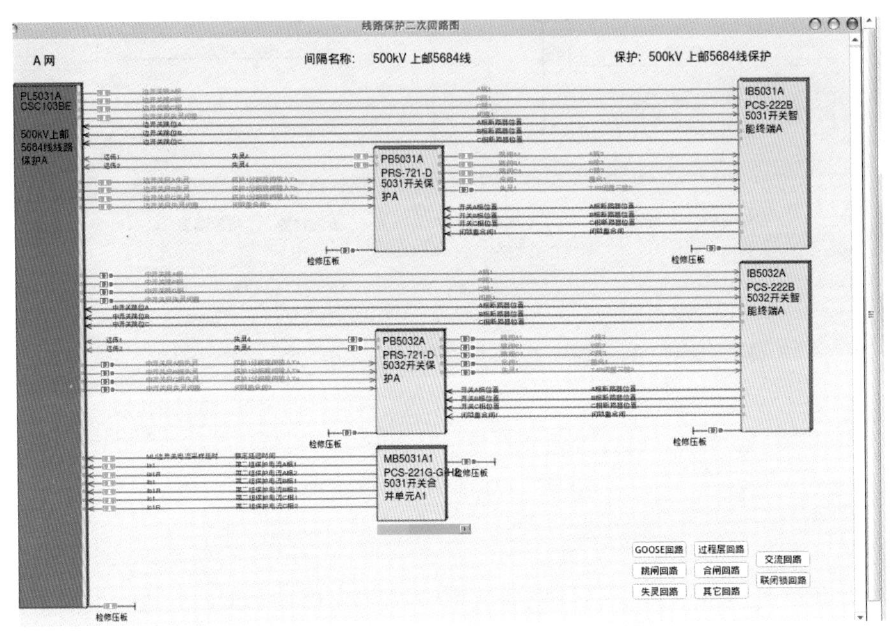

图6-7 竣工二次图

6.3.3 装置异常定位

基于SCD模型在通信物理连接与通信链路之间建立映射关系，同时在通信链路与二次功能回路上建立映射关系，由此构建二次系统智能诊断模型。当继电保护发生异常时，可定位到异常发生的具体装置、板卡和端口等。装置异常判断告警如图6-8所示。

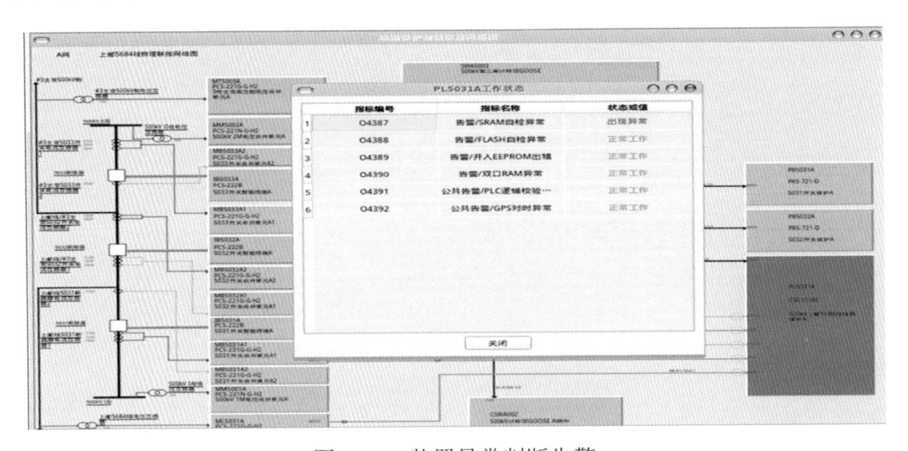

图6-8 装置异常判断告警

6.4　继电保护故障分析

继电保护故障分析为电力系统运行人员、继电保护专业人员处理电力系统故障提供技术保障。当电力系统发生故障时，电网调度控制系统对继电保护各类信息汇总、筛选，并进行智能分析，得到故障分析结果，同时利用图形化的方式直观展示该故障发生的详细过程。

6.4.1　功能定位

继电保护故障分析主要包括故障在线分析、波形分析、故障测距及故障报告等模块。电力系统发生故障后可为运行人员判断故障性质、分析故障原因提供技术支撑。故障分析功能软件结构示意如图 6－9 所示。

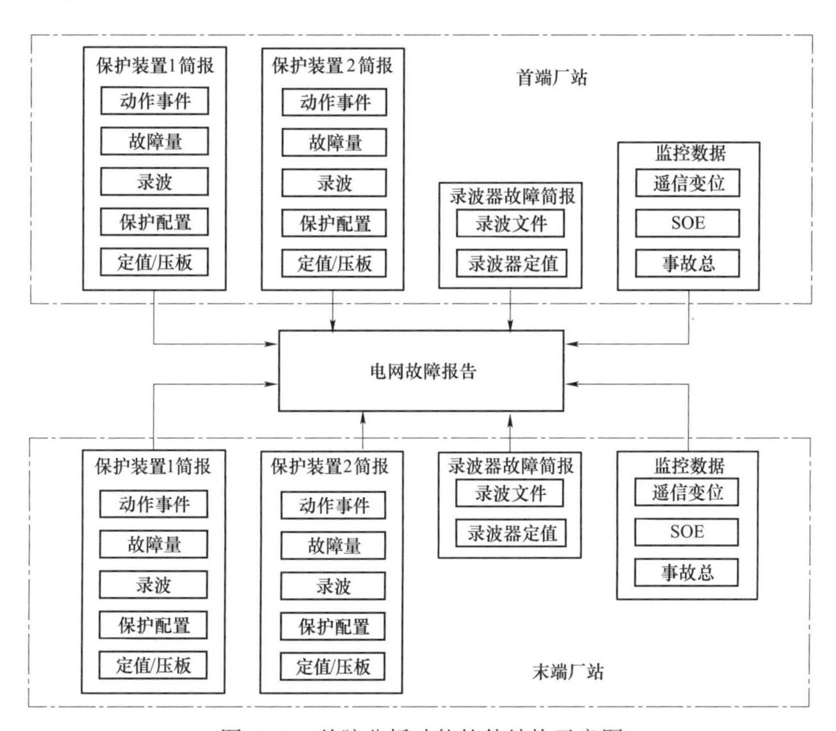

图 6－9　故障分析功能软件结构示意图

6.4.2　故障在线分析

电网发生故障时故障在线分析功能可自动对故障发生时上送的大量保护信息进行筛选过滤，并从中提取重要的动作信息，同时结合稳态监控系统提供的开关变位和 SOE 信息、基础平台提供的网络拓扑分析结果，以及从录波简报中提取的录波概要分析信息，利用逻辑推理、反向验证等技术进行分析研判，最终判断出故障发生的设备、故障发生的时间、故障性质等，并形成准实时的故障简报。故障简报中包括故障设备、故障时刻、故障相、故障时刻电气量参数（电流、电压）、故障测距、保护动作出口、开关量变位及重合闸结果等。

6.4.3 波形分析

波形分析功能可对保护录波数据及故障录波器录波数据进行处理，波形分析工具如图 6-10 所示，主要实现以下功能：

（1）根据采样点绘制曲线图、向量/阻抗轨迹图，计算各序分量的大小及角度、各高次谐波、直流分量及基波相角/有效值等。

（2）通过波形显示及分析界面，可对当前显示的通道进行增加/删除、无极缩放及曲线颜色设置。

（3）进行波形一次/二次值的切换、人工自定义通道、波形的叠加及裁剪。

（4）从故障录波文件中提取 SOE、故障前后指定周期波形及故障通道波形，同时可根据规则生成消除冗余信息的简化录波文件，从而实现对无效信息的过滤。

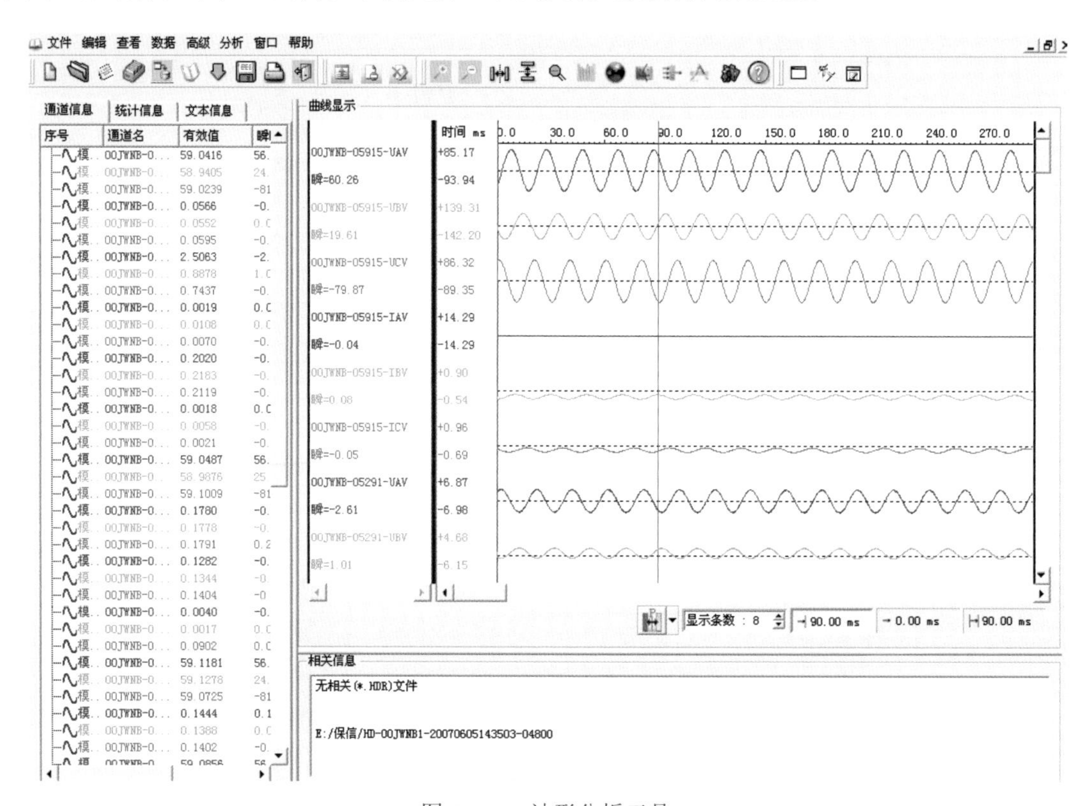

图 6-10 波形分析工具

6.4.4 故障测距

输电线路的故障极大威胁了电力系统的安全、可靠运行。输电网发生故障后需要及时巡线以查找故障点，以便及时消除缺陷、恢复供电。故障点的准确定位，可以使巡线员直接找到故障点并处理，从而大大减轻巡线负担，这就可以加速线路故障的排除，做到快速复电，将损失减小到最小。

基于工频量的故障测距分为两类，即单端量故障测距和双端量故障测距。

（1）单端量故障测距。单端量故障测距算法仅使用本端测到的电压、电流量和必要的系统参数来计算故障距离。由于只使用本侧信息，实现起来简单方便，使单端测距法得到了广泛的应用。但另一方面，除单端供电线路外，仅使用本侧信息不能消除对侧系统运行方式的变化及故障点过渡电阻的影响，致使故障测距结果误差较大。

（2）双端量故障测距：双端量故障测距算法使用两端测到的电压、电流量和必要的系统参数来计算故障距离，实现起来较为复杂，但测距结果的精度较高。

故障测距的方法按测距原理可分为故障录波分析法、阻抗法和行波法，各种方法的定义如下：

（1）故障录波分析法：它是在输电线路发生故障时，根据系统有关参数和测距点的电压、电流列出测距方程，然后对其进行分析计算，求出故障点到测距点之间的距离的一种通用方法。

（2）阻抗法：它是在不同故障类型条件下，假定线路参数单一，通过故障回路阻抗或电抗与测量点到故障点的距离成正比的原理，用计算出故障点的电抗或阻抗值除以单位阻抗或电抗的值实现测量目的。

（3）行波法：它是根据行波理论实现的测距方法，主要包括早期行波法、现代行波法和高频行波法。

6.4.5　故障报告

故障报告是电网调度控制系统最关键的功能之一，可有效地辅助保护专业人员进行事故分析。故障报告的完整性及准确性直接决定了继电保护设备运行监视系统的实用化水平。

故障报告分为装置故障报告和电网故障报告，两者为聚合关系，其中装置故障报告又分为保护故障报告和录波器故障报告。装置故障报告是以单个保护装置或录波器为单位进行信息整理、分析后合并形成的。保护故障报告主要包括：① 保护装置主动上送的故障相别、故障电流、故障测距等；② 保护启动/动作出口/重合闸/开入量变位/告警等保护软报文信号；③ 主站数据库中保存的保护配置、定值和压板信息。而录波器故障报告的内容主要包括故障录波文件后获取的故障信息、保护（硬接点）及开入量变位时序情况以及电网调度控制系统数据库中保存的录波器定值信息。电网故障报告以一次故障设备为单位，综合与其相关的装置故障报告归并形成。

6.5　继电保护动作逻辑回放

继电保护动作逻辑回放功能通过对保护中间节点文件的分析解读，实现中间节点逻辑图的可视化。可视化逻辑图与保护装置说明书逻辑图一致，并支持以时间为索引，清晰再现继电保护装置出口动作过程中各保护功能元件的动作情况，中间节点信息动态展示效果如图 6-11 所示。

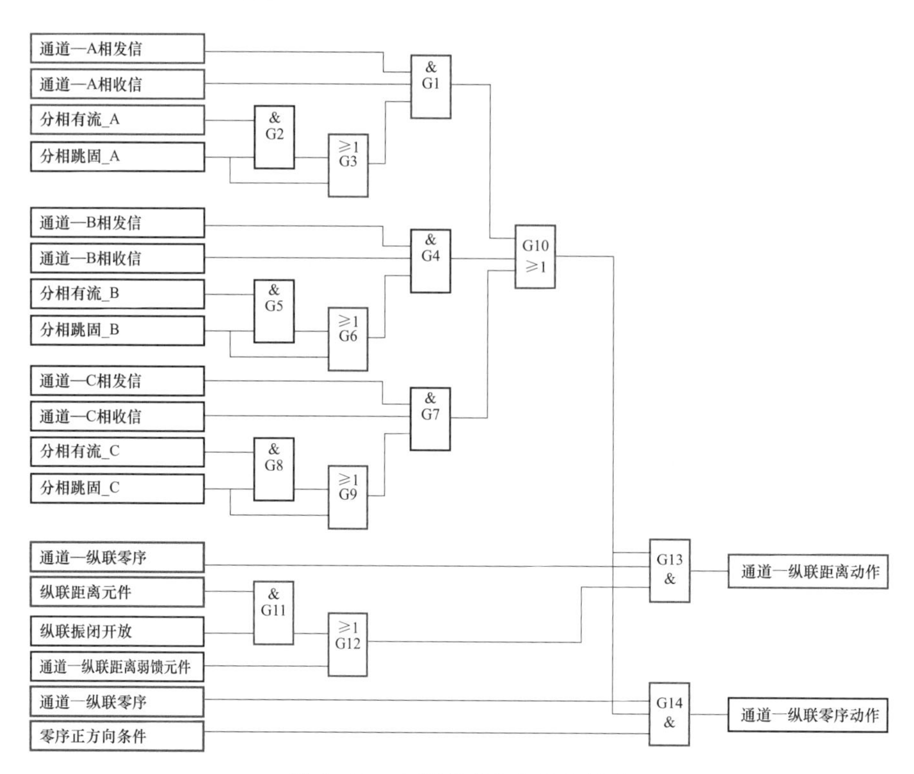

图6-11 中间节点信息动态展示

第 7 章　综合智能分析与告警

综合智能分析与告警是以电网调度控制系统中的各类告警信息为要素，采用面向任务的驱动模式，建立调度日常监控告警处置的整体框架，在横向上集成本系统内部包括来源于SCADA 系统的稳态监控信息、电网运行动态监视功能的 PMU 电网实时扰动信息、二次设备在线监视与分析模块的故障录波简报信息，并在对上述信息进行综合分析与整合的基础上，运用智能逻辑推理方法，在线识别包括线路、变压器、母线等主要的电网一次设备在内的各种短路故障信息，并通过采用图形系统提供的可视化展示以及故障推图方式进行告警；在纵向上实现变电站、调度主站的多级调度间告警信息的纵向贯通，为多级调度间告警信息的协同感知与处理提供技术支撑。解决了以往调度处置故障需要面临的数据量大、数据来源多的问题，实现了对故障数据的跨应用、跨系统的分析和整合，以及故障全过程的跟踪监视和分析，显著提高了调度故障处理能力，提升了电网的可靠供电水平。

7.1　电网运行综合告警

为了解决以往调度中心各个系统独自建设，告警信息分散、零乱的问题，需要从调度日常监控的业务特点出发，将多个系统或功能的告警信息进行整合，分别告诉调度“当前电网存在哪些问题”“下一时刻如果发生故障应该怎么办”“电网真正发生故障又该如何处理”，实现告警信息从面向测点和功能转变为面向调度运行。电网运行综合告警架构如图 7-1 所示，根据不同业务场景的需要分为实时监视分析类告警、预想故障分析类告警和故障告警分析类告警三个部分。

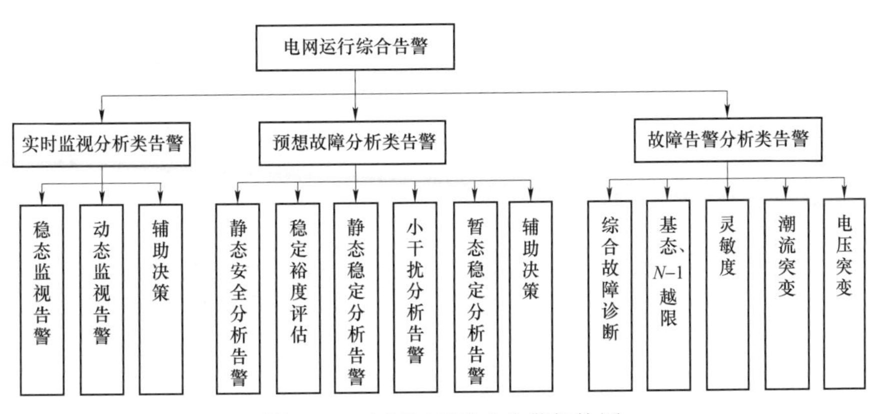

图 7-1　电网运行综合告警架构图

7.1.1 实时监视分析类告警

实时监视分析类告警侧重于反映电网处于基态运行方式下的告警信息，以及消除上述告警信息的辅助决策。调度运行人员通过实时监视分析类告警可以清晰地了解到当前电网在基态运行方式下存在哪些问题？如何解决这些问题？为调度运行人员及时发现问题，快速解决问题提供了技术支撑。实时监视分析类告警共分为稳态监视告警、动态监视告警和辅助决策三个部分。

（1）稳态监视告警。

主要包括实时的设备及断面过载、电压越限、频率越限和开关变位等。

（2）动态监视告警。

主要包括潮流突变告警和电压突变告警两类。

（3）辅助决策。

主要包括紧急状态下的调整设备、调整前有功、调整后有功、调整前无功和调整后无功等。

7.1.2 预想故障分析类告警

预想故障分析类告警侧重于反映当前电网在预想故障运行方式下的告警信息，以及消除上述告警信息的辅助决策。调度运行人员通过预想故障分析类告警信息可以清晰地了解到当前电网在预想故障方式下存在哪些问题？如何解决这些问题？为调度运行人员进行预防控制提供了技术支撑。预想故障分析类告警共分为七个部分，分别为静态安全分析、稳定裕度评估、静态稳定分析、小干扰分析、暂态稳定分析、静态安全分析以及消除上述告警信息的辅助决策。

（1）静态安全分析告警。

主要包括预想故障下的设备越限/重载告警、断面越限/重载告警、电压越限告警。

（2）稳定裕度评估。

主要包括输电通道的实时运行裕度和关键故障。

（3）静态稳定分析告警。

主要包括电网静态稳定裕度和关键故障。

（4）小干扰分析告警。

主要包括阻尼比、振荡频率和特征值等。

（5）暂态稳定分析告警。

主要包括暂态功角告警、暂态电压告警和暂态频率告警等。

（6）辅助决策。

主要包括预想故障下的调整设备、调整前有功、调整后有功、调整前无功和调整后无功等。

7.1.3 故障告警分析类告警

故障告警分析类告警侧重于反映当前电网发生故障后的告警信息，以及消除上述告警信息的辅助决策。在电网发生故障时，调度运行人员通过故障告警分析类告警信息一方面可以清晰地了解到故障信息，另一方面还可以全面掌握故障后电网运行方式下的越限信息以及消除越限的辅助决策，为调度运行人员及时发现故障，并快速处理故障提供了强有力的技术支撑。故障告警分析类又分为在线综合故障诊断结果及故障诊断的智能联动信息两部分。

1. 综合故障诊断

展示故障诊断分析结果，包括故障时间、故障设备、故障相位、重合情况、故障测距和短路电流等信息，同时还可以查看故障相关开关变位信号、故障相关保护信号、故障录波曲线和 PMU 曲线等信息。

2. 故障诊断的智能联动信息

电网发生故障后，由于设备掉闸导致电网运行方式发生变化，之前高级应用分析软件（静态安全分析、短路电流、灵敏度以及在线安全稳定分析等功能）的计算结果已不再适用于故障后的电网运行方式，因此需要建立故障诊断同高级应用分析软件的智能联动，在电网发生故障后通过序列控制功能以事件的方式触发高级应用软件立刻进行计算，以辅助调度运行人员全面掌控故障后电网运行方式下的系统状态。包括以下信息：

（1）基态越限。

展示包括故障后的断面越限、电压越限、线路/主变潮流越限等。

（2）$N-1$ 越限。

展示故障后的 $N-1$ 计算结果，包括断面越限、电压越限、线路/主变潮流越限等。

（3）灵敏度。

展示故障后基态以及预想故障下越限设备的相关灵敏度信息，包括灵敏度大小、机组出力的调节方向和缓解度等。

（4）潮流突变。

展示故障前后潮流突变信息，内容包括突变设备、突变前值、突变后值、变化量绝对值和百分比等。

（5）电压突变。

展示故障前后电压突变信息，内容包括突变设备、突变前值、突变后值、变化量绝对值和百分比等。

7.2　电网在线故障诊断

电网在线故障诊断是国内外的研究热点，也是电力行业发展趋势，通常是指在电网发生故障时，能够自动、快速诊断电网中的故障设备，辅助调度运行人员处理故障，防止故障范围进一步扩大。因此正确性、实时性和全面性是考核在线故障诊断是否能够满足软件实用水平的重要指标。其中，正确性指在电网真正发生故障时不漏报，在电网正常运行时不误报；实时性指在电网发生故障后能够快速发出告警信息，使得调度在第一时间感知电网故障；全面性指故障分析结果尽可能全面反映故障各类特征信息，例如，故障设备、故障相别、重合情况、短路电流及故障测距等。因此，综合故障诊断主要从以上三个方面提高在线故障诊断的实用化水平。

7.2.1 三态数据特性

近年来，随着计算机通信技术在调度自动化领域的广泛应用，调度自动化系统逐渐形成了综合数据信息平台，实现了对电网三态（稳态、动态、暂态）数据的综合采集、存储和统一访问，为实施基于三态数据的在线综合故障诊断提供了技术保障。三态数据的不同特性决定了其应用于在线故障诊断时具有不同的效果。

电网稳态数据基于 RTU 采集。其特点为采集频率低、上送速度快、布点全，主要包括遥信变位、保护动作信号、SOE 动作信号和厂站事故总信号等信息。利用其进行在线故障诊断具有实时性好、监视范围全面的优点，但其采集频率低的特点决定了难以对故障进行精细化分析，只能得到故障的概要信息。

电网动态数据是基于 PMU 采集的相量数据。其特点为采集频率较高（一般不低于 25 帧/s）、上送速度快且具有精确的 GPS 对时，主要包括电压、电流的三相幅值和相角。利用其进行在线故障诊断不仅实时性较好，同时由于其采样频率较高，在故障信息精细化分析方面略强于稳态数据，但是其布点不全，使得在故障监视范围上存在盲区。

电网暂态数据主要是通过故障录波器采集电压、电流原始波形数据。其特点是采样频率很高，完整、详细地描述了电网故障全过程，可以对故障进行精细化分析，是故障分析最宝贵的数据源。但是故障录波数据上送速度较慢、稳定性较差，而且由于故障录波器型号差异、设备老旧等原因，使得调度中心侧难以实现对所有故障录波器接入，在故障监视范围内也存在盲点。

由于数据源的不同特性，分析结果在时间、空间和对象三个维度均存在差异。首先，从时间维度分析，电网发生故障后，稳态数据和动态数据在秒级时间内即可上送，而暂态数据需要数分钟甚至更长时间才能上送。因此，利用稳态和动态数据进行在线故障诊断，可以满足调度故障感知的实时性要求。其次，从空间维度来看，PMU 无法覆盖所有设备量测，故障录波器虽然已经完全布点，但只有部分故障录波器实现了与调度中心侧的联网和自动上传功能，因此在调度中心侧也只具备部分可观测性，只有稳态数据布点全且全部实时上送。因此，利用稳态数据进行在线故障诊断，可以实现对故障范围的全监视。最后，从对象维度来看，稳态数据采样率低，绝大多数情况下只能利用状态量进行判断，因此对故障信息的分析只能局限于故障设备、故障时间、重合类型及故障相的判别，且受限于保护故障跳闸方式，也只能粗略判别故障相。动态数据采样率较高且具有分相电压、电流信息，在稳态数据的基础上可以实现故障相别的精确判断，且较少受误遥信的干扰，故障诊断准确率也较高。暂态数据采样频率很高，在前两者信息的基础上可以进一步进行故障实测短路电流计算以及故障测距等功能，可以满足调度对故障信息全面性的要求。

因此，综合上述三态数据所有优点的在线故障诊断算法，基于电网三态数据，结合数据源的不同特性，对数据深入挖掘与分析，从正确性、实时性和全面性三方面入手，提高在线故障诊断的实用化水平，辅助调度运行人员进行故障处理，具有重要的意义。

7.2.2　综合故障诊断

综合考虑故障在线诊断的正确性、实时性和全面性，深度挖掘故障特征信息，从兼顾快速诊断和详细分析两方面展开。

1. 故障特征信息的深度挖掘

解决在线故障诊断正确率低的方法之一是综合利用调度端的各类数据，深度挖掘短路故障的特征信息，利用信息的冗余度，实现信息的校验与补充，提高在线故障诊断的正确率。

电网故障时涉及状态量和电气量两者共同的变化。状态量的变化主要来自于稳态数据，包括遥信变位信号、SOE 动作信号、保护动作信号及事故总告警信号等；电气量的变化主要来自于动态数据和暂态数据，包括电压、电流的突变等。状态量和电气量来源于不同的量测装置，因此，综合利用它们进行故障判断，有利于实现故障诊断信息的补充和校验，以解决在线故障诊断的漏判和误判。

（1）数据丢失处理技术。

电网实际故障中可能出现故障设备一侧开关变位信息丢失或上送速度较慢，如果仅采用网络拓扑分析的方法进行诊断，会导致无法准确定位故障设备。引入多源信息后，保护动作信号、厂站事故总告警信号以及电压电流突变等故障特征信息作为电网发生故障的标识，利用故障设备一侧的开关变位信息进行网络拓扑分析，得到单端开断的设备，定位故障设备。通过上述处理，可以克服数据丢失或上送速度过慢导致故障漏判的问题。

（2）数据校验技术。

新厂站或新设备投运后，开关、保护联动试验的遥信变位和开关节点抖动、通信异常等引起的误遥信是造成电网在线故障诊断经常出现误判的两个重要因素。解决上述问题的根本途径是引入电气量信息，作为状态量故障判断的校验，从电网故障机理分析可知，电网故障时电压突然降低、电流突然增大，利用 PMU 实测的三相电压、电流数据，采用模式匹配的方法，当电压、电流突变量满足设定的限值时，即可认为电网发生短路扰动。将该信息作为上述状态量判断的校验，可克服由此造成的故障误判弊端。

2. 快速诊断和详细分析的兼顾

实时性和全面性是衡量在线故障诊断实用化程度的另外两个重要指标。因此综合故障诊断从调度事故处理的需求和数据源的不同特性两方面入手，实现上述两个指标的平衡和兼顾。

首先，从调度事故处理流程来看，调度中心对故障信息的需求分为两个时间阶段。第一阶段是故障辨识阶段，即电网发生故障后，调度中心需要第一时间掌握电网是否发生故障、故障设备、重合情况及故障相别等概要信息。这个阶段的分析结果越快越好，以便调度中心快速感知电网故障并进行故障初步处理。第二阶段是故障处理阶段，调度中心需要进一步了解短路电流和故障测距等信息，以便优化线路送电端选择和提高线路巡线效率。这个阶段往往在故障后发生的数分钟或数十分钟、甚至更长时间，对实时性的要求要远低于故障辨识阶段。

其次，从数据源的特性出发，稳态和动态数据在故障后秒级时间范围内即可上送调度中心，利用其可以得到故障辨识阶段的所有信息。暂态数据在故障后数分钟内可以上送调度中心，利用其可以得到故障处理阶段的所有信息。

综合故障诊断架构如图 7－2 所示，综合利用电网故障的稳态数据包括开关动作信号、保护动作信号、事故总信号和遥测数据，结合动态数据的扰动识别结果以及暂态数据的故障录波简报，将不同数据源分析得到的信息进行整合，形成完整的故障事件信息。最后通过告警界面推送及可视化展示等多种告警方式，提供友好的人机故障处置界面，提升调度故障处置效率。

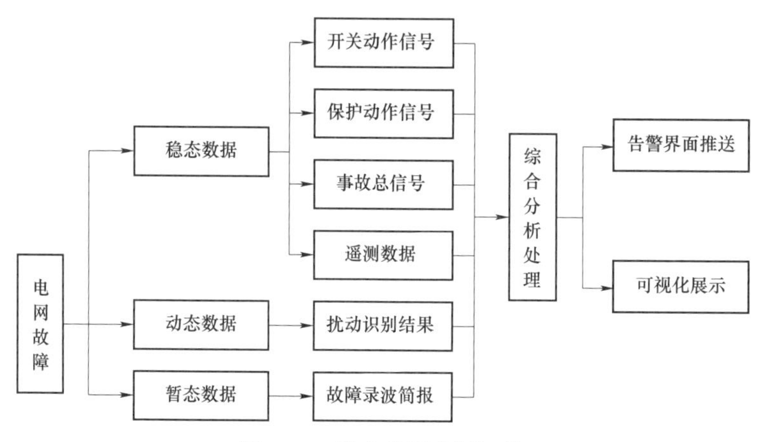

图 7－2　综合故障诊断架构

7.2.3　特高压直流故障诊断

随着特高压直流工程的建设和投入运行，电网交直流耦合特性凸显，容易引发交直流联锁故障，因此特高压直流故障诊断已经成为急需解决的问题，如果仅利用直流量测突变进行在线诊断，容易受量测数据影响产生误报。综合智能告警利用电网调度控制系统直采的直流厂站开关变位、保护动作信号、遥测突变信号以及实时推送的直流故障告警信息，实现特高压直流故障和运行方式的在线分析与告警。

特高压直流故障诊断主要实现对换流变故障、直流阀组故障、直流单双极闭锁、交流滤波器故障、换相失败故障、接地极电流过大的在线诊断与告警。其中：

（1）换流变故障的诊断逻辑为“换流变开关分闸”且“换流变保护动作”。

（2）直流阀组故障的诊断逻辑为“阀组保护动作”且“阀组电流突变”。

（3）直流单极闭锁故障的诊断逻辑为“直流极保护动作”且“换流变电压突变/直流极功率突变”。在时间门槛内，同一直流系统极 1、极 2 同时满足单极闭锁诊断策略，判断直流系统双极闭锁故障。

（4）交流滤波器故障诊断逻辑为在直流线路满功率运行时，满足“交流滤波器的两组 ACF 开关分闸”且“交流滤波器保护动作”。

（5）监视控制类信号“换相失败预测”信号启动换相失败诊断，如果相继产生保护动作“换相失败报警”或“换相失败保护动作”信息，则触发换相失败告警。

（6）监视直流线路接地极电流，当接地极电流过大时，受端电网需要做应对工作，因此需要对接地直流电流过大进行告警。当直流电流大于设定门槛时，产生对地直流电流过大告警。

另外，实时监视特高压直流运行状态，包括“双极大地回线运行”“极 1 大地回线运行”“极 1 金属回线运行”“极 2 大地回线运行”“极 2 金属回线运行”五类直流运行状态，并实时更新，在产生直流告警时进行展示。

7.3 告警订阅推送

随着特高压交直流互联电网建设的推进，区域电网间运行特性发生显著变化，单一设备故障引发大面积设备停电的风险不断增加。美加大停电及欧洲大停电的调查结果表明，各级调度机构间缺少信息共享是导致事故范围扩大的重要因素。因此，基于告警订阅发布对系统内的故障信息和异常信息进行主动推送，实现电网扰动的一点告警、多点响应，提升各级调度应对电网故障的协同处理能力。

7.3.1 告警订阅管理和发布

告警订阅推送实现电网运行故障、异常信息的按需推送、自由共享，并且通过使用平台的标准服务，提高了告警推送的可靠性。任意调度机构均可向其他调度机构订阅关注的电网故障和异常告警信息，被订阅调度机构核准后，相应电网故障、异常情况发生时，被订阅调度机构的综合智能分析与告警将该告警信息推送到订阅侧调度机构。上级调度订阅下级调度机构告警无需核准，订阅信息分别存储在订阅方和被订阅方系统中。订阅内容在原电网故障信息的基础上，增加了电网运行异常信息和预警信息。

告警订阅发布流程如图 7－3 所示，本侧告警订阅信息维护客户端访问本地数据库实现对本系统订阅其他系统告警信息、其他系统订阅本系统告警信息的浏览；本侧告警订阅信息维

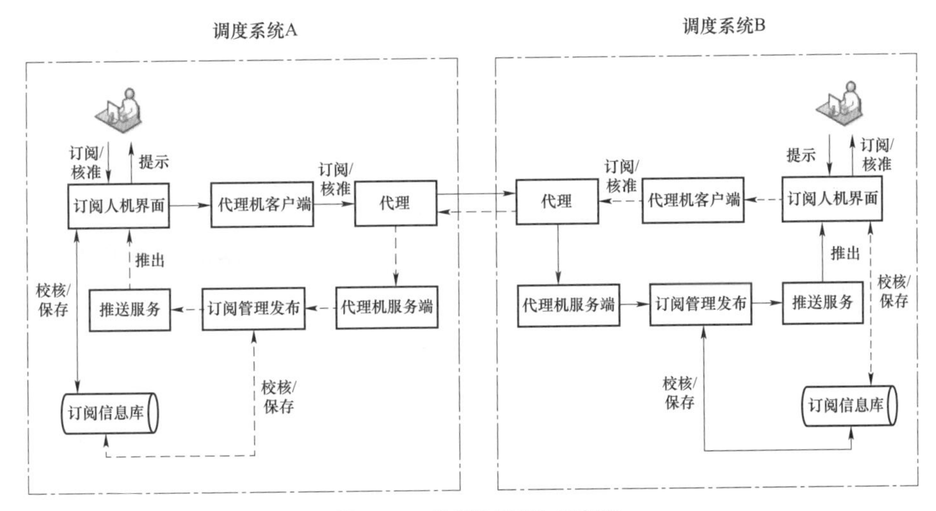

图 7－3　告警订阅发布流程

护客户端维护本地告警订阅信息后通过告警订阅服务将订阅信息同步到相关调度系统；相关调度机构对订阅请求进行核准后，通过告警订阅信息维护客户端和告警订阅服务将核准结果写入请求方订阅信息数据库。

告警订阅信息存储结构设计考虑区域、电压等级、厂站、设备多个级别，以满足订阅的便利性、准确性要求。考虑到国、分、省调模型可能存在细微差异，同一厂站、设备的描述和关键字在不同调度自动化系统中可能不完全一致，订阅信息中的厂站、设备信息全部取自被订阅系统模型。

本调度机构的告警订阅信息维护客户端负责与相关调度机构的告警订阅服务进行数据交互，实现订阅请求和订阅核准两种操作。

7.3.2 故障告警订阅

综合智能分析与告警使用广域事件推送服务提供的请求响应方式，将故障告警信息有针对性地推送到目标调度机构。告警推送和接收均以告警订阅配置信息为依据，发送端根据配置信息将告警逐一推送到目标调度机构，接收端根据配置信息对接收到其他调度机构告警进行筛选。

设备故障信息远程订阅服务在订阅内容方面支持按照厂站、设备类型、设备电压等级、设备名称、源系统名、应用类型以及其组合方式进行定制。

7.3.3 异常告警订阅

综合智能告警除了实现系统故障设备告警的订阅及推送，还支持对电网异常告警事件进行订阅及推送，通过对电网异常事件进行对象化建模，基于广域事件服务对其他系统的异常告警进行订阅，经其他系统核准后，即可接收到相应的异常告警事件。

异常告警订阅的类型包括设备越限告警、断面越限告警、负荷减供告警及频率协控装置动作告警等。

第8章 网 络 分 析

网络分析软件是电网调度控制系统中不可缺少的环节，实现了电力系统运行数据由采集监视到分析计算这一重要转换，为其他高级应用如调度计划、自动电压控制、动态稳定分析等提供技术支撑。在智能调度系统控制中，网络分析主要实现了两个方面的功能：一方面利用调度系统采集的电网设备量测信息形成反映电网实际运行状态的稳定断面数据，为高级应用提供基础数据支撑；另一方面利用稳态潮流计算技术实现电网运行状态分析和安全监视功能。网络分析主要包括状态估计、调度员潮流、静态安全分析、灵敏度分析、短路电流计算、安全约束调度和综合序列分析等功能模块。随着高级应用进一步实用化，网络分析软件在计算性能及鲁棒性方面有了较大的提升，实现了在线分析计算和离线研究分析功能，满足特大电网智能调度控制系统对网络分析的应用需求。

8.1 状态估计

电力系统的运行状态可以用节点电压幅值、电压相角、线路有功与无功、节点有功与无功注入等物理量来表示，由于采集环节和人为因素导致采集的量测数据会出现与实际电网运行状态不一致的情况，目前还无法保证采集的持续正确性，在调度系统中无法直接用量测数据进行高级应用分析计算。状态估计就像电网量测数据的滤波器，利用实时量测系统的冗余信息排除量测数据错误信息和开关状态错误信息来提高数据精度，得到系统状态变量（母线节点电压的相角和幅值）的最佳估计值和正确的电网断路器、隔离开关状态，并推算出完整而精确的电力系统各种状态量，估计得到未装量测采集装置设备的潮流，辨识出难以测量的电气量，为高级应用提供一套完整且可靠的实时量测断面。

状态估计具有遥信错误状态辨识、遥测可疑辨识、可观测性分析、网络状态监视、不良数据辨识、网络拓扑分析、变压器抽头估计、量测误差估计、可疑数据识别统计等功能。

8.1.1 基本功能

1. 遥信错误状态辨识

错误的遥信数据对状态估计计算的影响非常大，因此在进行状态估计计算之前需要对遥信状态进行预处理，排除明显的遥信错误。目前在状态估计中设置的遥信预处理功能主要采用规则法，利用设备对应的遥信遥测数据关联关系进行判断。

2. 遥测可疑辨识

错误的遥测数据会造成状态估计结果的残差污染，因此状态估计在估计计算之前对可疑遥测进行辨识，剔除明显有误或不合理的测量点，辨识结果可供运维人员进行问题定位。状态估计遥测可疑辨识包括：线路有功不平衡，线路无功不平衡；变压器有功不平衡，变压器无功不平衡；母线有功不平衡，母线无功不平衡；同一位置测点 P、Q、I 不匹配；并列母线电压偏差过大；变压器抽头与两侧电压不匹配等。

3. 可观测性分析

电网可观测性分析是指状态估计能够利用现有量测配置，正确计算出电网状态量的范围。可观测性分析结果将直接影响状态估计的计算准确性，极端情况下由于网络不可观测导致状态估计计算不收敛，因此，可观测性分析已成为状态估计中的重要环节。电力系统可观测性分析方法主要有数值方法、拓扑方法和混合法。可观测性分析的任务主要有两个方面：

（1）根据系统量测配置情况辨识电网中不可观测区域。

（2）对电网中不可观测区域，采用两种方法进行处理：一种方法是确定系统中的可观测岛，通过选择最少的附加量测，使不可观测区域变成可观测的；另一种方法是只对可观测的区域进行状态估计。

4. 网络状态监视

网络状态监视主要基于状态估计计算结果和各种设备运行限值，检查并列出系统中各种越限设备。状态估计对包括线路电流、变压器功率、发电机功率及母线电压等设备进行越限检查。

5. 不良数据辨识

不良数据是指偏离量测量真实变化轨迹较远的数据，不良数据的存在可能导致状态估计结果受到污染。不良数据检测和辨识主要判断量测中存在的不良数据，并估计出不良数据的参考值。目前不良数据辨识的主要方法有残差搜索法、非二次准则法、零残差辨识法、估计辨识法及量测量突变检测法等。残差搜索法对量测按残差大小排队，去掉残差最大的量测重新进行状态估计计算，计算收敛后再对剩下的量测按残差大小排队，再去掉残差最大的量测重新进行状态估计。非二次准则法检测到不良数据后，不去掉可疑量测，而是在迭代过程中按残差大小修改其权重，残差大则降低其权重，在下一步迭代中降低其影响，从而最终得到较准确的计算结果。零残差辨识法为了削弱不良数据对状态估计结果的影响，不改变其量测权重而将可疑量测的残差置零也可达到同样的目的。估计辨识法可一次识别出全部不良数据，之后利用不良数据的估计值对原有状态估计结果进行修正，具有良好的实时性能。

6. 网络拓扑分析

网络拓扑分析又称结线分析，主要作用是根据电网中断路器、隔离开关等逻辑设备的状态以及各种电网设备的连接关系产生电网计算用的计算节点和电气岛模型。网络拓扑分析主要形成计算节点和电气岛分析。通过闭合的断路器、隔离开关连接在一起的节点形成一个计算用的母线节点，其特点是所有包含在母线节点中的物理节点电压相等。连接在计算用的母线节点上的线路、变压器称为支路，支路是连接在两个母线之间的设备。通过支路连接在一起的电网设备称为一个岛，如果岛内既有发电机又有负荷，就称之为活岛，否则称为死岛。一个电网活岛的个数通常称为子系统个数；一个正常运行的电网只有一个活岛，如果一个电网有多于一个的活岛，则称系统解列运行。

网络拓扑分析了电网设备元件的运行状态（如带电、停电、接地等）及系统是否分裂成多个子系统，并能在厂站接线图形界面上实现拓扑着色。

8.1.2　状态估计计算

1. 加权最小二乘估计

加权最小二乘估计法（WLS）是一种在电力系统状态估计中应用最为广泛的方法之一。加权最小二乘估计的目标函数为

$$\boldsymbol{J}(\boldsymbol{x})=[\boldsymbol{z}-\boldsymbol{h}(\boldsymbol{x})]^{\mathrm{T}}\boldsymbol{R}^{-1}[\boldsymbol{z}-\boldsymbol{h}(\boldsymbol{x})] \tag{8-1}$$

式中：$\boldsymbol{z}$ 为量测向量；$\boldsymbol{x}$ 为状态向量；$\boldsymbol{h}(\boldsymbol{x})$ 为量测方程向量；$\boldsymbol{R}$ 为量测误差方差阵；$\boldsymbol{J}(\boldsymbol{x})$ 为目标函数。

状态估计迭代计算公式：

$$\begin{cases}\Delta\hat{\boldsymbol{x}}_k=[H^{\mathrm{T}}(\hat{\boldsymbol{x}}_k)\boldsymbol{R}^{-1}\boldsymbol{H}(\hat{\boldsymbol{x}}_k)]^{-1}\cdot \\ \qquad H^{\mathrm{T}}(\hat{\boldsymbol{x}}_k)\boldsymbol{R}^{-1}\cdot[z-h(\hat{\boldsymbol{x}}_k)] \\ \hat{\boldsymbol{x}}_{k+1}=\hat{\boldsymbol{x}}_k+\Delta\hat{\boldsymbol{x}}_k\end{cases} \tag{8-2}$$

式中：k 表示迭代次数；$\boldsymbol{H}(\hat{\boldsymbol{x}}_k)=\left.\dfrac{\partial \boldsymbol{h}(\boldsymbol{x})}{\partial \boldsymbol{x}}\right|_{\boldsymbol{x}=\hat{\boldsymbol{x}}_k}$ 为量测雅可比矩阵。

最小二乘估计的优点之一是不需要随机变量的任何统计特性，是在假设量测误差服从正态分布的条件下，以量测值与量测估计值之差的二次方和最小为目标准则的估计方法。

2. 快速分解法状态估计

由于加权最小二乘法状态估计虽然具有良好的收敛性能，但直接应用于大型电力系统，则由于其计算时间长和所需内存大而受到一定的限制。实用状态估计设计为了简化计算和降低内存消耗，形成了如下两种成功而有效的简化方式：

（1）有功和无功的分解计算。在高压电网中，正常运行条件下有功功率 P 和电压幅值 V、无功功率 Q 和电压相角 θ 之间联系很弱，反映在雅可比矩阵中 $\partial P/\partial V$ 和 $\partial Q/\partial\theta$ 项接近于 0，忽略掉这些元素就可以将 P—θ 和 Q—V 分开计算。由于降低了问题的阶数，既减少了内存的使用量，又提高了每次迭代的计算速度，但要增加迭代次数。

（2）雅可比矩阵常数化。一般来说，雅可比矩阵在迭代中仅有微小的变化，若作为常数处理仍能得到收敛的结果。利用常数化的雅可比矩阵就不必在每次迭代计算中重复对 H 或者 $[H^{\mathrm{T}}R^{-1}H]$ 做因子分解了，仅利用第一次分解得到的因子表对不同的自由矢量前推和回代便可以求其对应的状态修正量，因此，可以大大提高迭代修正速度，当然迭代次数有所增加。

3. 分解协调状态估计

为了提高高级应用计算的准确性，更多的高级应用要基于全网模型的状态估计结果进行分析计算，为了提供准确的大模型状态估计结果以及克服已有分区分布式状态估计方法在实际调度系统中应用的不足，提出了一种基于实时电网动态分区及多调度控制中心的大电网分解协调状态估计方法。基于多调度控制中心的分解协调状态估计计算总体流程如图 8－1 所示，参与分解协调状态估计计算的子系统包括省级调度控制系统及各地区区域调度控制系统。

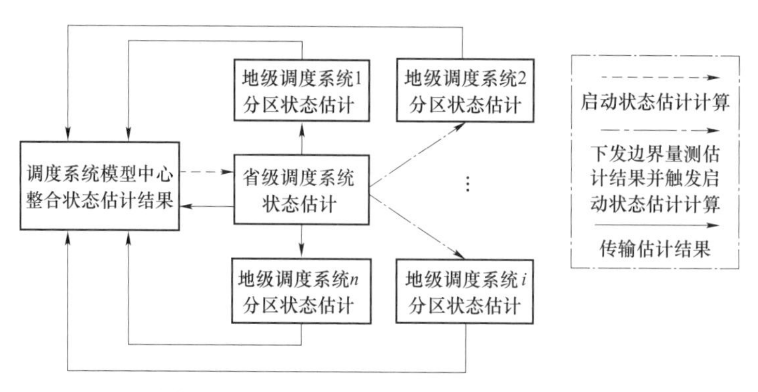

图 8-1　分解协调状态估计计算总体流程

为保证各分区状态估计计算的协调性，在调度系统模型中心设置部署协调控制功能。其计算过程：

（1）首先模型中心触发省级调度状态估计计算，在省级调度计算完成后将边界状态估计结果通过服务总线或者 E 格式文件传送至模型中心及地级调度系统，并触发地级调度系统子分区状态估计计算，地级调度系统子分区状态估计基于实时电网运行方式进行动态分区和进行状态估计计算，并根据边界设备在省地级调度系统和本地系统的估计结果不匹配量，基于量测状态量灵敏度协调修正子分区内的状态量和量测估计值，从而得到省地协调的状态估计结果。

（2）各地级调度系统在完成协调求解后将结果发送至模型中心，模型中心服务进程负责将省级调度和各地级调度子分区状态估计结果合并到同一文件或者合并到调控系统实时库。至此，基于多调度控制中心的分解协调状态估计完成，其结果可以供模型中心高级应用实现基于全模型的潮流计算、静态安全分析、安全稳定分析使用。这样模型中心无需实现基于全网大模型的状态估计，地级调度 SCADA 量测也无需上送，降低了自动化的维护工作量。

8.2　调度员潮流

调度员潮流应用在实时、历史、未来数据断面上，对调整后的运行方式采用牛顿–拉夫逊法或 PQ 快速分解法进行交流潮流计算，向使用人员提供全网设备潮流分布、重载越限统计结果，用于运行方式调整下的电网运行状态研究。随着调度系统的不断更迭发展，调度员潮流在满足使用人员基本潮流计算的基础上，逐渐向软件实用性方向发展，提供了诸如考虑调频特性的功率分配、滚动潮流、考虑自动装置等实用化功能，丰富运行方式模拟手段，不断优化使用人员的使用体验。

8.2.1　调度员潮流计算

1. 潮流计算节点类型选择

系统潮流计算模型中，每个节点具有 4 个表征节点运行状态量，即有功功率 P 、无功功率 Q 、电压幅值 U 和电压相角 θ 。一般给定两个已知运行状态量，待求两个状态量。根据节点已知量不同组合，将节点划分为三种类型：

（1）*PQ* 节点。

给定 *P*、*Q* 状态量，待求 *V*、θ 状态量。通常将负荷母线节点作为 *PQ* 节点，发电机有功、无功出力固定的节点也作为 *P*、*Q* 节点。系统中大部分节点都属于 *PQ* 节点。

（2）*PV* 节点。

给定 *P*、*V* 状态量，待求 *Q*、θ 状态量。这类节点往往需要具有一定可调节的无功电源，用以维持给定的电压值。因此，通常选择具有一定无功功率储备的发电机作为 *PV* 节点。工程应用上，全网 *PV* 母线不需选择过多，按地区均匀分布。由于相邻节点阻抗值极小，一旦 *PV* 母线电压规定的不合格将会引起两母线的极大无功潮流。因此，一个发电机厂站内至多选择一条 *PV* 母线，避免在相近母线上设置多个 *PV* 节点。

（3）平衡节点。

给定 *V*、θ 状态量，待求 *P*、*Q* 状态量。这类节点一般在系统中只设一个，用于平衡整个系统的功率，一般选择在调频发电厂母线比较合理。工程应用上，平衡节点一般选在电网的电气重心处，即到各母线的电气距离尽量接近。如果系统未设置平衡机，则在所有机组中选容量最大的一台平衡机。

潮流计算过程中，*PV* 节点、*PQ* 节点划分并非绝对不变的。一旦 *PV* 节点的无功功率出力达到其可调节的无功功率出力的上限或下限时，无法使其电压保持在设定值，则需将 *PV* 节点转化为 *PQ* 节点，无功功率保持在其上限或下限值。

2. 潮流计算算法

电力系统潮流计算可以概略归纳为由系统各节点给定的复功率求解各节点电压向量问题。把复功率表示为节点电压向量方程式，利用求解非线性方程式的各类算法求解出各节点电压向量。

在工程应用软件中，节点电压向量通常采用极坐标形式。母线注入潮流方程表述为

$$P_{\mathrm{G},i} - P_{\mathrm{D},i} = \sum_{j \in i} V_i V_j (G_{ij} \cos\theta_{ij} + B_{ij} \sin\theta_{ij}) \tag{8-3}$$

$$Q_{\mathrm{G},i} - Q_{\mathrm{D},i} = \sum_{j \in i} V_i V_j (G_{ij} \sin\theta_{ij} - B_{ij} \cos\theta_{ij}) \tag{8-4}$$

式中：$P_{\mathrm{G},i}$、$Q_{\mathrm{G},i}$ 分别为节点 i 有功、无功不平衡功率；$P_{\mathrm{G},i}$、$Q_{\mathrm{G},i}$ 分别为节点 i 的发电有功功率和无功功率；$P_{\mathrm{D},i}$、$Q_{\mathrm{D},i}$ 分别为节点 i 的负荷有功功率和无功功率；θ_i、V_i 分别为节点 i 的电压相角和幅值；G_{ij}、B_{ij} 分别为导纳矩阵元素中节点 i, j 的电导、电纳值。

由式（8–3）和式（8–4）可以看出，电力系统潮流计算问题是一组非线性方程组，寻求一组电压向量 θ_i、V_i，使节点功率偏差在一定容许误差内。

牛顿–拉夫逊法是解非线性方程组最有效的方法。对式（8–3）和式（8–4）进行泰勒（Taylor）级数展开，仅取一次项，即可得到潮流计算的线性修正方程组，以矩阵的形式表示为

$$\begin{bmatrix} \Delta P \\ \Delta Q \end{bmatrix} = \begin{bmatrix} \dfrac{\partial \Delta P}{\partial \theta} & \dfrac{\partial \Delta P}{\partial V} \\ \dfrac{\partial \Delta Q}{\partial \theta} & \dfrac{\partial \Delta Q}{\partial \Delta V} \end{bmatrix} \begin{bmatrix} \Delta \theta \\ \Delta V \end{bmatrix} \tag{8-5}$$

牛顿–拉夫逊法在解的某一邻域内从初始点出发，以该点的一阶偏导数——雅可比矩阵为前进方向，沿着节点功率不平衡量减小方向逐步前进，最终得到非线性方程组的解。牛顿–拉夫逊法在计算中具有二阶收敛特性。

PQ 解耦法是在牛顿–拉夫逊法修正方程基础上，基于一定的假设条件，忽略输电线路充电电容及变压器非标准变比等影响，形成有功—电压相角、无功—电压幅值解耦的修正方程，通过交替方式进行计算。*PQ* 解耦法的方程系数矩阵为常数且阶数几乎减半，较牛顿–拉夫逊法显著减少了内存及计算量，提高了求解效率，但收敛性较牛顿–拉夫逊法差。

3. 系统功率平衡

当电网运行方式变化，尤其是系统发电和负荷功率变化，导致系统发电、负荷功率的不平衡，在采用由单平衡机吸收不平衡功率的方式，导致潮流计算结果与实际电网运行状态不符，潮流计算准确性无法满足实际应用需求。在工程应用上，潮流计算根据一次调频原理采用了一种简化处理方法，即通过多机参与功率分摊的方式进行全网功率平衡调节，主要包括多机容量、多机系数和多机平均三种分配模式，在确保发电机出力满足容量约束条件下，将系统不平衡量在各发电机中进行合理分配，一定程度上满足潮流计算应用需求。

近年来，随着特高压直流的投入，特高压直流大功率馈入对受端电网造成影响较大，使电网运行状态发生较大的变化，对潮流计算结果提出了更高的要求。为此提出了考虑机组和负荷频率特性的动态潮流计算方法，建立发电机的一次调频特性及负荷频率响应特性模型，考虑发电机的一次调频死区、一次调频限幅约束，采用基于改进欧拉法的微分频率算法（图 8–2）进行求解，将系统不平衡功率逐次分配至参与调频的发电机和负荷设备，解决常规潮流算法中平衡节点选取差异导致潮流结果与实际电网运行状态不一致问题，实现系统不平衡功率的精准分摊。当系统中存在小扰动时，死区的存在可以过滤转速小扰动信号，使机组功率稳定；当设置死区较大时，可以使机组不参与电网一次调频，只带基本负荷。

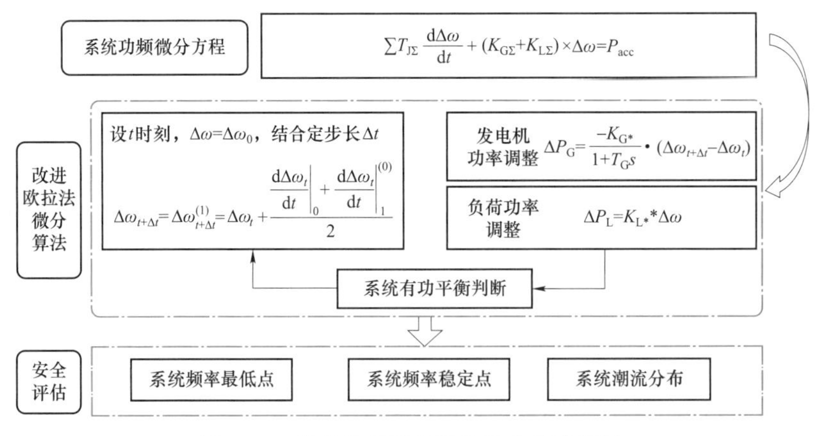

图 8–2　基于改进欧拉法的微分频率算法

8.2.2　运行方式调整模拟

调度员运行方式调整在厂站单线图模拟基础上增加了发电机负荷批量调整和断面回取功

能，通过新人机界面的开发丰富运行方式模拟手段。

1. 单线图设备运行方式调整

通过厂站单线图进行运行方式快速调整，主要包括开关、刀闸变位，解合环模拟；发电机、负荷功率的调整，变压器挡位调整；线路、变压器、母线、厂站停运/投运等。

2. 负荷发电批量运行方式调整

调度员潮流提供了负荷发电批量调整工具，可以按地区、运行分区、厂站进行发电机及负荷功率的快速调节。其中，机组按多机平均分配和多机容量分配，并考虑了机组出力约束，负荷按比例或平均分配调整有功功率，按恒定功率因数或比例调整无功功率。

3. 调整断面保存与回取

调度员潮流提供了调整断面保存和回取功能，将使用人员的模拟操作信息及潮流断面保存及回取，可以执行任意操作步的断面回取，并在此基础上进行方式调整和潮流计算。

8.2.3　潮流结果统计

1. 误差统计分析

定量分析每个测点量测值与潮流计算值的绝对误差及相对误差，统计全网平均误差，统计方法遵循实用化考核细则。若 SCADA 测点数据为坏数据，则以该测点状态估计值参与误差统计。

2. 滚动潮流计算

滚动潮流计算实现设备动作模拟、潮流计算、误差统计、断面保存等过程的全自动仿真，通过人工触发启动计算，在设定的时间范围内按照周期进行模拟计算，当检测到监视设备动作满足设定逻辑条件时，将最近一次模拟潮流与实际量测进行比较，对实际操作可能引起的危险予以告警，滚动潮流示意图如图 8－3 所示。

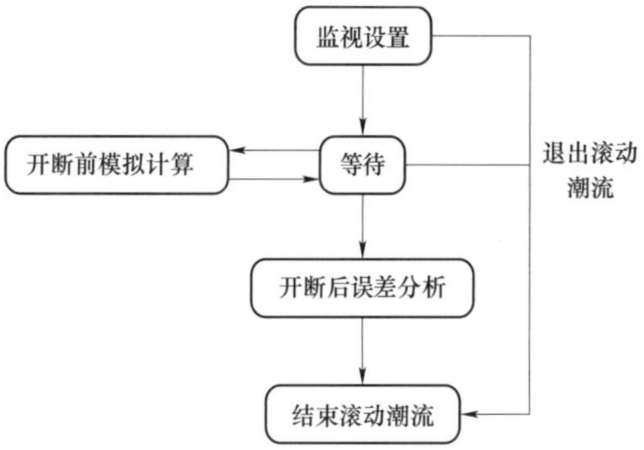

图 8－3　滚动潮流示意图

8.2.4　交直流潮流计算

交直流系统潮流根据交流系统各节点给定的注入功率或设定的电压，结合直流系统制定的控制方式，基于交直流解耦交替迭代算法实现全网潮流的统一计算，确定整个系统的运行状态。交直流潮流计算包括直流控制模式转换、交直流混合电气岛分析和交直流交替迭代潮流计算等功能。

1. 直流控制模式转换

当交直流系统运行方式改变，挡位调节和角度调节无法保证直流系统运行在既定的控制模式上时，需要进行直流控制模式转换。根据直流系统实际运行情况，一般通过直流系统两侧换流器的配合实现直流运行控制。其中整流侧采用定功率、定电流控制稳控电流，逆变侧采用定角度、定电压控制稳控电压。在潮流计算中，主要通过触发角调节来实现控制模式转换的模拟。

2. 交直流混合电气岛分析

对交直流进行拓扑分析，形成交直流混联电网的电气岛信息，同时在换流器交流侧母线处将交流系统和直流系统进行解耦，得到相对独立的计算电气岛信息，各自选择参考点进行交直流系统潮流计算。

3. 交直流交替迭代潮流计算

兼容已有交流潮流计算，在换流器母线节点将交直流系统进行解耦，采用交直流交替迭代求解，对交流系统和直流系统分别进行求解。每一次迭代过程中，交流系统求解结果为直流系统方程组提供换流器交流母线的电压值，而直流系统求解结果为下一次交流系统迭代提供换流器的等效有功和无功注入值，实现了交流与直流系统之间的耦合关系。

8.2.5 考虑自动装置的潮流计算

结合运行方式调整及备自投、安稳装置动作，真实反映实际运行中的设备动作、潮流分布情况，给出实际越限信息，提供更为真实准确的潮流断面。自动装置潮流计算示意图如图 8－4 所示。

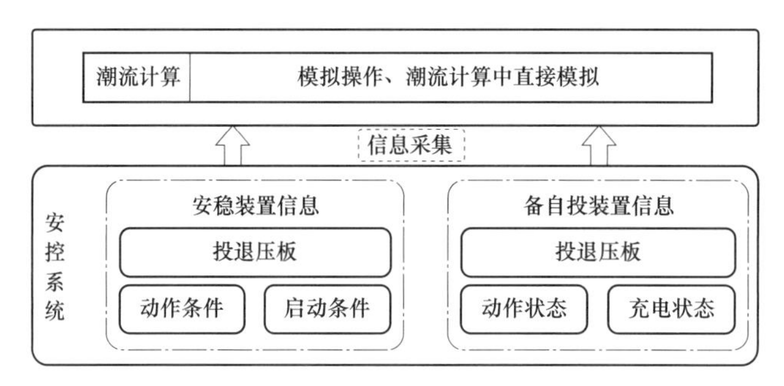

图 8－4　自动装置潮流计算示意图

1. 备自投模拟计算

（1）备自投建模。

提供备自投人工运维查看工具，可以直接读取系统内已形成备自投动作模型，通过更新机制生成基于最新电网模型的备自投动作模型，也可以新增人工自定义模型。

（2）备自投判断逻辑。

备自投充电判定原则：主供电源至少有一个带电，备用电源至少有一个带电，方式开关全部满足。利用网络拓扑的结果，找到活岛中的设备，判断是否满足充电条件。

（3）备自投潮流计算。

调度员潮流应用采用局部拓扑技术对备自投装置进行快速分析，按照“主供电源全部失电、备用电源至少有一个带电”的原则判断备自投是否充电，模拟备自投动作，重新拓扑进行潮流分析，提供更为真实准确的潮流断面。

2. 安稳装置模拟计算

（1）安稳装置建模。

安稳装置主要通过安稳装置定义、安稳装置策略定义、安稳装置条件定义、安稳装置动作定义、安稳装置条件设备定义、安稳装置动作设备定义、安稳装置操作数定义进行建模。

安稳装置的定义分为装置名称、启动策略、启动条件以及动作逻辑四部分。每个安稳装置可以定义多条启动策略，这些启动策略所用到的启动条件、动作行为以及操作数不必按启动策略分别定义，各个启动策略可以根据需要取用。

（2）安稳装置判断逻辑。

安稳装置判断逻辑能够模拟装置的正常动作、投退等判断逻辑，处理多种量测环节、复杂逻辑和多种动作环节的组合，其中量测、逻辑和动作环节由使用人员根据安稳装置运行要求进行指定。安稳装置动作逻辑示意图如图 8－5 所示。

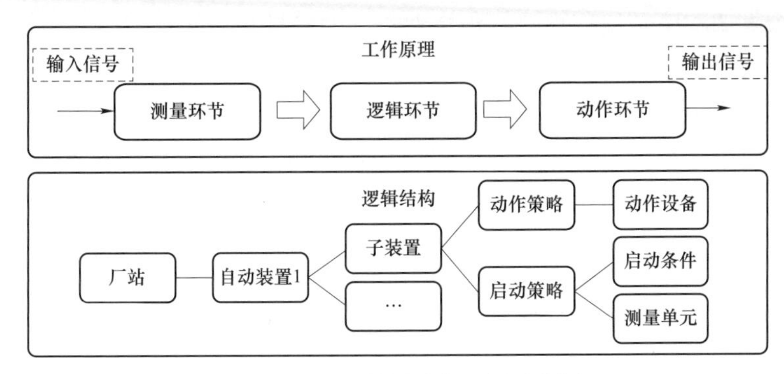

图 8－5　安稳装置动作逻辑示意图

（3）安稳装置潮流计算。

调度员根据安稳装置模型，基态潮流分布情况和运行方式，判断安稳装置是否满足启动条件。如果满足，则按照动作条件进行潮流调整和方式调整，在此基础上重新计算潮流结果，提供更为真实准确的潮流断面。

8.3　静态安全分析

静态安全分析将预想事故的发生模拟为潮流计算中事故设备的开断，通过潮流计算技术确定系统的安全性，其着眼点不在于实时处理电力系统事故，而在于预防事故。静态安全分析可以按照使用人员的需要方便设定预想故障集，包括设备元件和根据调度员要求自定义各种故障组合，能快速判断各种故障对电力系统产生的危害，准确给出故障后的系统运行方式，并直观准确显示各种故障结果，将危害程度大的故障及时提示给调度人员。

8.3.1　预想故障定义及维护

在工程应用上，通常采用 $N-1$ 组合方式，结合使用人员自身经验定义的多重组合故障作为在线分析的预想故障集合。预想故障生成过程中，采用深度拓扑技术对开断后的节点阻抗模型进行遍历，形成可供计算的补偿节点注入信息和开断支路信息。对于辐射形网络结构的终端支路 $N-1$，转化为反向补偿注入，实现开断潮流的简化处理。

1. $N-1$ 故障自动生成

采用 $N-1$ 故障扫描类型设置（如线路 $N-1$、变压器 $N-1$、母线 $N-1$、发电机 $N-1$ 等），配合全网设备、区域、厂站、电压类型是否参与扫描设置，自动形成各自调控中心对自身管辖范围内重点关注的设备，进行系统 $N-1$ 安全校核。

2. 特定 $N-2$ 故障

随着电网规模逐步扩大，电网运行条件越来越复杂，电网事故的发生对系统安全运行带来较大的安全隐患，极端情况下会造成电网连锁故障，需要进行设备 $N-2$ 的自动扫描。由于 $N-2$ 组合故障数目相较于 $N-1$ 故障急剧增长，计算量显著增加，计算速度成为制约 $N-2$ 在线周期扫描的瓶颈。本着简化处理目的，提供并行支路 $N-2$（同杆并架）、同站母线 $N-2$ 故障等功能，以满足调控中心根据自身系统情况提出的个性化需求。

3. 自定义故障

自定义故障由调度人员凭借自身运行经验给出，包括各种可能的故障及其组合。故障自定义工具通过人机界面实现多重故障的简便维护。实际运用中，使用人员根据自身需求创建不同的单重或多重预想故障组，故障元件包括线路、变压器、发电机和母线，支持故障组的增加、删减、激活操作。在不同应用场景下，选择不同的故障组进入故障集，达到对特定场景下的多重故障集安全校核。

8.3.2 两阶段预想故障扫描

随着电网规模逐渐扩大，预想故障计算量规模显著提高，计算速度将难以满足实用化需求，计算效率问题日益突出。为此，静态安全分析采用两阶段预想故障扫描技术进行工程化处理，即直流法筛选、基于稀疏矩阵的局部因子分解，过滤非严重故障，有效提高了单次开断分析速度，两阶段预想故障扫描流程图如图 8-6 所示。

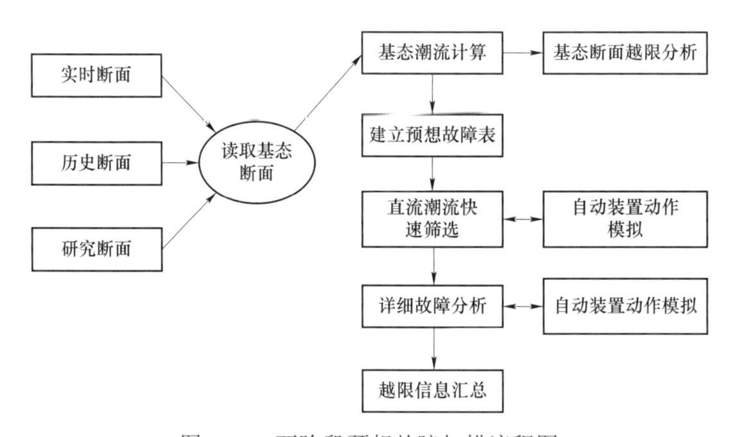

图 8-6　两阶段预想故障扫描流程图

1. 直流法预想故障筛选

采用直流潮流法对全网有功潮流进行快速估算，依据“宁误判，勿漏判”的原则判断故障条件下全网支路潮流是否满足筛选条件。如果故障潮流接近限值，则将该开断进入可疑故障集进行详细交流潮流分析。尽管直流潮流精确度差，无法校验电压越界，但其将非线性潮流模型进行了线性化处理，计算速度快，适合处理断线分析，在适当降低越限门槛前提下，被广泛应用于预想故障的快速筛选。

2. 预想故障详细扫描

经过预想故障筛选，保留了后果较严重的“有害”故障，对此要进行详细分析，以准确判别故障后系统潮流分布和危害程度。

一般情况下，故障元件开断会引起网络结构发生变化，需要进行一次全潮流分析计算，包括进网络拓扑、形成导纳矩阵、分解因子表和迭代计算。考虑到 $N-1$ 开断故障仅仅是局部故障，影响范围小，采用全潮流分析技术，对于具有 n 个开断故障的静态安全分析来讲，计算速度缓慢，计算耗时长。其中，网络拓扑、因子分解占据了绝大部分的潮流计算时间。为提高计算效率，针对局部设备故障的开断潮流计算，采用局部因子分解技术，有效地缩短预想故障扫描计算时间。

局部因子分解技术是在原导纳矩阵基础上，对开断故障支路所在行和列形成节点集，并在导纳矩阵因子表所确定的有向因子图上确定节点集的道路集，进而对道路集上的节点进行局部因子分解。该技术不仅避免了全网拓扑耗时，还有效缩短了因子分解耗时，被广泛应用于预想故障扫描的详细交流潮流计算。

8.3.3 扫描结果统计

1. 考虑自动装置模拟的失电统计

在两阶段预想故障扫描基础上，基于调度员潮流对自动装置统一建模，静态安全分析采用局部网络拓扑的方法取代全网拓扑来分析自动装置动作后所带来的网络拓扑变化，分别针对各级调度中心自动装置建设情况进行相应模拟计算。省调系统针对其建模范围主要考虑安稳装置动作模拟对预想事故进行分析扫描，通过局部网络拓扑计算预想故障后系统失电情况；地调系统针对其建模范围实现 $N-1$ 故障备自投负荷转供及失电信息进行统计分析，具体包括建模范围内的负荷失电及母线失电压信息。

2. 系统越限风险辨识

静态安全分析在基态潮流断面基础上，通过 $N-1$ 故障扫描技术，对全网设备及重要输电断面进行越限校核，辨识系统风险设备并进行列表预警，提示风险点的最大越限值及越限率，提供造成该设备越限的开断查询，并将连续越限的设备推送至调度台，提示系统运行风险，供调度员进行分析处理。

8.3.4 GPU 静态安全分析

随着电力系统的快速发展，电网规模日趋变大，采用现有串行静态安全分析进行预想故障扫描，将耗费大量计算资源，计算速度难以满足实际需求。智能调度控制系统采用直流法筛选结合基于稀疏矩阵的局部因子分解等手段进行串行工程化处理，过滤非严重故障，有效提高单次开断分析速度，但仍然无法满足工程应用需求。静态安全分析预想故障之间完全解耦，可分解为多个独立的全潮流计算，具有先天并行化处理优势。采用 CPU 与 GPU 混合编程开发，对静态安全分析预想故障串行扫描部分进行并行化改造，由 CPU 与 GPU 协同配合完成预想故障并行计算，采用 OpenMP 技术实现 CPU+多 GPU 异构模式，有效提升传统预想故障串行扫描计算性能。

1. 统一计算框架

CUDA 是 NVIDIA 公司提出的 GPU 通用并行计算构架，是目前最成熟的 GPU 并行编程方式，其基本框架如图 8-7 所示。GPU 具有较强的浮点计算能力，能够处理密集、逻辑简单的大规模数据并行任务，采用 CPU+GPU 异构模式协同工作，CPU 作为主机（Host）负责复杂的逻辑控制，进行流程管理；GPU 作为协处理器（Device），负责简单的数据运算，具体执行高度线程化的并行任务。

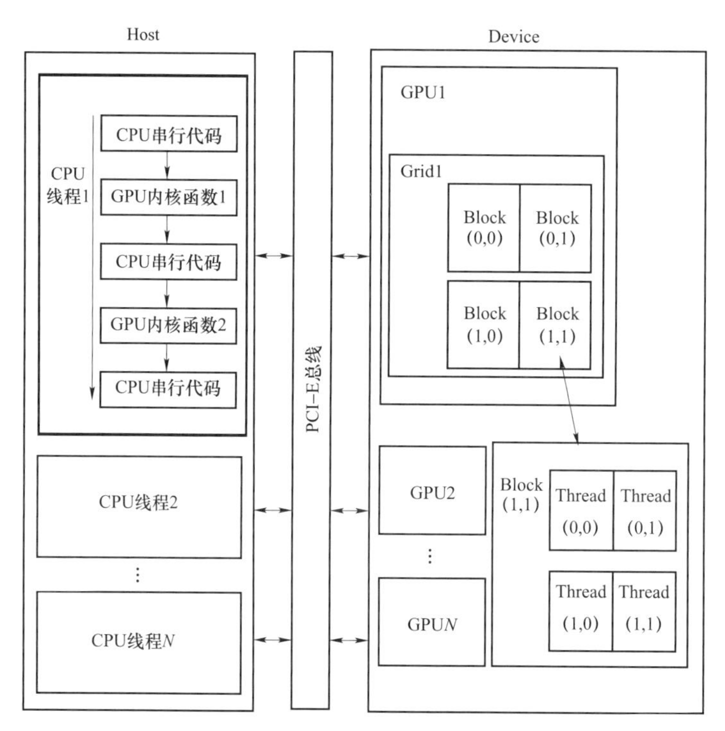

图 8-7　CUDA 统一计算框架示意图

2. 并行计算服务

基于网络分析整体架构考虑，提供 GPU 计算服务，建立网络分析 C/S 服务体系架构，通过服务总线实现 CPU 服务器和 GPU 服务器的数据通，实现 GPU 计算资源的统一管理和 CPU/GPU 协同计算，满足静态安全分析对 GPU 并行计算的要求。

GPU 服务与资源管理在接受到请求后根据自身资源占用情况在多卡中进行合理资源分配，依据计算请求不同类型进行并行化计算，返回结果包括但不限于单个潮流、多个潮流、故障越限潮流、各类灵敏度、矩阵与向量运行结果。

3. 多卡并行计算

相对于 CPU+单 GPU 模式，CPU+多 GPU 具有更高的并行处理能力，能够一次性计算更多预想故障，显著缩短计算时间。OpenMP 多线程用于共享内存并行系统，由编译器自动将循环并行化，提高多处理器系统应用程序性能。

4. 预想故障并行化处理

在单块卡内，按照 CPU+GPU 异构模式实现多个开断并行计算，将牛顿–拉夫逊算法迭代过程全部交由 GPU 完成，如图 8–8 所示，对各个环节进行详细分解，充分挖掘潮流计算并行性。

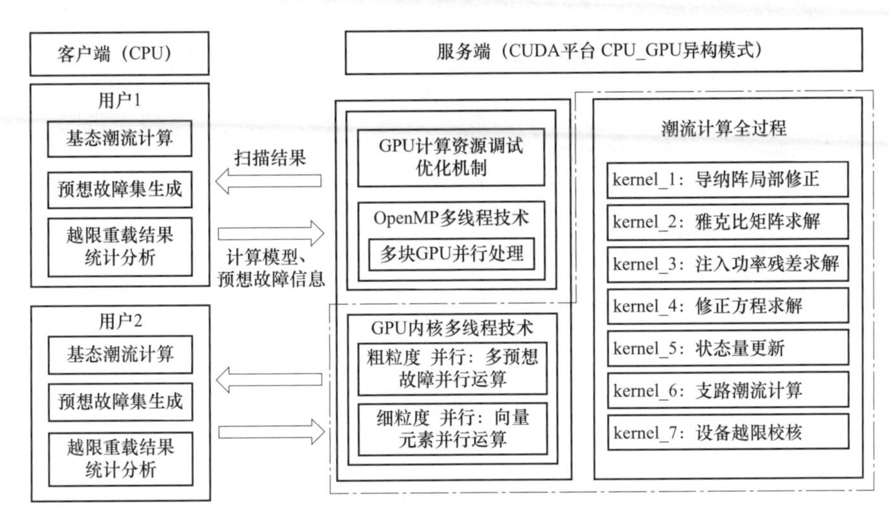

图 8–8　GPU 静态安全分析示意图

预想故障详细潮流计算可以细分为导纳矩阵修正、雅克比矩阵求解、修正方程求解、状态量更新、支路潮流计算及设备越限校核等过程，将上述过程中 CPU 串行嵌套循环计算部分拆分成简单四则运算由 GPU 并行完成，将有效提高开断扫描速度。

8.4　灵敏度分析

电力系统中各种量，如支路功率、母线电压及母线注入功率等之间的相互影响程度称为灵敏度。灵敏度分析是电力系统规划决策及运行控制中经常用到的方法，可以量化地计算出某项运行指标与控制变量之间的关系，以确定该变量对系统的影响，从而进一步提出改善该运行指标的措施。灵敏度分析实际上是用一次偏导数矩阵形式描述潮流方程变量之间的线性关系，存在一定的计算误差。若要精确计算，则可采用摄动法进行计算。摄动法通过自身变量的微小变化引起潮流变化，以因变量对自变量的比值作为灵敏度，可认为是灵敏度的“真实结果”。

8.4.1　灵敏度方法

1. 灵敏度系数法

灵敏度计算将潮流方程关于状态变量和控制变量分别进行线性化处理，从而得到相互之间的线性关系。

系统潮流方程和控制变量可以用如下方程表述

$$\begin{cases} f(x,u)=0 \\ y=y(x,u) \end{cases} \tag{8-6}$$

式中：f 为非线性潮流约束方程；u 为控制变量，如发电机有功无功、变压器分接头；x 为状态变量，如节点电压幅值和相角；y 控制变量的隐式方程。

对式（8-6）关于状态变量和控制变量分别线性化处理，得到

$$\begin{cases} f(x,u)=f(x_0,u_0)+\dfrac{\partial f}{\partial x}\Delta x+\dfrac{\partial f}{\partial u}\Delta u=0 \\ y=y(x,u)=\dfrac{\partial y}{\partial x}\Delta x+\dfrac{\partial y}{\partial u}\Delta u \end{cases} \tag{8-7}$$

由于 $f(x_0,u_0)=0$，所以可以得出

$$\Delta x=\boldsymbol{S}_{xu}\Delta u \qquad \boldsymbol{S}_{xu}=-\left(\frac{\partial f}{\partial x}\right)^{-1}\left(\frac{\partial f}{\partial u}\right) \tag{8-8}$$

$$\Delta y=\boldsymbol{S}_{yu}\Delta u \qquad \boldsymbol{S}_{yu}=\frac{\partial y}{\partial u}+\frac{\partial y}{\partial x}S_{xu} \tag{8-9}$$

式中，$\boldsymbol{S}_{xu}$、$\boldsymbol{S}_{yu}$ 为 u 的变化量分别引起 x 和 y 变化量的灵敏度系数矩阵。

式（8-8）和式（8-9）即为灵敏度计算的通用公式。

需要指出的是，灵敏度计算前提是基于当前运行状态，也就是在计算中所采用的当前潮流断面，主要用于描述潮流方程变量之间线性关系的量，不需要进行详细的潮流迭代。采用基于灵敏度矩阵的求解方法的最大优点是将非线性方程隐含确定的变量关系用明显的方式表达出来，使分析计算工作简化。

2. 灵敏度摄动法

灵敏度摄动法需要进行详细的潮流迭代求解非线性潮流方程的解，以此求解控制变量与依从变量之间的关系，相比较于灵敏度系数法更加精确，趋近于精确解，计算公式为

$$S=\frac{\Delta y}{\Delta u}=\frac{y-y^{(0)}}{u-u^{(0)}} \tag{8-10}$$

8.4.2 灵敏度类型

1. 网损灵敏度

计算有功注入源出力增加 1MW，导致系统网损的变化量，有功网损灵敏度分为有功网损对机组有功出力的灵敏度和罚因子、有功网损对负荷有功出力的灵敏度。

计算无功注入源出力增加 1Mvar，导致系统网损的变化量，无功网损灵敏度分为有功网损对机组无功出力灵敏度、有功网损对负荷无功功率灵敏度、有功网损对无功补偿装置灵敏度。

2. 支路功率灵敏度

计算有功注入源出力增加 1MW，导致支路有功的变化量，支路有功灵敏度分为支路有功

对机组有功出力灵敏度、支路有功对负荷有功功率的灵敏度、支路有功对发电厂有功灵敏度、支路有功对发电机组合灵敏度。

计算无功注入源出力增加 1Mvar，导致支路无功的变化量，支路无功灵敏度分为支路无功对机组无功灵敏度、支路无功对负荷无功灵敏度、支路无功对无功补偿装置灵敏度、支路无功对变压器抽头的灵敏度。

3. 母线电压灵敏度

计算无功注入源增加 1Mvar，导致母线节点电压的变化量，主要分为母线电压对机组无功出力灵敏度、母线电压对 *PV* 节点机端电压灵敏度、母线电压对负荷无功功率灵敏度、母线电压对无功补偿装置的灵敏度、母线电压对变压器抽头的灵敏度。

4. 稳定断面灵敏度

计算有功注入源出力增加 1MW，导致稳定断面有功的变化量，主要分为稳定断面有功对机组有功出力的灵敏度、稳定断面有功对负荷有功功率的灵敏度。

5. 组合灵敏度

计算支路有功功率对多机组多负荷有功联合调整的灵敏度；计算断面有功对多机组多负荷有功联合调整的灵敏度；计算多断面有功对机组的灵敏度，可以对多断面进行加权设置；参与联合调整的机组或负荷及其参与因子应能方便设置；能方便设置加权的多断面有功潮流定义。

6. 开断分布因子

计算任一支路开断对另一支路有功潮流的转移因子，进而计算任一支路开断后，导致其他支路有功的变化量。

8.4.3　灵敏度服务

灵敏度服务通过 C/S 服务通信机制、公共查询接口两种方法实时响应其他高级应用软件（如综合智能告警查询、调度计划、优化潮流、SCADA 展示等）对设备灵敏度分析的在线计算需求，提供各类型的灵敏度查询，服务于高级应用各分析类计算软件，使用频度高，应用范围广。

8.5　短路电流计算

对电力系统的电气设备，在其运行中都必须考虑到可能发生的各种故障和不正常运行状态，最常见同时也是最危险的故障是发生各种形式的短路。电力系统正常运行的破坏多半是由短路故障引起的。短路电流计算就是通过模拟电网各种短路故障，并根据电力网络的运行方式和网络元件的参数计算电力网络在系统发生故障的情况下系统故障电流的分布。计算结果可以被继电保护人员用来整定保护定值，还可以作为运行方式和决策人员对电网进行分析研究的工具，与调度员培训仿真联合时可以对调度员进行培训，提高调度员的运行水平。

8.5.1 短路的类型和危害

1. 单相接地短路

电力系统及电气设备最常见的短路是单相接地，约占全部短路的75%以上。对大电流接地系统，继电保护应尽快切断单相接地短路。对中性点经小电阻或中阻接地系统，继电保护应瞬时或延时切断单相接地短路。对中性点不接地系统，当单相接地电流超过允许值时，继电保护也应有选择性地切断单相接地短路。对中性点经消弧线圈接地或不接地系统，单相接地电流不超过允许值时，允许短时间单相接地运行，但要求尽快消除单相接地短路点。

2. 两相接地短路

两相接地短路一般不超过全部短路的10%。大电流接地系统中，两相接地短路大部分发生于同一地点，少数在不同地点发生两相接地短路。中性点非直接接地的系统中，常见是发生一点接地，而后其他两相对地电压升高，在绝缘薄弱处将绝缘击穿造成第二点接地，此两点多数不在同一点，但也有时在同一点，继电保护应尽快切断两相接地短路。

3. 两相及三相短路

两相及三相短路不超过全部短路的10%。这种短路更为严重，继电保护应迅速切断两相及三相短路。

4. 绕组匝间短路

这种短路多发生在发电机、变压器、电动机、调相机等电机电器的绕组中，虽然占全部短路的概率很少，但对某一电机来说却不一定。例如，变压器绕组匝间短路占变压器全部短路的比例相当大，这种短路能严重损坏电气设备，因此要求继电保护迅速切除这种短路。

5. 转换性故障和重叠性故障

发生以上五种故障之一，有时由于故障的演变和扩大，可能由一种故障转换为另一种故障，或发生两种及两种以上的故障（称之复故障），这种故障不超过全部故障的5%。

随着短路类型、发生地点和持续时间的不同，短路的后果可能只破坏局部地区的正常供电，也可能威胁整个系统的安全运行。短路的危险后果一般有以下的几个方面：

（1）短路故障使短路点附近的支路中出现比正常值大许多倍的电流，由于短路电流的电动力效应，导体间将产生很大的机械应力，可能使导体和它们的支路遭到破坏。

（2）短路电流使设备发热增加，短路持续时间较长时，设备可能因过热而导致损坏。

（3）短路时系统电压大幅度下降，对使用人员影响很大。

（4）短路发生地点离电源不远而持续时间又较长时，并列运行的发电厂可能失去同步，破坏系统的稳定，造成大片地区停电。

（5）发生不对称短路时，不平衡电流能产生足够的磁通在邻近的电路感应出很大的电动势，这对于加设在高压电力线路附近的通信线路或铁道信号系统等会产生严重的影响。

8.5.2 短路计算的目的

短路电流计算是变电站电气设计、电网运行方式设定、继电保护整点计算中的重要环节。其计算的主要目的有：

（1）在选择电气主接线时，为了比较各种接线方案或确定某一接线是否需要采取限制短路电流的措施等，均需进行必要的短路电流计算。

（2）选择有足够机械稳定度和热稳定度的电气设备，例如，断路器、互感器、绝缘子、母线和电缆等，必须以短路计算作为依据。

（3）为了合理地配置各种继电保护和自动装置并正确整定其参数，必须对电力网中发生的各种短路进行计算和分析。

（4）进行电力系统暂态稳定计算，研究短路对使用人员工作的影响等，也包含一部分短路计算的内容。

（5）在设计屋外高压配电装置时，需按短路条件检验软导线的相间和相对地的安全距离。

（6）确定输电线路对通信的干扰，对已经发生的故障进行分析，必须进行短路计算。

8.5.3　短路电流计算基本原理

目前短路电流计算软件中采用的核心算法是对称分量法和多口网络理论，综合阻抗矩阵和转移阻抗矩阵。这些算法概念清晰，简单明了，其中主要运用的矩阵处理计算技术非常适合用计算机处理。

1. 对称分量法

任意一组三相不对称相量都可以分解成三组对称分量，即正序、负序、零序对称分量。

正序、负序、零序三个对称的相序是互不相关的，是解耦的。

$$\begin{cases} \overset{n}{F}_{\mathrm{A}} = \overset{n}{F}_{\mathrm{a(1)}} + \overset{n}{F}_{\mathrm{a(2)}} + \overset{n}{F}_{\mathrm{a(0)}} \\ \overset{n}{F}_{\mathrm{B}} = \alpha \overset{n}{F}_{\mathrm{a(1)}} + \alpha^2 \overset{n}{F}_{\mathrm{a(2)}} + \overset{n}{F}_{\mathrm{a(0)}} \\ \overset{n}{F}_{\mathrm{C}} = \alpha \overset{n}{F}_{\mathrm{a(1)}} + \alpha \overset{n}{F}_{\mathrm{a(2)}} + \overset{n}{F}_{\mathrm{a(0)}} \end{cases} \tag{8-11}$$

$$\begin{bmatrix} \dot{F}_{\mathrm{a(1)}} \\ \dot{F}_{\mathrm{a(2)}} \\ \dot{F}_{\mathrm{a(0)}} \end{bmatrix} = \frac{1}{3}\begin{bmatrix} 1 & \alpha & \alpha^2 \\ 1 & \alpha^2 & \alpha \\ 1 & 1 & 1 \end{bmatrix}\begin{bmatrix} \dot{F}_{\mathrm{A}} \\ \dot{F}_{\mathrm{B}} \\ \dot{F}_{\mathrm{C}} \end{bmatrix} \tag{8-12}$$

式中：$\alpha = \mathrm{e}^{\mathrm{i}120^\circ} = -\frac{1}{2} + \mathrm{j}\frac{\sqrt{3}}{2}$，$\alpha^2 = \mathrm{e}^{\mathrm{i}240^\circ} = -\frac{1}{2} - \mathrm{j}\frac{\sqrt{3}}{2}$，$\alpha^2 + \alpha + 1 = 0$。当系统发生不对称故障时，可以根据戴维南定理将故障发生处的网络情况表示如图 8-9 所示。

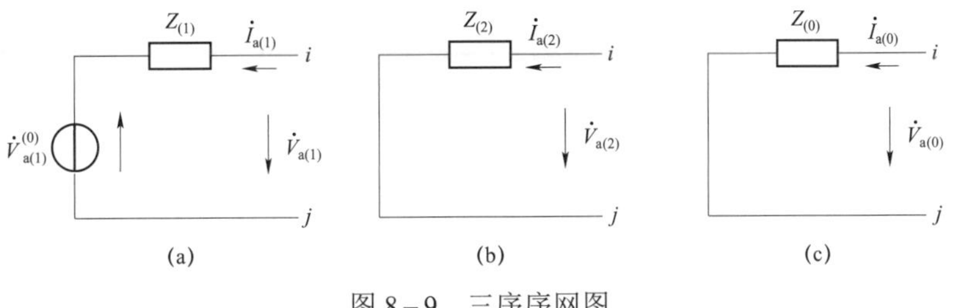

图 8-9　三序序网图

（a）正序；（b）负序；（c）零序

图 8-9 中：$\dot{V}_{a(1)}$、$\dot{V}_{a(2)}$、$\dot{V}_{a(0)}$ 分别为各序网故障端口电压；$\dot{I}_{a(1)}$、$\dot{I}_{a(2)}$、$\dot{I}_{a(0)}$ 分别为各序网故障端口电流；$Z_{(1)}$、$Z_{(2)}$、$Z_{(0)}$ 分别为各序网端口等效阻抗；$\dot{V}_{a(1)}^{(0)}$ 为正序网络开路电压。

各相量的正方向如图中所示为

$$\begin{cases} \overset{n}{V}_{a(1)} = \overset{n}{V}{}_{a(1)}^{(0)} + Z_{(1)} \overset{n}{I}_{a(1)} \\ \overset{n}{V}_{a(2)} = Z_{(2)} \overset{n}{I}_{a(2)} \\ \overset{n}{V}_{a(0)} = Z_{(0)} \overset{n}{I}_{a(0)} \end{cases} \tag{8-13}$$

2. 多端口网络理论和综合阻抗方法

（1）两端口网络。

两端口网络，是指一个包含两个节点对的网络，对于其中任一对节点对的两个节点，从此节点注入的电流应等于从另一个节点流出的电流。一个双端口网络可以表示为

$$\begin{bmatrix} \dot{V}_1 \\ \dot{V}_2 \end{bmatrix} = \begin{bmatrix} Z_{11} & Z_{12} \\ Z_{21} & Z_{22} \end{bmatrix} \begin{bmatrix} \dot{I}_1 \\ \dot{I}_2 \end{bmatrix} \tag{8-14}$$

式中：$\dot{V}_1$、$\dot{V}_2$ 分别为两端口电压；$\dot{I}_1$、$\dot{I}_2$ 分别为两端口的注入电流；Z_{11}、Z_{22} 分别为两端口的自阻抗；Z_{12}、Z_{21} 分别为两端口之间的互阻抗。

以上是用阻抗的形式表达的两端口网络，如用导纳表示，则为

$$\begin{bmatrix} \dot{I}_1 \\ \dot{I}_2 \end{bmatrix} = \begin{bmatrix} Y_{11} & Y_{12} \\ Y_{21} & Y_{22} \end{bmatrix} \begin{bmatrix} \dot{V}_1 \\ \dot{V}_2 \end{bmatrix} \tag{8-15}$$

式中，Y_{11}、Y_{12}、Y_{21}、Y_{22} 分别为各端口的自导纳和端口间的互导纳。

以上两式中阻抗矩阵和导纳矩阵之间是互逆关系，即

$$\begin{bmatrix} Y_{11} & Y_{12} \\ Y_{21} & Y_{22} \end{bmatrix} = \begin{bmatrix} Z_{11} & Z_{12} \\ Z_{21} & Z_{22} \end{bmatrix}^{-1} \tag{8-16}$$

（2）多端口网络与复故障计算。

两端口网络可以推广到多端口网络，在 n 端口网络中，电流和电压量分别组成一个 n 维向量，电流和电压之间的关系可以分别用一个 $n \times n$ 阶阻抗矩阵或导纳矩阵表示为

$$\boldsymbol{I} = \boldsymbol{YV}$$

或

$$\boldsymbol{V} = \boldsymbol{ZI}$$

实际电网中可能同时发生多起故障（其中主要是不对称故障），每一起故障都可以看作一个端口，对于短路故障，端口为发生故障的端点和系统中性点；对于断线故障，端口则为发生断线的两端。

3. 转移阻抗矩阵

转移阻抗矩阵表达了正序端口电流与负序或零序端口电压之间的关系。正负、正零序网间的转移矩阵的形式如下

$$\dot{V}_{(S)} = Z_{(S)}\dot{I}_{(1)} \tag{8-17}$$

式中：$\dot{V}_{(S)}$为负序或零序端口电压；$\dot{I}_{(1)}$为正序端口电流；$Z_{(S)}$即为负序或零序与正序间的转移阻抗矩阵。

转移阻抗矩阵反映了各种故障类型的边界条件，将各个故障的分散信息统一整合到一个矩阵中，从而使程序对多重故障的分析处理整齐划一。

4. 综合阻抗矩阵

综合阻抗矩阵表达了在复合序网中正序端口电压和正序端口电流之间的关系，矩阵形式如下

$$\dot{\boldsymbol{V}}_F = Z_F\dot{\boldsymbol{I}}_F \tag{8-18}$$

5. 正序增广导纳矩阵

将综合阻抗矩阵加入正序导纳阵中，就得到了包含不对称故障的正序增广网络，只需求解正序增广网络就可以解决不对称故障计算问题。在求得综合阻抗矩阵Z_F并进而形成Y_F后，使用下式计算得到正序增广导纳矩阵

$$Y' = \boldsymbol{Y} - \boldsymbol{B}\boldsymbol{Y}_F\boldsymbol{B}^T \tag{8-19}$$

式中：$\boldsymbol{Y}$为没有接入综合阻抗矩阵的正序网络导纳阵；$\boldsymbol{Y}_F$为综合导纳矩阵；$\boldsymbol{B}$是一个关联矩阵，其阶数为NOB×n，NOB为网络总节点数，n为故障重数。它的每一列元素对应一重故障，其中的值定义如下：

（1）若该重故障为断线故障，则在断线的两个端口节点处分别置为+1和−1，其他位置的值为零。

（2）若该重故障为短路故障，则只在故障发生的节点位置上置为 1，其余位置上均置为零。

在求得综合阻抗矩阵$\boldsymbol{Z}_F$并进而形成$\boldsymbol{Y}_F$，利用式$\boldsymbol{Y}' = \boldsymbol{Y} - \boldsymbol{B}\boldsymbol{Y}_F\boldsymbol{B}^T$就可修正原正序网络的导纳矩阵$\boldsymbol{Y}$。

6. 求解各序端口网络

按以下顺序求解端口网络。

（1）用发电机（可以包括负荷）注入电流$\dot{I}$和正序增广网络$\boldsymbol{Y}' = \boldsymbol{Y} - \boldsymbol{B}\boldsymbol{Y}_F\boldsymbol{B}^T$进行前代回代$\dot{\boldsymbol{I}} = \boldsymbol{Y}'\dot{\boldsymbol{V}}$，求出故障时全网正序节点电压$\dot{\boldsymbol{V}}_{(1)}$。

（2）求解故障端口电压$\dot{\boldsymbol{V}}_{k(1)}$。

（3）根据综合导纳/阻抗矩阵可求出正序端口电流：$\dot{\boldsymbol{I}}_{k(1)} = \boldsymbol{Y}_F\dot{\boldsymbol{V}}_{k(1)}$。

（4）根据正序端口电流和负正、零正序转移阻抗矩阵$\boldsymbol{Z}_{21}$、$\boldsymbol{Z}_{01}$，求解负序和零序端口电压，即

$$\begin{aligned}\dot{\boldsymbol{V}}_{k(2)} &= \boldsymbol{Z}_{21}\dot{\boldsymbol{I}}_{k(1)}\\ \dot{\boldsymbol{V}}_{k(0)} &= \boldsymbol{Z}_{01}\dot{\boldsymbol{I}}_{k(1)}\end{aligned} \tag{8-20}$$

（5）根据负序、零序端口阻抗矩阵求出负序、零序端口电流，即

$$
\begin{aligned}
\dot{\boldsymbol{I}}_{k(2)} &= \boldsymbol{Y}_{(2)}\dot{\boldsymbol{V}}_{k(2)} \\
\dot{\boldsymbol{I}}_{k(0)} &= \boldsymbol{Y}_{(0)}\dot{\boldsymbol{V}}_{k(0)}
\end{aligned}
\tag{8-21}
$$

至此，三序端口网络都已求解完毕，三序端口电压为$\dot{\boldsymbol{V}}_{k(1)}$、$\dot{\boldsymbol{V}}_{k(2)}$、$\dot{\boldsymbol{V}}_{k(0)}$，三序端口电流为$\dot{\boldsymbol{I}}_{k(1)}$、$\dot{\boldsymbol{I}}_{k(2)}$、$\dot{\boldsymbol{I}}_{k(0)}$，并且还得到了网络正序节点电压$\dot{\boldsymbol{V}}_{(1)}$。

8.6 安全约束调度

安全约束调度通过在线实时监视电网运行状态，并从电力系统有功传输的安全性角度出发将电网运行状态分为正常状态、预警状态和紧急状态。正常状态，指系统中没有出现过载（有功功率超过限值）和重载（有功功率接近限值）的支路或潮流断面；预警状态，指系统中没有出现过载，但存在至少一条重载的支路或潮流断面；紧急状态，指系统中存在至少一条过载的支路或潮流断面。安全约束调度能根据不同运行状态分别提供控制策略，当系统运行在紧急状态时，通过校正控制算法可以计算出消除越限的发电机有功出力调整策略；当系统运行在预警状态时，经过灵敏度分析对某些机组给出“禁止上调”和“禁止下调”的标识，防止重载进一步恶化。安全约束调度可与自动发电控制（Automatic Generation Control，AGC）软件实现闭环运行，调整系统潮流以实现电网安全校正控制，AGC 可以根据安全约束调度计算的发电机有功出力调整结果由调度员确认后，自动下发命令执行调整。

安全约束调度软件算法采用结合内点优化方法和灵敏度分析方法的混合算法，控制灵活，结果实用。安全约束调度依据电网当前运行方式进行优化计算，重在实时快速响应，能作为现有实时调度计划的有力补充，对电网有功调整功能完成总体的补充，也是运行与控制系统中重要的功能模块，尤其是随着智能调度系统的建设，安全约束调度的作用更加突出。

8.6.1 基于灵敏度的反向等量配对法

安全约束调度使用一种改进的反向等量配对方法，将所有可控机组按照灵敏度大小由大到小排序，而不是以往的灵敏度算法将所有机组按照灵敏度的绝对值大小降序排列，每次选取灵敏度最大的机组与灵敏度最小的机组进行配对。

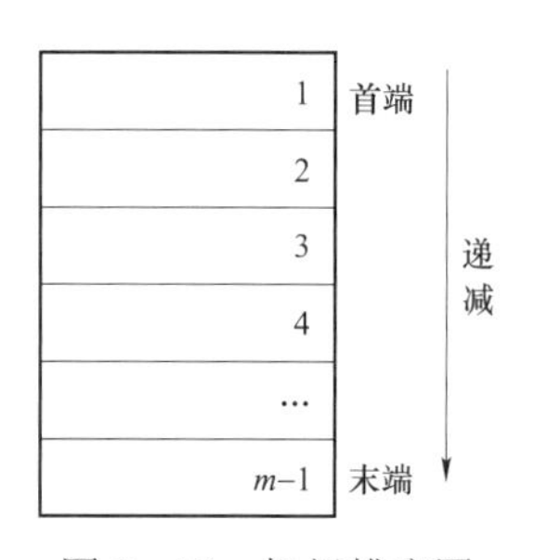

图 8-10 机组排序图

反向等量配对法的调整原则是保证系统功率平衡及调整量最小。含义是为每一加出力的机组都找到一个与之配对的减出力的机组，反之亦然；每一配对机组加减出力的值相等。

具体的调整计算过程如下：

设某支路l过负荷，有功可控机组数目为 m，所有可控机组集合为G。将集合G中的机组按照对支路l灵敏度数值由大到小的顺序排列，如图 8-10 所示，大的一端称为首端，小的一端称为末端。

将首端机组 1 与末端机组 m 配对。首端机组减出力，灵敏度为S_{l1}；末端机组加出力，灵敏度为S_{lm}。等量的减机组 1 的出力，加机组 m 的出力，相当于将机组 m 看成平衡机，此时机组 1 对支路的灵敏度为

$$S'_{l1}=S_{l1}-S_{lm} \tag{8-22}$$

因为$S_{l1}>S_{lm}$，所以$S'_{l1}>0$，且S'_{l1}的数值与平衡机的选择无关。

若支路的过载量为ΔP_l，为消除过载所需调整量应为

$$\Delta P'_1=-\frac{\Delta P_l}{S'_{l1}}=\frac{\Delta P_l}{S_{l1}-S_{Lm}}=\Delta P'_m \tag{8-23}$$

实际上，调整量应是下述三者的最小量：首端机组出力的可减量，末端机组出力的可加量，为消除过载所需的调整量，得到

$$\Delta P_1=\min\left\{\frac{\Delta P_l}{S_{l1}-S_{lm}},\Delta P_1^{\max},\Delta P_m^{\max}\right\}=\Delta P_m \tag{8-24}$$

求出ΔP_1、ΔP_m后，修正首端机组 1 的可减量、末端机组 m 的可加量及支路越限量。经过一次配对调整，若支路的越限尚未消除，则机组 1、m 中必有一个达到限值者不能再调，则将其从图 8－13 排序中移除。若机组 1 达到下限不能再减，则移除，原排序中机组 2 成为新的首端机组；若机组 m 达到上限不能再加，则移除，原排序中机组 $m-1$ 成为新的末端机组。如此继续，将新的首端机组与末端机组配对，直到消除越限。

由调整计算看出，S'_{l1}的数值与参考节点（平衡机）的选取是无关的，它反映了等量调节配对机组时对支路的实际影响。潮流断面用同样的方法处理。

8.6.2　基于原对偶内点法的优化潮流计算

反向等量配对是基于灵敏度的算法，不存在收敛性的问题，且计算速度很快，由此确定好有功可控机组后，用原对偶内点算法解决总调节量最小这样一个优化问题。这样就很好地解决了优化算法和反向等量配对法各自存在的问题。

1. 目标函数

安全校正控制选取的目标函数是系统总的有功调整量最小，可表示为：

$$\min f=\sum_{i=1}^{n}\left|\Delta P_{\mathrm{G}i}\right| \tag{8-25}$$

式中，$\Delta P_{\mathrm{G}i}$为发电机有功的变化量。

2. 等式约束

（1）潮流方程约束。任何情况下，都必须满足电力系统发电功率与系统负荷保持平衡，潮流约束方程如式（8－3）和式（8－4）所示。

（2）可控机组有功出力总和等于一定值。校正控制通过调节可控机组的出力达到解除越限的目的。反向等量配对法通过等量的调节配对机组，就隐含了调节前后被调节机组的总出力和不变这一约束。在优化过程中同样要满足这一约束，表达如下

$$\sum_{i\in S_{\mathrm{G}}}P_{\mathrm{G}i}=\mathrm{const} \tag{8-26}$$

式中，S_{G}为所有可控机组集合。

这一约束保证有功只在可控机组之间转移，不会产生不平衡功率全部由平衡机承担这一

现象，模拟调度员的实际调度过程，使得调整结果更加切实可行。式（8－26）右端的常数一般取为优化计算前所有可控机组出力和，也就意味着优化前后，所有可控机组的出力总和是不变的，但出力在这些机组之间发生了转移。转移的出力用于消除或减缓越限。

3. 不等式约束

（1）可控发电机的有功出力约束。发电机功率调整过程中，要受到最大功率和最小功率的限制。机组的最大发电有功功率一般为发电机有功出力的额定值；最小发电有功功率受技术条件的限制。可控发电机的有功出力的不等式约束表达如下

$$P_{\mathrm{G}i\min} \leqslant P_{\mathrm{G}i} \leqslant P_{\mathrm{G}i\max} \qquad i \in S_{\mathrm{G}} \tag{8-27}$$

式中：$P_{\mathrm{G}i\min}$ 为机组 i 的最大容量上限；$P_{\mathrm{G}i\max}$ 为机组 i 的最小技术出力下限。

（2）支路有功功率约束。发电机功率的调整必然导致支路潮流的改变，改变后的支路功率应当受到该支路上、下限值的约束。

输电线路的功率限值是输电能力的反映，线路的输电能力可能受到多种稳定因素的限制，安全约束调度采用的输电线路限值取决于不同的网络安全标准，如 $N-0$ 标准、$N-1$ 标准、$N-2$ 标准等，不同的安全标准对应着不同的功率极限和不同的运行成本。

支路有功功率约束的不等式约束表达如下

$$P_{ij\min} \leqslant P_{ij} \leqslant P_{ij\max} \tag{8-28}$$

$$P_{ij} = V_i^2 G_{ii} + V_i V_j (G_{ij} \cos\theta_{ij} + B_{ij} \sin\theta_{ij}) \tag{8-29}$$

式中，P_{ij}、$P_{ij\min}$、$P_{ij\max}$ 分别为支路有功潮流及其下限和上限。

（3）断面有功功率的约束。除了关心输电线潮流是否越限，运行人员有时还希望监控潮流断面。在发生不同类型的短路、断线等故障时，控制断面的有功潮流在安全限值内，可以在一定程度上保证故障发生时电网安全稳定运行。

断面有功不等式约束表达如下

$$P_{\mathrm{T}}^{\min} \leqslant \sum_{i,j\in\mathrm{T}} P_{ij} \leqslant P_{\mathrm{T}}^{\max} \tag{8-30}$$

式中：$P_{\mathrm{T}}^{\max}, P_{\mathrm{T}}^{\min}$ 分别是断面 T 的有功功率上下限；P_{ij} 是断面 T 中支路 $i-j$ 有功功率；$\sum\limits_{i,j\in\mathrm{T}} P_{ij}$ 表示断面 T 的合功率（有方向）。

使用优化技术来解决安全约束调度问题过程中，对控制变量进行初步筛选，减少参与调节的控制量，使得优化结果有更好的实用性。首先，根据电网的实际运行情况，初步确定哪些机组可调，哪些不可调。在此基础上，采用反向等量配对原则大体确定控制变量。在控制变量确定后，再用优化方法去求解安全约束调度问题。

采用上述方法，既可以大大减少实际参与的控制变量，从而避免调整的设备可能太多这一问题，又可以充分利用优化技术的优点，如多条线路越限，各种约束的考虑等。反向等量配对是基于灵敏度的算法，不存在收敛性的问题，且计算速度很快，由此确定好有功可控机组后，用内点算法解决总调节量最小的优化问题。这样就很好地解决了优化算法和反向等量配对法各自存在的问题。

8.6.3　与 AGC 闭环控制

1. 向 AGC 提供校正控制策略

安全约束调度计算结果，满足以下情况时向 AGC 提供校正控制策略：

（1）取状态估计模型数据。

（2）取 AGC 可控机组信息。

（3）取 SCADA 断面限值。

（4）安全约束调度计算结束时间与获取的状态估计断面时间之差小于 3min。

（5）预警状态时可提供机组的灵敏度信息，紧急状态时可提供机组的调节量或灵敏度信息。

2. AGC 与安全约束调度的闭环方式

安全约束调度与 AGC 的闭环方式有“手动闭环”和“自动闭环”两种方式。

（1）手动闭环。若初始状态为“开环”，AGC 自动获取最新的安全约束调度结果。若调度人员查看后认为本次结果合理可用，则可设置为“手动闭环”，“手动闭环”一旦置上之后，AGC 则根据当时获取的安全约束调度结果进行闭环控制。

“手动闭环”期间，调度人员可查看新的安全约束调度结果是否合理可用，若可用，可通过触发获取新的安全约束调度结果用于控制；否则，将始终使用上次获取的安全约束调度结果。

“手动闭环”期间，若不需要闭环，则将其置为“开环”。

（2）自动闭环。在“自动闭环”模式下，AGC 自动获取最新的可用安全约束调度结果，用于控制。若不需要闭环，则将其置为“开环”，安全约束调度与 AGC 闭环流程如图 8－11 所示。

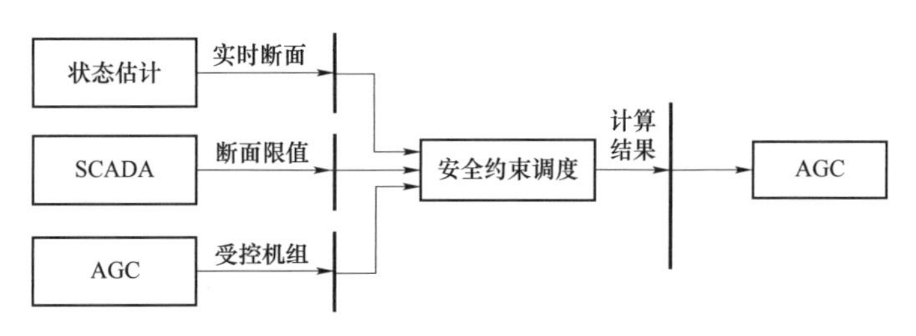

图 8－11　安全约束调度与 AGC 闭环流程

8.7　综合序列分析

综合序列分析是专门针对离线计算而设计的功能，方便调度运行人员开展分析研究，准确掌握电网运行状态变化情况。综合序列分析在设计模式上吸收了传统调度员潮流应用所有功能并进行了拓展，整合了网络分析所有计算功能，包括状态估计、潮流计算、静态安全分析、灵敏度分析、短路电流计算和安全约束调度等，支持计算资源的扩展，且通过系统管理实现多个资源的相互隔离，保证多人同时在线使用而相互不受影响，满足智能调度控制离线研究应用需求。综合序列分析通过对网络分析计算功能的整合，方便使用人员在同一个计算环境中完成计算任务，避免了在不同模块之间的应用切换，同时也避免不同模块之间基础数据信息的传递问题，提高了使用人员的便利性。综合序列分析完全继承于在线网络分析应用，使得使用人员能够在调度系统实时环境中更好地开展培训操作及模拟研究，通过对计算功能的拓展可以满足包括调度、自动化、保护等专业对电网分析的应用需求。

8.7.1 功能结构

综合序列分析主要应用于网络分析的离线计算，在功能实现上需要满足使用人员更多的个性化应用需求，包括数据断面、计算功能的选择、控制参数设置等，同时还要保证调度控制系统多个人员同时使用在线应用而相互不受影响。

对应于个性化应用需求，综合序列分析按照计算前、中、后方便应用原则设置功能，包括初始运行方式设置、计算参数设置、运行方式调整、典型方式保存、分析计算结果的综合展示，如图 8-12 所示。

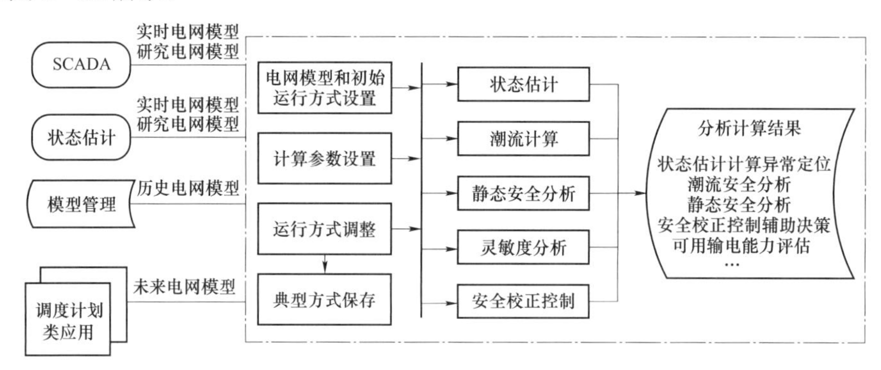

图 8-12　综合序列分析功能结构

对应于多个使用人员同时在线应用需求，综合序列分析功能按照多研究模式方式设置，建立多个研究模式形成计算资源池，通过系统配置方式实现工作站分配对综合序列分析资源的分配，不同工作站计算资源相独立，这样可以保证多个使用人员同时使用而相互不受影响，综合序列分析资源分配示意图如图 8-13 所示。

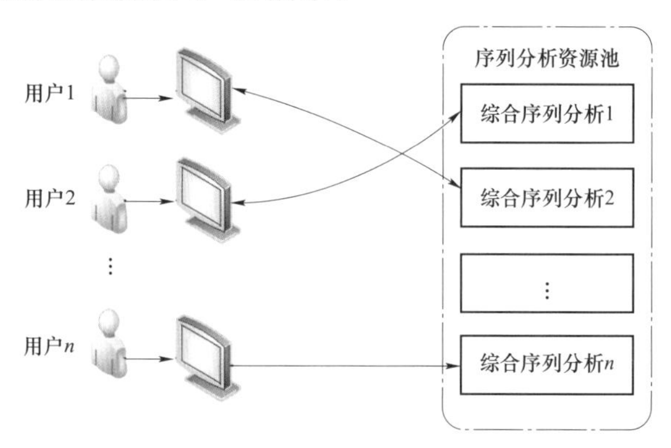

图 8-13　综合序列分析资源分配示意图

8.7.2 基本功能

1. 初始运行方式设置

主要实现综合序列分析所需基态模型和断面数据的获取，包括实时方式、历史方式和未来方式。

（1）实时方式。从状态估计直接获取电网实时运行结果，包含状态估计最新的计算结果及对应的模型。

（2）历史方式。从系统保存的历史数据库中获取电网历史运行断面数据及对应的历史模型，其中历史断面主要是由在线网络分析应用定期或人工触发保存的断面，也可以是使用人员在综合序列分析中保存的典型断面数据。

（3）未来方式。从系统/母线负荷预测、发电计划、设备检修计划研究相关计划数据，在实时数据断面的基础上生成未来方式断面数据。

2. 计算参数设置

主要实现离线分析计算所需各种参数的设置，包括：

（1）潮流计算参数。节点类型、收敛判据和平衡节点。

（2）设备限值参数。稳定断面、母线、发电机、线路、变压器等设备的安全约束限值。

（3）电网控制参数。可调发电机、可控负荷的调整系数和调整容量。

（4）预想故障集参数。参与静态安全分析扫描设备。

3. 运行方式调整

主要实现对实际电网运行方式变化的模拟操作，包括区域（运行分区）发电，负荷的调整，发电机、负荷功率的调整，设备的投退和开关的分合等。

4. 典型方式保存

主要实现对使用人员调整后典型运行方式保存。

5. 分析计算

主要对已设置的数据断面进行分析计算，计算功能包含了在线应用的所有功能，包括状态估计、潮流计算、静态安全分析、灵敏度分析、短路电流计算、可用输电容量计算和安全约束调度。

6. 结果展示

主要针对典型应用场景提供综合结果展示，方便使用人员快速查看到需要关注的信息。

8.8 应用说明

网络分析功能软件已成为电网调度控制系统必备模块，在实时态、培训态、事故反演态等多种场景中得到了应用，分别部署在调度系统的安全Ⅰ区、Ⅱ区和Ⅲ区，为调度系统各专业提供分析计算支撑，满足调度控制系统多种应用场景的需求。

在计算模式上提供了实时模式及研究模式。其中实时模式是在线周期计算，包括状态估计、在线潮流、静态安全分析、灵敏度分析、短路电流计算和安全约束调度等，通过获取电网最新数据断面进行各种运行情况的安全分析，计算结果已成为调度监视与控制的重要参考依据。研究模式是离线分析计算，主要通过综合序列分析实现，实际应用中通过人工选择计算断面及计算功能，从数据来源上较为灵活，可以取当前状态估计结果、历史保存 CASE 等进行计算分析；在功能选择上也更加方便，可以选择潮流计算、静态安全分析、灵敏度分析等功能，可以方便使用人员更多离线分析计算应用需求。

网络分析应用也已经实现了在电网调度控制系统安全Ⅲ区的应用，近一步拓展了网络分析应用范围，为电网调度控制系统包括调控、自动化、计划等专业提供网络分析计算服务。

网络分析的核心计算功能已实现服务化，包括潮流计算、安全校核、灵敏度分析、优化潮流计算等，目前已应用于电网调度控制系统的调度操作票校核、综合智能告警、自动电压控制、调度计划、调度员培训仿真等功能模块，为调度系统应用智能化提供了技术支撑。

网络分析软件目前已在国网、南网系统内以及国省地多个调度系统中部署应用，为电网的安全运行提供技术支撑。其中，状态估计已经成为电网调控系统必备模块，通过估计计算结果的反馈，已是系统运维人员进行数据问题校核及定位的重要参考依据；同时在以状态估计合格率指标为电网基础数据质量参考依据后，极大地提高了电网基础数据质量。潮流计算、静态安全分析、灵敏度分析、安全约束调度已实现在线计算，为调控系统提供的基态、$N-1$ 扫描、灵敏度分析的计算结果，已经成为调控运行人员监视的重要内容之一，为电网的安全运行保驾护航。

第9章 电网调度自动控制

频率和电压是电力系统运行的两大重要指标。自动发电控制（AGC）和自动电压控制（Automatic Voltage Control，AVC）是保证电网频率、电压质量和安全经济运行的重要技术手段。AGC通过控制区域内发电设备的有功功率，使本区域发电功率跟踪频率、负荷和联络线交换功率变化，以实现电力供需的实时平衡。AVC通过控制发电厂机组无功功率、变电站的无功补偿装置无功功率以及有载变压器分接头位置，实现电压安全优质、无功功率分布合理以及系统网损最小。随着我国特高压电网、交直流输电技术和新能源的快速发展，电网容量及规模的不断扩大，电网运行特性发生改变，对频率和电压的影响日益突出，对其控制技术也提出了更高的要求。

9.1 自动发电控制（AGC）

AGC是通过控制区域内发电设备的有功功率，使本区域发电功率跟踪频率、负荷和联络线交换功率变化，以实现电力供需的实时平衡。AGC主要实现下列目标：

（1）维持系统频率与额定值的偏差在允许的范围内。

（2）维持对外联络线净交换功率与计划值的偏差在允许的范围内。

（3）实现AGC性能监视、电厂控制器（Plant Controller，PLC）性能监视和PLC响应测试等功能。

随着我国特高压交直流混联电网的快速发展，以及大规模间歇性新能源的接入，电网结构和形态发生了剧烈变化，电网调度控制的复杂程度大大增加，电网频率、联络线功率控制对于电网安全、稳定、经济运行的意义越发重大，自动发电控制已经成为现代电网调度运行必备的手段之一。

本节主要介绍特高压交直流混联电网AGC相关的最新技术，包括互联电网多层级多区域协调控制技术、特高压联络线功率控制技术、大功率缺失下频率快速控制技术、新能源自动控制技术及AGC性能评价方法，这些功率控制技术和评价方法有力地支撑了特高压复杂大电网的频率和联络线功率控制，保障了大电网的安全稳定运行。

9.1.1 互联电网多层级多区域频率协同控制技术

互联电网控制区之间协调控制不仅可以有效地利用系统调节资源，减少运行成本，改善控制性能，在极端情况下，还可以提供备用紧急支援，有助于提高电网的稳定性和可靠性。目前国内外电网采用的区域间协同控制技术主要有如下几种：

1. 动态区域控制偏差技术

华东电网自2009年起实施动态区域控制偏差（Area Control Error，ACE），其主要功能是在外部直流联络线发生闭锁事故或电网内大机组跳闸后，程序根据采集的模拟量和动作判据，自动将功率损失量按一定的比例叠加至各控制区 ACE 中，修正后的 ACE 将引导各控制区共同承担该功率扰动的调节，实现频率的快速恢复。

2. 备用紧急支援技术

西北电网基于多直流、大送端的运行特点，研发了基于事件驱动的备用紧急功率支援技术。该技术以扰动事件为驱动主体，自动执行备用共享组内的联络线计划修正，基于扰动事件分类分析结果建立逻辑矩阵有效识别故障信息，分配过程考虑广义联络线和关键断面的控制要求，在大功率缺失故障下能够充分发挥区域电网备用优势，提升电网的安全稳定运行水平。

3. 控制区灵活组合控制技术

华北电网针对省级控制区在某些特殊运行时段存在备用不足的问题，提出省级控制区灵活组合控制架构和控制策略，在分中心 AGC 建立各省调控制区模型，省调实时上送电网实际备用信息，由分中心自由选择多个省级控制区参与组合控制，将参与组合控制控制区 ACE 叠加再分配下发，实现控制区备用的实时共享和紧急支援，同时减少控制区之间反向无谓调节。

4. 实体控制区联合

实体控制区联合技术是将多个（两个或两个以上）控制区联合在一起形成一个新的大控制区，调度业务集中到某一个区域的调度机构，或者另成立一个调度机构负责全网的有功平衡任务，该调度机构仍采用常规的计划编制方式和控制手段，只是调度管辖范围更大，可调用的资源更多，有利于实现资源更大范围内的优化调配。

5. ACE 差异性交换

ACE 差异性交换（ACE Diversity Interchange，ADI）主要是利用实时运行中互联电网内各区域 ACE 符号的差异性。欧洲电网采用的不平衡量结算方法的具体执行思路类似于 ADI，包括每 5min 内执行一次安全约束经济调度。需要说明的是，在国外电力市场环境下，ADI 并不是一个强制性的控制策略，而是一种事前约定的区域电力电量交易，并不要求所有区域都参加。

6. 动态计划

动态计划是北美电网中使用最为广泛的实时协同控制技术，对于渗透率高的控制区而言，使用目的就是将其他控制区的资源用于解决自身控制区内的间歇性波动问题，实现方式为短时间内修改联络线计划，即修改各控制区原先的 ACE 值，将调节责任转移。该方法倾向于省调与邻区域进行协商可以修改的计划值（相当于购买二次调频辅助服务），这样改变 ACE 后的控制区需要继续执行各项标准的考核。

9.1.2 特高压交流联络线功率控制技术

1. 特高压交流联络线波动机理

结合华北—华中特高压交流互联实际情况，用图 9-1 所示的两区域互联电网来研究联络线功率偏差与区域电网 ACE 的关系。

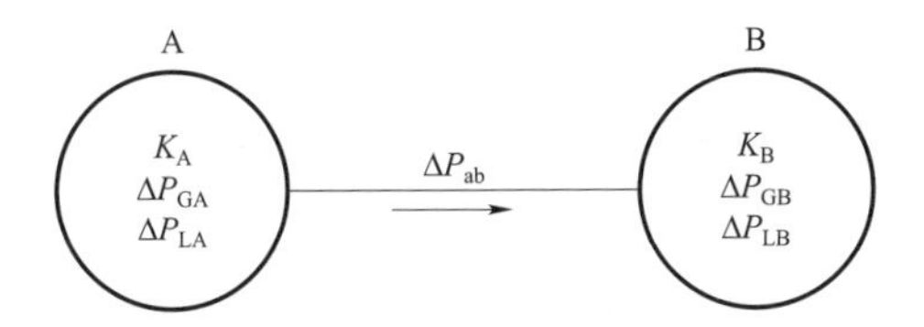

图 9－1　两区域互联电网

图 9－1 中，K_A、K_B 分别为区域 A、B 的自然频率特性系数，A、B 两区域中发电出力增量分别为 ΔP_{GA} 和 ΔP_{GB}，负荷增量分别为 ΔP_{LA} 和 ΔP_{LB}，联络线上的交换功率增量为 ΔP_{ab}（由 A 向 B 流动时为正值），则有

$$\Delta P_{GA} - \Delta P_{LA} - \Delta P_{ab} = K_A \times \Delta f \tag{9-1}$$

$$\Delta P_{GB} - \Delta P_{LB} + \Delta P_{ab} = K_B \times \Delta f \tag{9-2}$$

令 $K_\Sigma = K_A + K_B$，则有

$$\Delta f = \left[(\Delta P_{GA} - \Delta P_{LA}) + (\Delta P_{GB} - \Delta P_{LB})\right] / K_\Sigma \tag{9-3}$$

$$\Delta P_{ab} = \left[K_A(\Delta P_{LB} - \Delta P_{GB}) - K_B(\Delta P_{LA} - \Delta P_{GA})\right] / K_\Sigma \tag{9-4}$$

A、B 两区域的 ACE 分别定义为

$$\mathrm{ACE}_A = K_A \Delta f + \Delta P_{ab},\quad \mathrm{ACE}_B = K_B \Delta f - \Delta P_{ab} \tag{9-5}$$

将 Δf 和 ΔP_{ab} 代入上式，得

$$\mathrm{ACE}_A = \Delta P_{GA} - \Delta P_{LA},\quad \mathrm{ACE}_B = \Delta P_{GB} - \Delta P_{LB} \tag{9-6}$$

式（9－5）反映 ACE 计算公式虽然包含了 Δf 和 ΔP 两个分量，但实质上反映的是本区域的有功不平衡量。

将式（9－6）代入式（9－4），得到

$$\Delta P_{ab} = (K_B / K_\Sigma)\mathrm{ACE}_A - (K_A / K_\Sigma)\mathrm{ACE}_B \tag{9-7}$$

从叠加原理上理解，ACE_A 引起联络线的波动分量为 $(K_B / K_\Sigma)\mathrm{ACE}_A$，$\mathrm{ACE}_B$ 引起联络线的波动分量为 $-(K_A / K_\Sigma)\mathrm{ACE}_B$。

将图 9－1 中连接 A、B 两个区域的线段 AB 看作是华北和华中电网的特高压交流联络线，即 $\Delta P_T = \Delta P_{ab}$，则 ACE_A 和 ACE_B 分别表示特高压联络线华北侧和华中侧的 ACE。从式（9－7）可以看出，联络线交换功率偏差是由华北电网 ACE_A 和华中电网 ACE_B 共同决定的，并且 ACE_A 和 ACE_B 对联络线交换功率的影响是不同的，在等量的有功扰动下，K 值小的区域对联络线输送功率的影响更大。

2. 特高压交流联络线分省协调控制策略

如上所述，为了有效抑制“长治—南阳—荆门”特高压交流联络线功率波动，保障华中—华北同步电网安全稳定运行，必须对华北、华中区域电网每个控制区的 ACE 进行有效控制，涉及华中、华北电力调度控制分中心（以下简称“分中心”）及调管范围内的各省（市）级电力调度控制中心（以下简称“省调”）两级调度和多个控制区。

（1）分中心 AGC 控制策略。

只要各省调控制区具备足够的调节能力，实现本省发用电负荷的就地平衡，分中心直调电厂可以按发电计划运行，只有在特高压联络线功率大幅波动等紧急情况下才参与调整。分中心AGC控制策略主要包括：

1）省调控制区调节能力不足时的支援。分中心控制区AGC支援可以加快特高压联络线的功率恢复，但在省调恢复有功平衡后，分中心AGC支援量要及时“回吐”，以免造成新的有功不平衡。

2）区域电网外部扰动时的支援。当国调直调电厂、跨区直流线路发生有功扰动时，各省调在TBC控制模式下无法正确响应联络线功率偏差，此时分中心AGC主动进行功率控制。

（2）省调AGC控制策略。

省调控制区通过提高AGC机组调节能力，保证AGC机组具备足够的调节容量和调节速度，将控制区ACE控制在零附近，避免区内有功扰动波及特高压联络线。为进一步抑制联络线功率波动，省调控制区可以采用以下策略：

1）用超短期负荷预测做好功率实时平衡。利用超短期负荷预测实现AGC的超前控制，减少AGC的滞后控制，减小区域ACE的波动。

2）抑制省调对特高压联络线波动的不利调节。当特高压联络线偏差超过设定门槛时，各省控制区禁止做出恶化特高压联络线功率波动的调整。

（3）分省两级协调控制策略。

由分中心统筹各个省调共同分担特高压联络线偏差量。将特高压联络线功率偏差量按各区域频率特性系数进行分配，作为各省控制区的ACE附加分量，叠加在原TBC模式ACE计算结果上，各省控制区在调节ACE的同时，有助于特高压联络线交换功率尽快恢复至计划值。本策略要求分中心主站系统具备向各省调下发ACE或ACE附加分量的功能，省调具备接受分中心实时下发值并将其引入AGC系统进行修正控制的功能。

9.1.3 大功率缺失下电网频率快速控制技术

当大功率区外来电失去或大功率机组跳闸时，送受电计划无法自动实时调整，手动修改计划不能满足频率快速恢复要求，区域电网可以采用动态ACE技术通过动态修改省间计划交换功率，通过全网备用共享支撑电网频率的快速恢复。

省网在紧急工况下需及时识别扰动信息并充分发挥自身调节优势，促进频率快速恢复，同时保证控制周期内控制性能指标满足要求。主要策略是首先根据事故损失功率的大小，分中心通过判断联络线或机组跳闸损失功率、频率及频率变化率自动触发的控制策略和考核标准，省网则通过损失功率大小、频率和频率变化率判断电网发生扰动，同时利用ACE与频率偏差的方向，定位扰动所处控制区。当ACE与频率偏差同向时，可定位扰动发生在本区域内，本区域对扰动调节有责任。

当电网发生了大功率缺少扰动，省网需要针对损失功率不同满足不同的控制标准要求。当动态ACE启动时，需要满足扰动控制性能评价标准（Disturb Control Standard，DCS）的要求，在扰动发生15min后ACE恢复至0或故障前ACE数值。对于动态ACE未启动的其他扰动，需要满足控制性能评价标准（Control Performance Standard，CPS）要求，考核周期内至少满足 CPS2 要求，即 ACE10min 平均值小于 L_{10}，由此得到扰动后省网所需统计周期内的备用容量和速率容量要求。

省网 AGC 实时监视电网运行工况、区域调节需求和 AGC 可调备用容量，当功率缺失扰动引起 AGC 调节能力不足时，基于备用容量要求和速率要求，自动选择“可转换”的计划模式机组转入调节模式，为 AGC 提供调节能力支援。

执行控制模式转换支援电网频率快速调节，同时通过 AGC 控制策略优化，将调节过程分为功率支援和备用恢复两个阶段：

（1）扰动发生后，采用比例分担策略，所有机组按照最大步长快速出力调节，支援频率和功率恢复。

（2）扰动消除后，采用优先级分配策略，对调节模式和缓冲机组分组，调节模式机组优先下调或承担较多的下调容量，使调节模式机组容量复归。

两阶段调节过程结束后，通过实时发电计划环节滚动修正，实现不同类型机组间备用容量的有效置换，解决后续时段的 AGC 备用不足的问题。

9.1.4　互联电网控制性能评价方法

1. 新型区域控制性能评价方法——BAAL 标准

北美电力可靠性委员会（North American Electric Reliability Council，NERC）于 2004 年发现 CPS 标准在实施过程中存在的一些缺陷之后，提出平衡监管区区域控制偏差限制（Balancing Authority ACE Limit，BAAL）标准的设计思路，并开始对相关有功平衡控制性能评价标准集进行完善。经过十余年的发展，NERC 于 2016 年开始正式施行 BAAL 考核指标，替换原控制性能标准中的 CPS2 考核指标。BAAL 标准的具体内容是要求每一个控制区域的 ACE 在一定的时间范围内不能连续超过某一限值，其实质是限制互联电网频率波动的连续越限时间。

BAAL 标准要求控制区域 ACE 的 1min 均值不能够连续 30min 都超过某一限值，该限值由实际频率和计划频率之间的大小关系决定。

（1）当实际频率高于计划频率时，有

$$E_{\mathrm{ACE,1\,min}}^{i} \leqslant L_{\mathrm{BAAL,High}} \tag{9-8}$$

$$L_{\mathrm{BAAL,High}} = [-10B_i \cdot (F_{\mathrm{FTL,High}} - F_{\mathrm{s}})] \cdot \frac{F_{\mathrm{FTL,High}} - F_{\mathrm{s}}}{F_{\mathrm{A}} - F_{\mathrm{s}}} \tag{9-9}$$

（2）当实际频率低于计划频率时，有

$$E_{\mathrm{ACE,1\,min}}^{i} \geqslant L_{\mathrm{BAAL,Low}} \tag{9-10}$$

$$L_{\mathrm{BAAL,Low}} = [-10B_i \cdot (F_{\mathrm{FTL,Low}} - F_{\mathrm{s}})] \cdot \frac{F_{\mathrm{FTL,Low}} - F_{\mathrm{s}}}{F_{\mathrm{A}} - F_{\mathrm{s}}} \tag{9-11}$$

式中：$L_{\mathrm{BAAL,High}}$ 和 $L_{\mathrm{BAAL,Low}}$ 分别为实际频率高于和低于计划频率时的 ACE 限值；F_{A} 为实际频率；F_{s} 为计划频率；$F_{\mathrm{FTL,Low}}$ 为低频率触发限值；$F_{\mathrm{FTL,High}}$ 为高频率触发限值。

根据标准的定义，可用图 9－2 中一组双曲线表示某一区域的 BAAL 限值，图中 3 组曲线分别代表 BAAL 标准约束的三个区域 ACE 的下限值（上限值）。

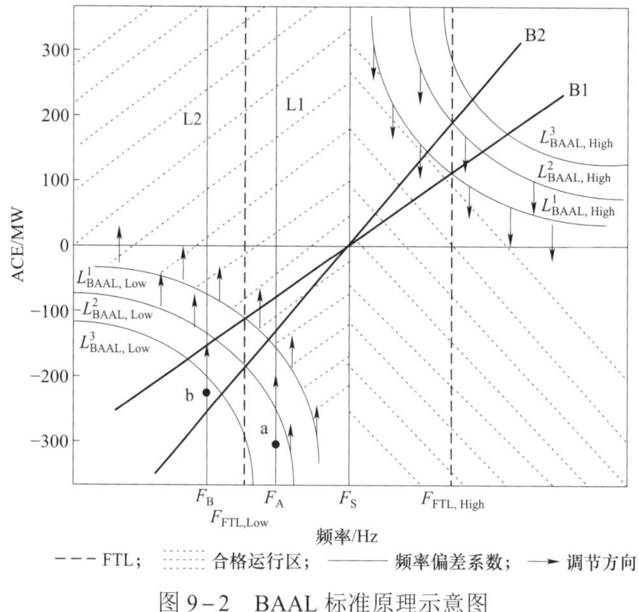

图 9－2　BAAL 标准原理示意图

在考核过程中，区域 ACE 连续 30min 不满足式（9－8）或式（9－10）即为违反标准要求，根据连续越限时间的长短，可将违反程度分为不同的等级，见表 9－1。

表 9－1　　BAAL 标准违反等级的规定

违规等级	违 规 条 件
初级	控制区域 ACE 的 1min 均值连续超过 BAAL 限值的为 30～45min
中级	控制区域 ACE 的 1min 均值连续超过 BAAL 限值的时间为 45～60min
高级	控制区域 ACE 的 1min 均值连续超过 BAAL 限值的时间为 60～75min
超高级	控制区域 ACE 的 1min 均值连续超过 BAAL 限值的时间大于 75min

2. 特高压联络线功率控制评价标准

华北和华中电网经特高压交流输电线路联网后，两个区域电网的有功功率控制效果体现在特高压联络线功率偏差 ΔP 和频率偏差 Δf 上。由于特高压联络线电压稳定的需要，需要对特高压联络线上的功率波动进行限制。因此，国调中心颁布了特高压联络线功率控制性能评价标准（T 标准），以此来指导和评价华北、华中两大区域的 AGC 控制。T 标准包括 I 类控制性能标准（简称 T1 标准）和 II 类控制性能标准（简称 T2 标准，与 CPS2 标准类似）。

T1 标准要求区域 i 在任一时间段内始终满足

$$\mathrm{AVG}\left(\frac{2K_r}{K_\Sigma}\mathrm{ACE}_{i\text{-}1\text{-}\min}\Delta P_{\mathrm{T}\text{-}1\text{-}\min}\right)\leqslant L_{\mathrm{T}}^2 \tag{9-12}$$

式中：$\mathrm{ACE}_{i\text{-}1\text{-}\min}$ 为 1min 的 ACE_i 平均值；$\Delta P_{\mathrm{T}\text{-}1\text{-}\min}$ 为 1min 的 ΔP_{T} 平均值；L_{T} 为区域 i 对外净交换功率的控制精度。

区域 i 的 T1 指标的计算公式为

$$\mathrm{T1}_i = (2 - \mathrm{CF}_i) \times 100\% \tag{9-13}$$

式中：CF_i称为一致性因子，各时段CF_i的统计公式为

$$\mathrm{CF}_i = \mathrm{AVG}\left(\frac{2K_r}{K_\Sigma}\mathrm{ACE}_{i-1-\min}\Delta P_{\mathrm{T}-1-\min}\right) / L_{\mathrm{T}}^2 \tag{9-14}$$

通过上述定义，可得到1min的T1统计公式。

T2标准与CPS2标准相同，要求区域i在10min内ACE平均值的绝对值应控制在规定的范围L_{10}之内，L_{10}的取值同CPS2标准，即

$$\left|\mathrm{AVG}_{10-\min}(\mathrm{ACE}_i)\right| \leqslant L_{10} \tag{9-15}$$

9.1.5　新能源有功自动控制技术

由于新能源功率天然具有的随机性和波动性，大规模集中并网给电网的调峰调频、联络线控制、系统暂态稳定等诸多方面带来影响，给电网的安全稳定运行带来新的挑战。新能源有功自动控制技术是在满足电网网络安全约束的前提下，通过控制调度区域内新能源场站的有功出力使得场站的出力跟随计划或维持输送断面的运行安全，实现新能源的平稳消纳，其控制目标主要有：

（1）保证新能源输送断面不越限。

（2）协助常规机组进行电网调峰。

（3）协助常规AGC进行辅助调频。

新能源自动发电控制技术支持多控制区同时控制，每个控制区都可以选择不同的控制方式，常用的控制方式主要有：

（1）人工设点。采用人工设点方式时，控制区的控制目标则来自调度运行人员输入的设定值，控制偏差则为控制目标与实际出力之差。

（2）频率控制。采用频率控制方式时，控制区的控制偏差来自频率偏差。

（3）调峰控制。为提高电网的调峰能力，使电网在保证安全、稳定运行的前提下尽可能接纳新能源发电，调峰控制方式下新能源发电指标（调节需求）根据火电机组的下旋转备用适时调整。

（4）断面控制。采用断面控制时，控制区的控制偏差来自于该控制区的所监视断面的实际潮流与断面限值之间的偏差。

（5）协调控制。协调控制方式下控制偏差来自于常规AGC发送至新能源有功自动控制系统的协调控制偏差。

新能源有功控制在实施时，需要考虑新能源场站与常规电源的物理特性差异，设计针对性的控制策略，主要包括以下两项关键技术。

1. 内部断面约束及校正控制技术

在实施新能源有功自动控制时，无论新能源控制系统采用何种控制模式与何种分配策略，均需首先保证区域内部断面的安全与稳定。区域内部断面有可能为独立输电线路，也有可能为大规模新能源送出的树状、多层嵌套断面。实现断面分层控制，同时对多个断面进行有功控制，满足多个断面的安全约束。当底层断面受限，而全网对新能源还有接纳空间时，要将该断面受限出力转移给全网其他有送出空间的断面，避免不必要的限电，同时保证各层断面都在安全限

值内运行。通过对各新能源场站的指令进行多次计算，保证新能源场站最终的指令值即能满足所有相关断面的安全约束，又能避免新能源场站不必要的限电，提升全网对新能源的接纳能力。

2. 跟踪响应监视与发电指标转移技术

新能源场站由于风、光资源的原因不具备上调的能力时，通过监视新能源场站响应控制指令的情况，自动修改这些新能源场站的控制目标值，并将这部分上调空间转移给具备上调能力的新能源场站，允许发电能力暂时较强或调节性能优秀的场站先占用送出空间，待发电能力或性能次之的场站具备能力时，再让出空间。

9.1.6 应用说明

上述相关技术已经应用于电网调度控制系统自动发电控制软件中，在国家电网范围内的区域电网和绝大多数省级电网得到实际应用，标志了我国的频率控制水平达到了一个新的技术高度。

1. 在华东电网的应用

华东电网是一个多直流馈入的大受端电网。多层级多区域频率协同控制技术、大功率缺失下电网频率的快速控制技术以及互联电网控制性能评价方法在华东电网得到了实际应用，有力支撑了华东电网的频率安全控制。

2. 在华北、华中电网的应用

华北和华中电网是通过特高压交流互联的大电网。多层级多区域频率协同控制技术、特高压交流联络线功率控制技术以及互联电网控制性能评价方法在华北—华中特高压互联电网得到了实际应用，有力保障了“长治—荆门”特高压联络线的运行安全。

3. 在西北电网的应用

西北电网是典型的新能源高占比电网，地域广阔且调频资源有限，电网调频压力巨大。多层级多区域频率协同控制技术、新能源有功自动控制技术以及互联电网控制性能评价方法在西北电网得到了实际应用，有力促进了新能源的大规模接入和跨区跨省安全消纳。

9.2 自动电压控制

电压与无功功率关系密切，对电力系统的电压控制主要是通过控制无功功率的产生、流动和消耗来实现的。电网容量的不断增大，超高压远距离输电以及日负荷的较大变动，对电网的电压无功控制提出了更高的要求。实现电网内合理的无功电压分布，不仅可以提高电压质量和系统的安全运行水平，而且可以有效降低电网网络损耗。

随着电网的快速发展，现有电压控制机制已难以满足电网安全、优质和经济运行的要求，需要在继续增加本地无功资源，提高电压控制能力的同时，建设 AVC 控制系统，完善对电网无功电压的综合决策、调度和管理，优化调度现有的无功电压调控资源，提高系统满足电能质量、电网安全和经济运行等要求的能力，减轻计划、调度和运行人员的工作量，提高电网调度自动化水平。

自动电压控制技术首先在法国、意大利、比利时、西班牙、罗马尼亚等欧洲国家得到了成功应用。国外已经实施的电压控制项目（法国、意大利等）为我国的无功电压控制项目的实施提供了宝贵的经验和范例。国内从 2000 年开始，在多个网省级及地区级电网成功实施自动电压控制系统应用。

9.2.1　基于分区的三级控制结构

结合我国的分级调度管理机制以及无功电压区域分布特性，在网、省、地各级调度控制中心内部，一般按分区原则进行电压控制，并采取分区协调与全网优化相结合的无功电压三级协调控制模式：

（1）第一级控制由 AVC 子站实现，通过协调控制本厂站内的无功电压设备，满足第二级控制给出的厂站控制指令。

（2）第二级控制进行分区协调控制决策，通过控制本分区内的无功电压设备，给出各厂站的控制指令，将中枢母线电压和重要联络线无功控制在设定值，保证分区内母线电压合格和足够的无功储备。

（3）第三级控制进行全网在线无功优化，通过全局优化给出各分区中枢母线电压和重要联络线无功的设定值，供第二级控制使用。

第三级控制和第二级控制由 AVC 主站实现。

基于无功电压三级协调控制模式，网调、省调以及地调主站 AVC 具有相似的控制结构，其功能部署如图 9－3 所示。

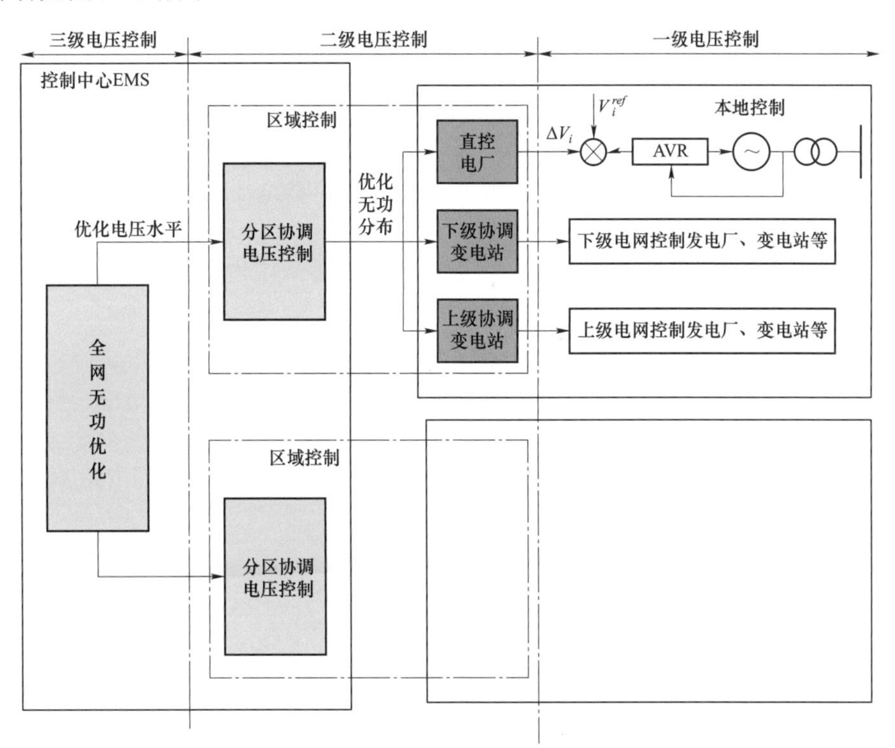

图 9－3　网省地调度功能部署示意图

9.2.2 网省级自动电压控制

1. 第三级电压控制

三级电压控制作为自动电压控制系统的最高层，担负着为系统提供全网优化方案的决策任务。它以全系统的经济运行为优化目标，综合考虑安全性指标，给出中枢母线电压幅值的设定参考值，供二级电压控制使用。三级电压控制采用最优潮流实现，其优化模型可以写成式（9－16）

$$\min f = P_{\mathrm{Loss}} = \sum_{(i,j)\in NL}(P_{ij}+P_{ji}) \tag{9-16}$$

满足如下约束，式（9－17）～式（9－20）

$$h(x)=\begin{cases} P_{\mathrm{G}i}-P_{\mathrm{D}i}=V_i\sum_{j\in I}V_j(G_{ij}\cos\theta_{ij}+B_{ij}\sin\theta_{ij}) \\ Q_{\mathrm{G}i}-Q_{\mathrm{D}i}=V_i\sum_{j\in I}V_j(G_{ij}\sin\theta_{ij}-B_{ij}\cos\theta_{ij}) \\ i=1,\cdots,NB \qquad \theta_{\mathrm{s}}=0 \end{cases} \tag{9-17}$$

$$Q_{\mathrm{G}i}^{\min}\leqslant Q_{\mathrm{G}i}\leqslant Q_{\mathrm{G}i}^{\max} \qquad i=1,\cdots,NQG \tag{9-18}$$

$$t_k^{\min}\leqslant t_k\leqslant t_k^{\max} \qquad k=1,\cdots,NT \tag{9-19}$$

$$V_i^{\min}\leqslant V_i\leqslant V_i^{\max} \qquad i=1,\cdots,NB \tag{9-20}$$

式中：$h(x)$ 为潮流方程；$Q_{\mathrm{G}i}^{\min}$、$Q_{\mathrm{G}i}^{\max}$ 为无功电源出力上、下限；$V_i^{\min}$、$V_i^{\max}$ 为母线电压的上、下限；$t_k^{\min}$、$t_k^{\max}$ 为变压器分头挡位的上、下限。该模型体现的控制策略是寻求满足无功电压约束下的全网网损最小的最优运行方式。

2. 第二级电压控制

二级电压控制在整个分级控制模型中承上启下，是重要的一环。它的主要任务是以某种协调的方式重新设置区域内各自动电压调节器（一级电压控制）的参考值或设定值，以达到系统范围内的良好运行性能。二级电压控制采用协调二级电压控制（Coordinated Secondary Voltage Control，CSVC）进行分区优化。

在二级电压控制中，由于发电机数目大于中枢母线数目，因此除了保证中枢母线电压偏差最小之外，还可以有一定的控制自由度。利用这个自由度实现其他的协调目标。目前在法国应用的 CSVC 以发电机机端电压调整量 ΔV_{g} 作为控制变量，在满足一系列的安全约束的前提下，求解如下目标函数的二次规划问题，见式（9－21）

$$\begin{aligned}\min\Big\{&\lambda_{\mathrm{v}}\left\|\alpha(V_{\mathrm{p}}^{\mathrm{ref}}-V_{\mathrm{p}})-C_{\mathrm{v}}\Delta V_{\mathrm{g}}\right\|^2+\\ &\lambda_{\mathrm{q}}\left\|\alpha(Q_{\mathrm{g}}^{\mathrm{ref}}-Q_{\mathrm{g}})-C_{\mathrm{q}}\Delta V_{\mathrm{g}}\right\|^2+\\ &\lambda_{\mathrm{u}}\left\|\alpha(V_{\mathrm{g}}^{\mathrm{ref}}-V_{\mathrm{g}})-\Delta V_{\mathrm{g}}\right\|^2\Big\}\end{aligned} \tag{9-21}$$

式中：α 为控制增益；V_{g} 为发电机机端电压；ΔV_{g} 为发电机机端电压的调整量，也就是所谓的控制命令；V_{p} 为中枢母线电压；$V_{\mathrm{p}}^{\mathrm{ref}}$、$Q_{\mathrm{g}}^{\mathrm{ref}}$ 和 $V_{\mathrm{g}}^{\mathrm{ref}}$ 分别为中枢母线电压、发电机无功出力和

发电机机端电压的设定值；λ_u、λ_v 和 λ_q 为目标函数各个分量的权重；C_v、C_q 为相应的灵敏度矩阵。

考虑以下约束条件，式（9-22）

$$
\begin{aligned}
&|\Delta U| \leqslant \Delta U_{\max} \\
&V_{\mathrm{ps\,min}} \leqslant V_{\mathrm{ps}} + C_{\mathrm{vs}}\Delta U \leqslant V_{\mathrm{ps\,max}} \\
&V_{\mathrm{THT\,min}} \leqslant V_{\mathrm{THT}} + C_v\Delta U \leqslant V_{\mathrm{THT\,max}} \\
&a(Q + C_q\Delta U) + b\Delta U \leqslant c
\end{aligned}
\tag{9-22}
$$

第一个约束表示发电机机端电压的单次调节量小于允许的单次最大调节量，第二个约束和第三个约束表示控制之后中枢节点电压及发电机高压侧电压不越界，第四个约束表示发电机运行在（P，Q，U）极限之内。

类似的还有其他协调电压控制方案。仿真研究和现场应用表明，协调二级电压控制取得了很好的控制效果。

9.2.3　地县级电网自动电压控制

当前我国地区电网主要以 220kV（或 330kV）母线为根节点辐射型树状运行，地区电网运行示意图如图 9-4 所示。

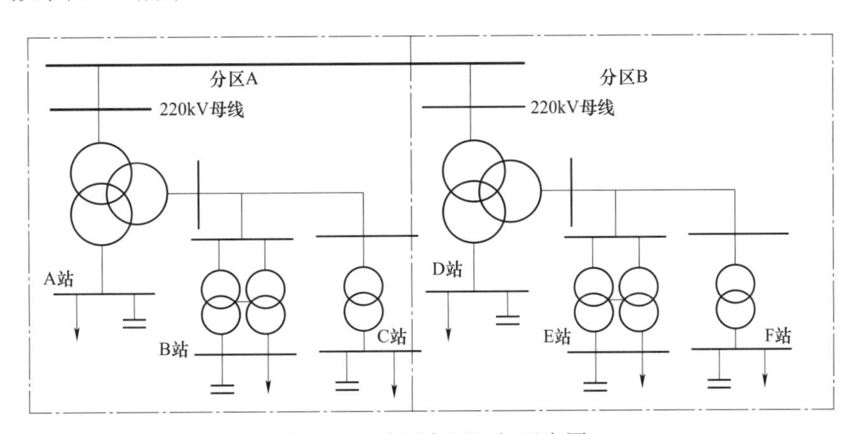

图 9-4　地区电网运行示意图

不同于网省级电网，地县级电网内不含或少含电源点，电压无功控制手段主要是电容器和变压器分接头，是离散变量的调节，并且每天有调节次数的限制。另外，地区电网直接面向电力用户，其电压无功控制主要目标是提高 10kV 母线的电压合格率和关口变压器的功率因数，其次是减少不合理的无功流动以降低网损。因此，地县级电网自动电压控制在控制策略计算方面与网省级电网 AVC 有较大区别。

1. 适应地区电网特点的动态分区

根据无功平衡的局域性和分散性，AVC 对地区电网电压无功分层分区控制，使自动控制在空间上解耦。

AVC 分层分区根据网络拓扑实时跟踪方式变化，以 220kV 枢纽变电站为中心，将整个电网分成若干个无功电压电气耦合度较弱的区域电网，具体方法是：

（1）在网络模型基础上，AVC运行时根据SCADA遥信信息，进行网络拓扑，自动识别电网运行方式。

（2）分区具备容错功能，即动态分区通过遥信预处理自我校验，防止因开关位置错误或其他因素造成的分区和连接关系错误。

（3）多个分区并行处理，计算时间对电网规模不敏感，保证大规模电网分析计算实时性。

2. 分区无功优化

根据地区电网特点，分区无功优化以控制分区为对象进行优化计算，具有以下优势：

（1）可降低对全网量测精确度及全网状态估计合格率的依赖，避免因部分分区量测质量差和参数不准确而影响全网数据断面。

（2）减小计算模型，降低计算规模，提高运算速度。

分区无功优化数学模型与网省级优化模型类似，但含有较多的整数变量，是一个混合整数的、具有等式和不等式约束的非线性规划问题。可采用的求解算法包括遗传算法等组合优化算法或者先连续优化、再规整处理的分支定界法。

3. 分区协调控制

分区协调控制基于稳态监控实时数据和基于灵敏度规则生成控制策略。以电压合格、无功流动最小以及动作次数最少等为目标，按灵敏度从高到低依次选取设备进行操作。

（1）分区电压控制。

AVC根据电网电压无功分布空间分布状态自动选择控制模式并使各种控制模式自适应协调配合，实现全网优化电压调节。

1）区域电压控制。区域群体电压水平受区域枢纽厂站无功设备控制影响，是区域整体无功平衡的结果。结合实时灵敏度分析和自适应区域嵌套划分确定区域枢纽厂站，并以尽可能少的控制设备调节次数，使最大范围内电压合格或提高群体电压水平，实现区域电压控制的优化。

2）就地电压控制。根据实时灵敏度分析，就地无功设备控制能够最快、最有效地校正当地电压，消除电压越限。当某厂站电压越限时，启动该厂站内无功设备调节。该厂站内变压器和电容器按九区图基本规则分时段协调配合，实现电压无功综合优化。

3）电压控制协调。根据电网电压无功空间分布状态自动选择控制模式，控制模式优先顺序为“区域电压控制”大于“电压校正控制”。区域电压偏低（高）时采用“区域电压控制”，仅个别厂站母线越限时采用“电压校正控制”，自适应给出合理的全网电压优化调节措施。

（2）分区无功控制。

1）区域无功控制。AVC控制仅仅使电网无功在关口满足功率因数要求、达到平衡是远远不够的。为实现全网无功优化控制，必须在尽可能小区域范围内使无功就地平衡。通过实时潮流灵敏度优化分析计算决定投切无功补偿装置，尽量减少线路上无功流动，降低线损并调节有关电压目标值。

2）区域无功不足（欠补）时，根据实时灵敏度分析从补偿降损效益最佳厂站开始寻找可投入无功设备。

3）区域无功过补（富余），使区域无功倒流时，如果该区域不允许无功倒流，根据实时潮流灵敏度分析，从该区域校正无功越限最灵敏厂站开始寻找可切除无功设备，消除无功越限。

4）同一厂站无功设备循环投切，均匀分配动作次数。

5）电容器等无功补偿装置的无功出力是非连续变化的，由于无功负荷变化及电容器容量配置等原因，实际运行中无功不可能完全满足就地或分层分区平衡，在保证区域关口无功不倒流的前提下，区域内电网各厂站之间无功可以倒送，使无功在尽可能小区域内平衡，优化网损。

6）投入或切除无功设备可能使电压越限时，考虑控制组合动作，如投入电容器时预先调整主变分接头，使控制后电压仍然在合格范围内，但减少了线路无功传输。

9.2.4　新能源无功电压控制

近年来，我国新能源发电规模日益加大，其并网方式主要分为分散和集群两种方式，对电网运行特性的影响存在较大差异。分散模式主要通过 110kV 及以下电网并网，一般接近负荷并就地消纳，其无功电压控制相对独立简单，只影响局部区域电网的运行。我国大规模新能源基地一般远离负荷区，多采取集中并入高压输电网，这种集群模式并网规模比重较大，在合理利用区域集中风力/光伏等资源的同时，也对电网运行带来新的问题。

1. 新能源集群控制模式

大规模新能源主要通过 220kV（或 330kV）升压站汇集并入电网，从电网角度看，升压站可等值为出力波动较大的“发电厂”。由于有功出力的波动以及不具备类似机端 AVR 装置的快速无功支撑能力，随着接入规模的扩大，升压站的电压波动易引起接入区域甚至全网的电压波动。

在全网自动电压控制（AVC）控制框架中，汇集站一般等值为出力波动较大的“发电厂”。该“发电厂”由具有公共汇集点的新能源场群构成，其典型拓扑接线方式如图 9－5 所示，新能源集群电压控制对象是以汇集站为根节点的汇集网络，采用基于“机—场—群”多级控制模式实现无功电压协调控制。

2. 集群多级协调控制策略

集群电压控制是一个多目标、多对象的复杂控制过程，需要在时间尺度和空间分布上进行多层级协调。

（1）多目标。

综合新能源的随机性和波动性的固有特性，规模化集群并网模式以及汇集网络的电网结构薄弱性，集群电压控制主要考虑如下目标：

1）越限快速校正。应具备快速调节手段应对新能源发电的间歇性波动，能应对电压越限并快速校正。

2）电压安全。各母线电压应满足约束，特别是风电场、光伏电站低压侧母线电压直接影响风电机组、光伏逆变器能否稳定并网运行。

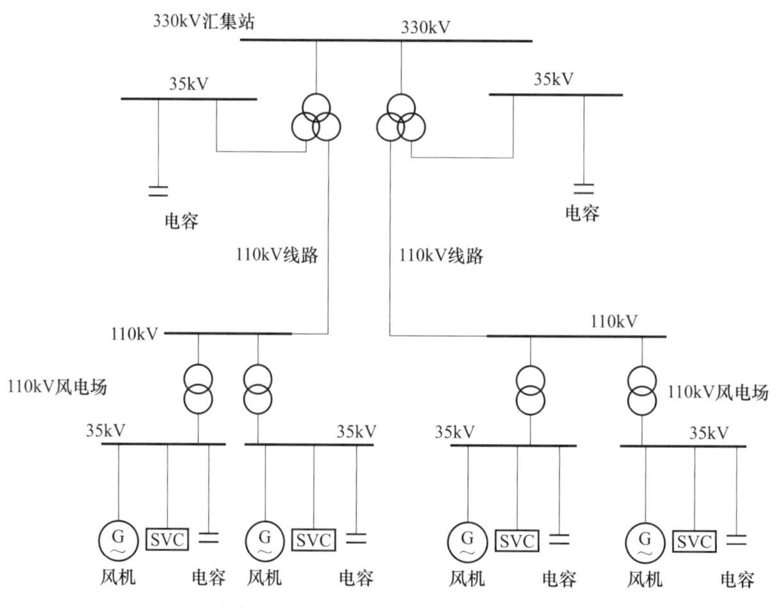

图 9-5 新能源集群接线示意图

3）动态无功储备优化。应尽可能预留动态无功储备，应对新能源发电有功快速爬升或快速跌落等情况。

（2）多对象。

新能源集群及其汇集网络可调无功设备主要包括风电机组、光伏逆变器、并联电容器/电抗器、SVC/SVG、主变分接头等，不同设备的无功电压控制特性和能力差异很大，在连续/离散调节特性、动作周期、动作代价等方面均存在极大的差异。

（3）多层级协调。

结合控制对象的不同无功电压时间尺度响应特性，将“机—场—群”多层级协调控制分解，如图 9-6 所示。

从图 9-6 中可以看出，集群系统电压控制可以分为两个层次：

1）一次调压。利用 SVC/SVG 的连续快速调节能力，抑制风电/光伏快速变化引起的电压波动，其作用类似常规机组的 AVR 装置，保持风电场/光伏电站内馈入母线电压稳定控制周期为毫秒级。

2）二次调压。由集群主站和风电场/光伏电站子站协同完成，其目标是保证集群整体的安全经济运行，包括电压安全、动态无功储备优化及跟踪电网调度指令等。二次调压考虑各无功设备空间分布以及时序配合，在线更新电压优化设定值，调整新能源场内无功出力，普遍采用定周期方式。

与常规电网相比，新能源集群电压控制其主要特点在于其控制的快速性，因此上述多级协调控制的关键包括以下几个方面：

① SVC 或 SVG 采取恒电压运行方式。抑制风电/光伏快速变化引起的电压波动，降低新能源出力大发、线路重载工况下的电压波动。

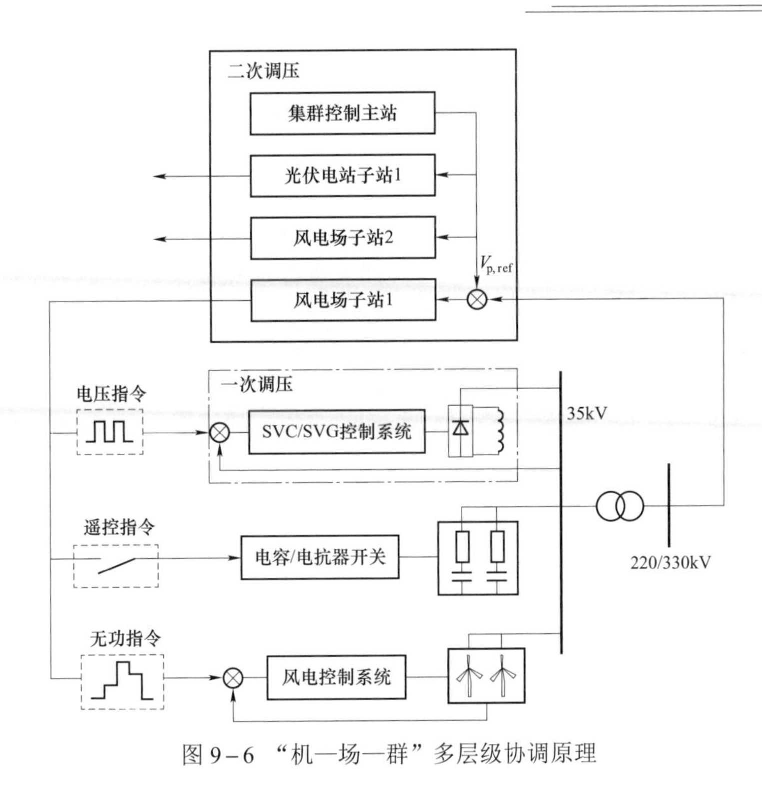

图 9－6　“机—场—群”多层级协调原理

② 电压快速校正。汇集网络母线电压越限时，优先进行电压越限校正，避免发生风机脱网等安全事故。

③ 动态无功储备优化。指在满足一定安全约束条件下的恒电压模式 SVC/SVG 保留更多的动态无功备用裕度，以保证在紧急情况下能在毫秒级时间尺度内发挥作用，快速抑制间歇性发电引发的电压波动。

3. 计及新能源集群的全网无功电压控制

计及新能源集群参与全网无功电压控制结构如图 9－7 所示，新能源集群通过汇集站接入 330kV 主干网，与常规发电厂一同满足负荷的电能需求，在满足全网电压控制的约束条件及优化目标同时，并根据其控制能力参与全网无功电压控制。

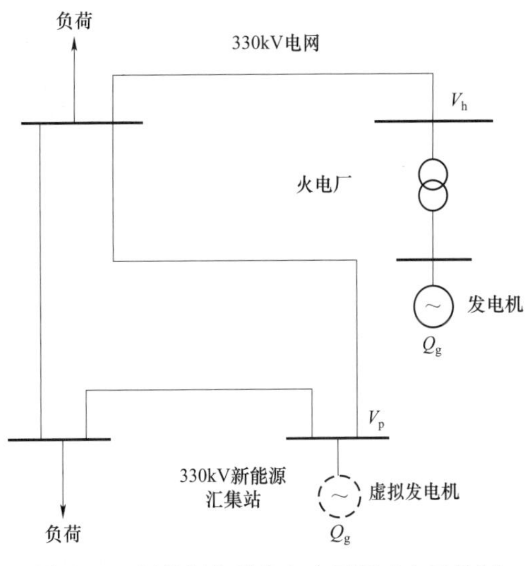

图 9－7　新能源集群参与全网无功电压控制

计及新能源集群的全网无功电压控制功能如下：

（1）集群主站计算汇集站并网点可承受的最高电压 $V_{p,max}$ 和最低电压 $V_{p,min}$，即新能源集群安全运行的电压上限和下限。

（2）集群主站计算汇集站并网点可调无功上限 $Q_{p,max}$ 和下限 $Q_{p,min}$，即在满足新能源集群内部电压约束情况下，各场站折算到汇集站并网点的无功调节能力之和。

（3）全网电压控制进行二级或三级优化控制时，以并网点可承受的最高电压 $V_{p,max}$ 和最低电压 $V_{p,min}$ 作为约束条件，以汇集站并网点无功出力趋向 0 为目标，计算汇集站并网点电压优化目标值；并在满足电压安全约束条件和无功出力趋向 0 目标时使新能源集群动态无功储备最大化，当新能源功率波动时，可通过新能源集群自身快速调节能力进行调节。

（4）集群主站对汇集站并网点无功电压目标值进行跟踪控制。

9.2.5 应用说明

随着我国电力系统基础自动化水平以及计算机技术的不断提高，自动电压控制已在我国各级电网得到了广泛的应用，各地的应用实践表明，AVC 的推广应用确实有助于提高系统的电压质量及安全稳定运行水平，降低网损，同时也极大减轻运行人员频繁调整电压和无功的工作量，是保持系统电压稳定、提升电网电压品质和整个系统经济运行水平、提高无功电压管理水平的重要技术手段。

1. 提升电压品质

以某地区为例，AVC 系统投运后，一方面提高电压合格率，另一方面在保证电压合格的前提下，电压曲线更为合理，减少电压波动，达到优质运行的目的。AVC 投运前后两年相同月份电压合格率统计信息如图 9－8 所示。

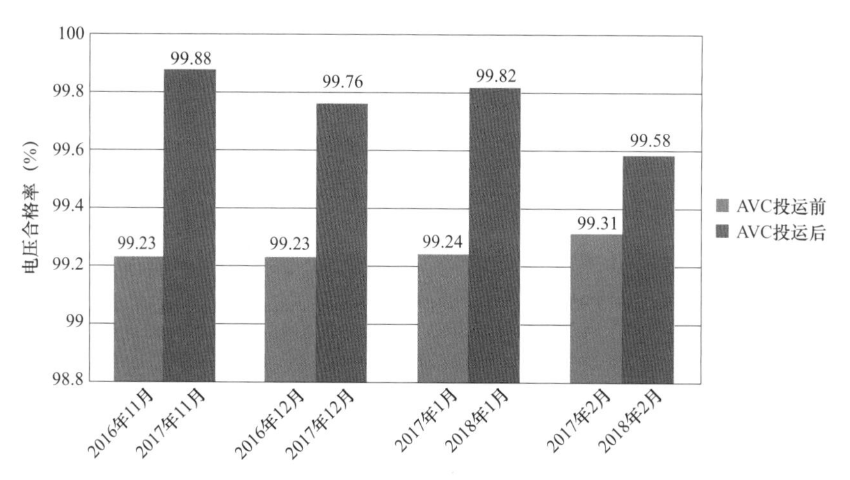

图 9－8　某地区 AVC 投运前后同期电压合格率对比

从图 9－8 可以看出 AVC 投运后，该地区 AVC 投运厂站电压合格率有所提高，平均电压合格率从 AVC 投运前的 99.24%上升到投运后的 99.74%，提高 0.5%。

2. 优化无功分布

通过对无功资源的协调，实现本地无功平衡，减少跨区域的无功不合理流动，有利于电网的经济与安全运行。无功损耗的降低一方面是由于电压分布更加合理，另一方面也是由于无功实现就地平衡，区域间无功流动减小。应用 AVC 后，经过电压优化控制，通过更多的利用本地无功源来平衡系统的无功需求，实现了无功电压的分区控制，减少了长距离的无功输送，实现了降低线路损耗、提高电压稳定水平的目的。

3. 提高管理和社会效益

AVC 从全局角度对电厂、变电站等无功设备进行实时闭环协调控制，提高了整个电网的自动化控制水平。从电网运营公司侧来看，AVC 的应用，将自动完成调压指令的下发，调度员可以从每天繁重的调压工作中解放出来，减轻劳动强度；从厂站侧来看，由于无功设备动作都是自动完成的，也大大降低了现场值班人员的工作量。运行人员可以有更充裕的时间与精力去完成其他重要工作，对电网的安全、经济、稳定运行意义重大。

此外，通过全局的无功电压协调控制，可以有效提高电网的电压安全裕度，防止出现由电压崩溃引起的大停电事故，同时提高电压质量，能够提供更优质的电能产品，具有巨大的社会效益。

第10章 电力负荷预测

由于电力不可贮存，或者说贮存能力极小而代价高昂，应该是用多少就生产多少，而用电负荷随时都在变化。针对负荷的这种变化，电力生产的调节能力也应相应增加，当负荷变化范围较小时，调节各发电机组的发电功率就可以了；而负荷变化范围较大时，只有启停机组才能满足用电需求。根据供电范围大小，电力负荷预测可分为系统负荷预测和母线负荷预测两类。系统负荷预测针对地区总负荷进行预报，如一个省的统调负荷或一个地区的网供负荷；母线负荷预测针对负荷设备对象进行预报，如省级电网中的220kV变电站的主变。

电力负荷预测是供电公司的重要工作之一，准确的负荷预测可以经济合理地安排发电机组的启停，保持电网运行的安全稳定性，减少不必要的旋转储备容量，是实时控制、日前计划编制的前提，也就是说，要掌握电力生产的主动权必先做好负荷预测。

10.1 系统负荷预测

通常我们所说的“系统负荷”指的某地区的供电负荷，即供电地区范围内各发电厂发电负荷之和减去厂用电负荷，再加上该供电区域外联络线受电。

系统负荷预测是在对系统历史负荷数据、气象因素、节假日，以及特殊事件等信息分析的基础上，挖掘负荷变化规律，建立负荷预测模型，以被预测日各种相关因素为输入，智能选择适合策略预测未来系统负荷的变化。

10.1.1 负荷预测模型

针对影响系统负荷的因素，电力系统总负荷预测模型一般可以按四个分量模型描述。

$$Y_t = B_t + W_t + S_t + V_t \tag{10-1}$$

式中：Y_t为t时刻的系统总负荷；B_t为t时刻的基本正常负荷分量；W_t为t时刻的天气敏感负荷分量；S_t为t时刻的特别事件负荷分量；V_t为t时刻的随机负荷分量。

1. 基本正常负荷分量模型

不同的预测周期，B_t分量具有不同的内涵。超短期负荷预测，B_t近似线性变化，甚至是常数；短期负荷预测，B_t一般呈周期性变化；中长期负荷预测，B_t呈明显增长趋势的周期性变化。

因此，对于基本正常负荷分量，可用线性变化模型和周期变化模型描述，或用二者的合成共同描述，即

$$B_t = X_t Z_t \tag{10-2}$$

式中：X_t为线性变化模型负荷分量；Z_t为周期变化模型负荷分量。

线性变化模型可以表示为

$$X_t = a + b \cdot t + \varepsilon \tag{10-3}$$

式中：a、b 分别为线性方程的截距和斜率；ε 为误差。

（1）线性变化模型。

超短期负荷变化可以直接采用线性变化模型，将前面时刻的负荷描述为一条直线，其延长线即可预测下一时刻的负荷。短期负荷日均值接近于常数，如图 10－1 所示；长期负荷年均值增长较大，甚至需要用非线性模型（二次或指数函数）描述。

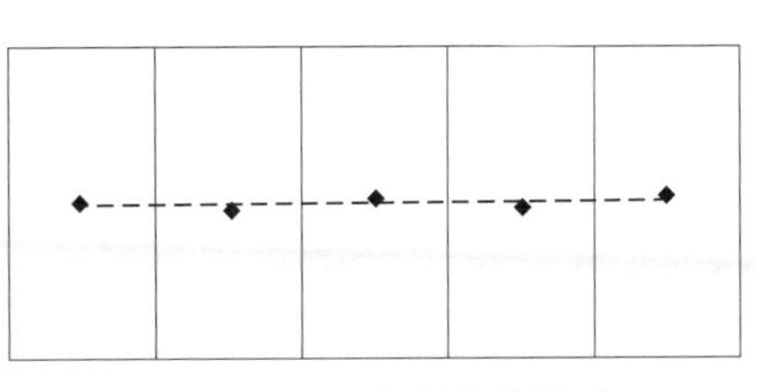

图 10－1　日负荷均值模型

（2）周期变化模型。

周期变化模型，是用来反映负荷有按日、按月、按年的周期变化特性，其周期变化规律可以用日负荷变化系数 Z_{i_t} 表示

$$Z_{i_t} = \frac{Y_{i_t}}{X_i} \tag{10-4}$$

式中：Y_{i_t} 为一天中各小时的负荷；X_i 为当天的日平均负荷。

如图 10－2 所示，给出的连续几天的日负荷变化系数 Z_{i_t} 曲线，表现出明显的周期性，即以 24h 为周期循环变化，顺序观察每天同一时刻的负荷变化系数值，可以看出其接近于一条水平线，这样便可以用前几天的同一时刻的负荷变化系数值的平均值预测以后的值。逐小时做出日负荷变化系数的平均值，连接起来就是一天总的周期变化曲线。我们把这种反映一天 24h 负荷循环变化规律的模型称为日周期变化模型，即

$$Z_t = \frac{1}{n}\sum_{i=1}^{n} Z_{i_t} \qquad (t = 1, 2, \cdots, 24) \tag{10-5}$$

式中：n 为过去日负荷的天数；Z_{i_t} 为过去第 i 天第 t 小时负荷变化系数。

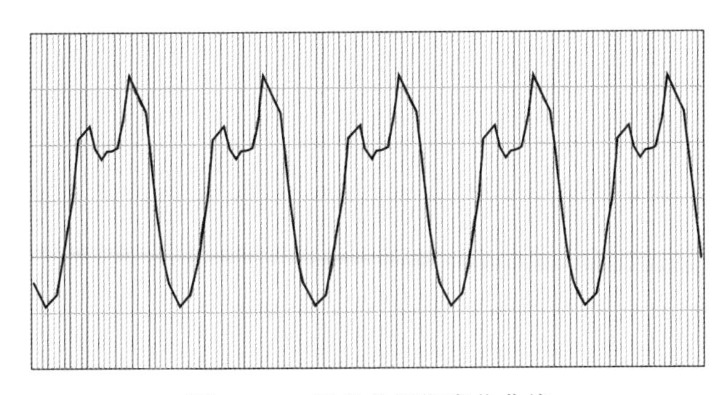

图 10－2　日负荷周期变化曲线

这样，按线性模型预测 B_t 的负荷均值 X_t，按周期变化模型预测 B_t 的周期负荷变化系数 Z_t，用式（10－5）就可得到基本负荷分量 B_t。

2. 天气敏感负荷分量模型

影响负荷的天气因素，有温度、湿度、风力、阴晴等，这里以温度为例说明天气敏感负荷模型。

以日负荷预测为例，给定过去若干天负荷记录、温度记录，利用线性回归或曲线拟合方法，可以用三段直线来描述天气敏感负荷模型。

$$W_{\mathrm{t}}=\begin{cases}K_{\mathrm{s}}(t-T_{\mathrm{s}}) & t>T_{\mathrm{s}}\\ -K_{\mathrm{w}}(t-T_{\mathrm{w}}) & t<T_{\mathrm{w}}\\ 0 & T_{\mathrm{w}}\leqslant t\leqslant T_{\mathrm{s}}\end{cases} \tag{10-6}$$

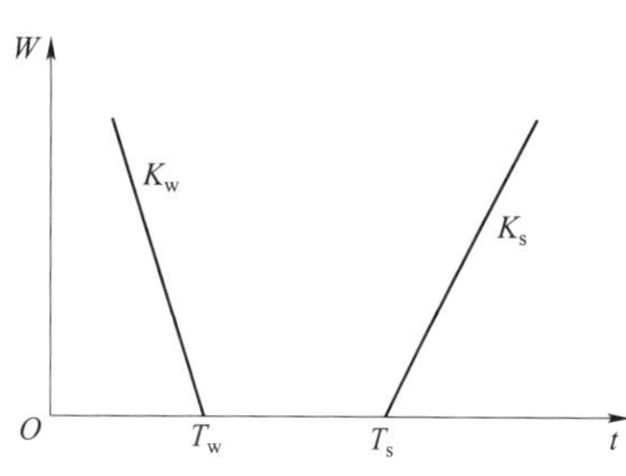

图 10－3　天气敏感负荷模型

式中：t 为预测温度，可以是一日最高温度、最低温度、平均温度或是某时点温度（例如上午 8 时）；T_{w}、K_{w} 分别为电热临界温度和斜率，$t<T_{\mathrm{w}}$ 时电热负荷增加，其斜率为 K_{w}；T_{s}、K_{s} 分别为冷气临界温度和斜率，$t>T_{\mathrm{s}}$ 时冷气负荷增加，其斜率为 K_{s}。在 $T_{\mathrm{w}}\leqslant t\leqslant T$ 之间一段温度上，电热和冷气均不开放，负荷与温度没有关系，如图 10－3 所示。

3. 特别事件负荷分量模型

特别事件负荷分量指特别电视节目、重大政治活动等对负荷造成的影响。其特点是只有积累大量的事件记录，才能从中分析出某些事件的出现对负荷的影响程度，从而做出特别事件对负荷的修正规则。这种分析可以用专家系统方法来实现，也可以简单地用人工修正来实现。人工修正方法通常用因子模型来描述。

因子模型又可以分为乘子模型和叠加模型两种。

乘子模型，是用一乘子 k 来表示特别事件对负荷的影响程度，k 一般接近于 1，那么特别事件负荷分量为

$$S_t=(B_t+W_t)k \tag{10-7}$$

叠加模型，是直接把特别事件引起的负荷变化值 ΔY_t 当成特别事件负荷分量 S_t，即

$$S_t=\Delta Y_t \tag{10-8}$$

10.1.2　系统负荷预测算法

在确定了电力系统负荷预测的模型后，就要寻求有效的算法进行模型辨识和参数估计。目前用于电力系统负荷预测的算法很多，这里仅介绍常用的几种。

1. 回归分析方法

回归分析方法是研究变量和变量之间依存关系的一种数学方法。根据回归分析涉及变量的多少，可以分为单元回归分析和多元回归分析。在回归分析中，自变量是随机变量，因变量是非随机变量，由给定的多组自变量和因变量资料，研究各自变量和因变量之间的关系，形成回归方程。回归方程根据自变量和因变量之间的函数形式，又可分为线性回归方程和非线性回归方程两种。回归方程求得后，如给定各自变量数值，即能求出因变量值。

下面主要介绍多元线性回归分析法，而单元线性回归分析法可看作是其特例。对于非线性回归问题，通常应用变换把其转化为线性回归问题。因此，在回归分析中，只要掌握线性回归方程的解法，非线性回归问题也迎刃而解。

在负荷预测问题中，回归方程的因变量一般是电力系统负荷，自变量是影响电力系统负荷的各种因素，如社会经济、人口、气候等。设它们之间的内在关系是线性的，回归方程为

$$y_i = b_0 + b_1 x_{i1} + \cdots + b_n x_{in} \tag{10-9}$$

给定 m 组观察值 $(y_i, x_{i1}, x_{i2}, \cdots, x_{in})(i = 1, 2, \cdots, m)$ 代入上式，有 m 个方程，写成矩阵形式为

$$\hat{\boldsymbol{y}} = \boldsymbol{X} \cdot \boldsymbol{b} \tag{10-10}$$

式中

$$\hat{\boldsymbol{y}} = \begin{bmatrix} \hat{y}_1 \\ \hat{y}_2 \\ \vdots \\ \hat{y}_m \end{bmatrix}, \boldsymbol{X} = \begin{bmatrix} x_{11} & x_{12} & \cdots & x_{1n} \\ x_{21} & x_{22} & \cdots & x_{2n} \\ \vdots & \vdots & \vdots & \vdots \\ x_{m1} & x_{m2} & \cdots & x_{mn} \end{bmatrix}, \boldsymbol{b} = \begin{bmatrix} b_0 \\ b_1 \\ \vdots \\ b_n \end{bmatrix} \tag{10-11}$$

式中，$\boldsymbol{b}$ 为待求的 $n+1$ 个回归系数。利用最小二乘法，使观察值 $\boldsymbol{y}$ 和估计值 $\hat{\boldsymbol{y}}$ 的残差平方和最小，可得正规方程，解正规方程可求出回归系数，从而确定回归方程，即可用来进行预测了。

2. 时间序列方法

时间序列方法一般分为确定性时间序列方法和随机型时间序列方法。由于确定性时间序列方法相对简单，本书主要介绍随机型时间序列方法。该方法通过差分将负荷时间序列的趋势分量和周期分量都清除掉，得到一个平稳的时间序列，显然这个平稳时间序列实质上是剩下的随机波动分量，专门对这个随机波动分量进行分析预报，然后再通过差分逆运算求得原负荷序列的预测值。

平稳时间序列可能符合下列三种模型中的一种、两种或三种。自回归模型 AR(p)、滑动平均模型 MA(q) 和更为一般的自回归滑动平均模型 ARMA(p,q)，因此模型识别非常重要。模型识别包括两层含义：应该用哪种模型？模型参数 p 或 q 应为多大？一般来说，电力负荷时间序列符合 ARMA(p,q) 模型，但是这种模型以及 MA(q) 模型，由于涉及非线性回归，求模型系数的计算量大，而在进行实时负荷预测时，快速是尤其重要的。同时实践也证明，因为 ARMA(p,q) 模型参数估计的困难性，并不能肯定 ARMA(p,q) 模型比 AR(p) 模型有更高的精度。因此，只要负荷时间序列符合 AR(p) 模型的识别特征，就应使用 AR(p) 模型。只有在肯定不能用 AR(p) 模型时，才考虑建立负荷预测的 MA(q) 或 ARMA(p,q) 模型。国内外资料表明，不少电网的负荷样本数据在平稳化之后符合 AR(p) 模型的特征。

Box-Jenkins 法是一类典型的随机时间序列法，其中 AR（Auto-Regression）自回归模型较为常用。在该模型中，序列 Y_t 可以用过去数值 $(Y_{t-1}, Y_{t-2}, \cdots)$ 和一个随机噪声 e_t 的线性表达式表达，模型的阶数 p 取决于同 Y_t 相关的过去数据数。一个 p 阶自回归模型 AR(p) 可以表达为

$$Y_t=\varphi_1 Y_{t-1}+\varphi_2 Y_{t-2}+\cdots+\varphi_p Y_{t-p}+e_t \tag{10-12}$$

为了预测负荷，首先要进行模型识别，确定阶数 p，识别的基本工具是相关分析，也就是计算序列 Y_t 的样本自相关函数和偏自相关函数。

自相关系数 r_k 表示时间序列滞后 k 个时段两项之间的相关程度，其计算公式为

$$r_k=\frac{\sum_{t=1}^{n-k}(Y_t-\bar{Y})(Y_{t+k}-\bar{Y})}{\sum_{t=1}^{n}\left(Y_t-\bar{Y}\right)^2} \tag{10-13}$$

式中：k 为滞后时段；n 为样本个数；$\bar{Y}$ 为样本数据的平均值。随机序列自相关系数抽样分布近似为以 0 为均值，$1/\sqrt{n}$ 为标准差的正态分布。

偏自相关系数 ϕ_{kk} 是时间序列 Y_t 在给定 $Y_{t-1},\cdots,Y_{t-k+1}$ 条件下，Y_t 与 Y_{t-k} 之间的条件相关，它用以表示当其他滞后期 $k=1,2,\cdots,k-1$ 时序列的作用能已知的条件下，Y_t 与 Y_{t-k} 之间的相关程度。其计算公式为

$$\left.\begin{array}{l}\phi_{kk}=\begin{cases}r_1 & k=1\\ \dfrac{r_k-\sum_{j=1}^{k-1}\phi_{k-1,j}r_{k-j}}{1-\sum_{j=1}^{k-1}\phi_{k-1,j}r_j} & k=2,3,\cdots\end{cases}\\ \phi_{k,j}=\phi_{k-1,j}-\phi_{kk}\phi_{k-1,k-j},\ j=1,2,\cdots,k-1\end{array}\right\} \tag{10-14}$$

自相关函数和偏自相关函数的截尾性，从理论上来说是指它们在某一步后全是 0 或在 0 上下小幅波动，也就是某一个序列数值仅和一定数目的其他序列数值有关，而和其后面的序列数值无关或关系很小。这个一定数目就是其后面的 AR 模型的阶数 p。

如果序列满足 AR(p) 模型，首先使用该模型；如果不满足 AR(p) 模型，则使用 MA(q) 模型；如果也不满足 MA(q) 模型，最后才使用 ARMA(p,q) 模型。ARMA(p,q) 模型中参数 p 及 q 的确定没有显著的识别特征，因此通常需要设定几组 p、q 值，分别建立模型，进行一批负荷预测，然后根据试预报残差来选定好的 p、q 值。一般情况下，ARMA(p,q) 模型中的 p、q 不超过 3。

3. 人工神经网络方法

人工神经网络是由大量的简单神经元组成的非线性系统，每个神经元的结构和功能都比较简单，而大量神经元组合产生的系统行为却非常复杂；它具有较强的学习能力、计算能力、变结构适应能力、复杂映射能力、记忆能力、容错能力及各种智能处理能力。

在电力系统负荷预测中，应用最多的是带有隐层的前馈型神经网络，它通常由输入层、输出层和若干隐层组成。单隐层前馈型神经网络结构如图 10－4 所示。

单隐层前馈型神经网络，通过多个神经元的相互连接，使其输入和输出构成一复杂的非线性处理系统用于日负荷预报，而这种利用其可以记忆复杂的非线性输入输出映射关系的特性正是一些传统的负荷预报方法难以实现的。

神经网络用于日负荷预报，其关键工作同样在于选择样本空间，样本空间若代表了所有负荷变化模式，那么，网络通过训练后进行的负荷预报适用性强、精度高；反之，则某些情况下精度下降。

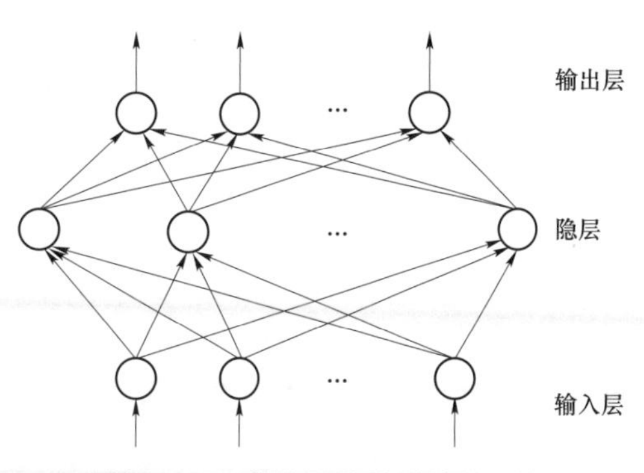

图 10－4　单隐层前馈型神经网络

4. 综合预测模型

上述提出的各种方法在进行实际的负荷预测时，对某个特定的预测对象，可能会出现截然不同的预测效果。为此在实际使用中，可以把各种方法结合起来，对各种方法进行评价分析，对其赋予不同的权重，从而得到一个综合的预测结果，提高预测的总体精度。

综合模型建立时可以按照一天一个权重，也可以每个时刻一个权重（即全天 96 个权重）的原则。下面按照每个时刻一个权重进行介绍，于是权重应该是 $W_t^{(j)}$，即各种方法的预测结果在每个时刻（各预测点）的权重均不相同。

对于 $t=1,2,\cdots,T$（T 一般为 96）个时刻分别建立上述模型，求出 N 种预测模型在各时刻的权重 $W_t^{(j)}(j=1,2,\cdots,N)$。于是，在这种模式下，最终待预测日的曲线预测结果是

$$\widehat{L_t}=\sum_{j=0}^{N}W_t^{(j)}L_{0t}^{(j)}\qquad(t=1,2,\cdots,T)\tag{10-15}$$

即各时刻的 $W_t^{(j)}$ 同时取决于各预测方法自身。

一般，预测基于历史拟合，即我们假设预测模型对历史数据拟合得好，则其预测的精度必然高。因此，可以通过对历史日的负荷进行虚拟预测，对其误差进行分析，从而得到各模型的权重具体有以下两种方式：

（1）通过对各预测模型的历史误差进行倒数计算，即得到权重。

（2）通过建立严格的数学模型，使综合模型的预测结果 $\widehat{x_{0t}}$ 与原始序列 x_t 的差别（拟合方差）达到最小，理论上，此时所确定的综合模型应该为最优的综合预测的模型，且此模型满足

$$\min z=\sum_{t=1}^{n}(\widehat{x_{0t}}-x_t)^2\tag{10-16}$$

即追求残差平方和最小化。此时，各最优权重的取值反映了出现相应预测结果的可能性，这时的综合预测结果就称为最优综合模型的预测结果。此时，问题已经转化为一个优化问题，通过相应的优化方法求解即可，在此不再赘述。

10.1.3　负荷预测新发展

随着智能电网、计算机技术、通信网络技术和传感器技术的发展，电力用户侧数据呈指数级增长、复杂程度增大，逐步构成了用户侧大数据。电力用户侧的大数据和机器学习如何在负荷预测中的应用已成为新的研究课题。其一般研究步骤如下：

（1）日类型是影响负荷曲线形状的最关键的因素。因此，首先利用聚类（如凝聚层次聚

类算法）方法，对所有电力用户的负荷数据按负荷曲线形状进行聚类分析。

（2）利用并行化计算模型（如 MapReduce 等）与内存并行化计算框架（如 Spark 等）对电力用户侧的大数据进行分析，分析影响负荷变化的关键影响因素，如历史负荷、温度、风速和湿度等。

（3）建立基于机器学习的算法（如随机森林、深度置信网络等）的负荷预测模型，利用海量历史数据进行模型训练，从而用于预测；在模型训练过程中，应充分运用并行化能力，提高机器学习算法对大数据的处理能力并减少负荷预测时间。这是研究的主要步骤。

（4）利用经过训练的模型进行电力用户的负荷预测计算，最后汇总得到全网的负荷预测结果。

在研究的过程，预测模型的选择和训练是一个非常复杂的工作，需要结合负荷的自身规律进行选择，需要反复迭代优化，而不是一个一蹴而就的过程。

10.2 母线负荷预测

电网母线负荷预测是分析和预测电网各节点电力需求的系统功能，应能提供多种分析预测方法，深入分析母线负荷变化与气象及运行方式等影响因素间的关系，预测未来一定时段的母线负荷，其预测范围至少应涵盖调度管辖范围内所有 220kV 变电站主变高压侧、电厂升压变中压侧。

10.2.1 母线负荷的定义

母线负荷可以定义为由变电站的主器供给一个相对较小的供电区域的终端负荷的总和。母线负荷可以分为工业、农业、商业、办公、城乡居民用电等负荷类型。其中，工业负荷的主要特点是用电量大而且日负荷相对稳定；农业负荷占用比重比较小，但突出的特点就是季节性比较强；商业和办公负荷中空调负荷比重较大，因此受天气的影响比较大；城乡居民负荷主要特点就是负荷峰谷差比较大，高峰和低峰特点明显。由于母线负荷接近用户，因此受计划因素的影响比较大，对母线负荷的预测可以看作是对非计划性负荷的预测分量加上预知的计划性负荷分量。母线负荷预测有时需要对有功和无功分别进行预测，一般对有功和无功的预测是解耦的。

10.2.2 母线负荷的特点

母线负荷由多用户负荷组成，同样具有系统负荷所具有的规律性，如负荷变化的周期性、年度增长特点等。原则上讲，母线负荷预测可以用系统负荷预测的一些方法。但是与系统负荷相比，母线负荷具有自身一些特点：

（1）相对于系统负荷而言，母线负荷基数较小，受随机干扰影响更大。

（2）母线负荷之间存在相关性。例如由于主变检修等原因改变产生的负荷转供等。

（3）母线负荷数量多，运行人员不可能像系统负荷一样逐个进行监视。

（4）母线负荷由于量测质量或状态估计不收敛等问题，会导致样本数据缺失。

10.2.3　母线负荷预测的方法

母线负荷预测的方法一般可以分为两种：一是基于系统负荷和母线负荷分配系数的预测方法；二是基于母线负荷对象自身变化规律的预测方法。

1. 系统负荷和母线负荷分配系数的预测方法

该方法的基本思路是：首先由系统负荷预测取得的某一时刻负荷总加值，然后将其分配到每一母线上，主要需要解决的是母线负荷分配系数的问题。该方法进行母线负荷预测的步骤是：

（1）确定母线负荷预测用的分配系数。

（2）确定母线负荷分配的模型参数，主要是网损比例、厂用电、小机组总加等。

（3）根据指定时刻的系统负荷预测值、分配模型参数、分配系数等计算各母线负荷对象的预测值。

2. 基于母线负荷对象自身变化规律的预测方法

与系统负荷的分析过程类似，母线负荷自身也具有特定的变化规律，可以用系统负荷预测的某些方法进行母线负荷预测。

从实践经验看，基于节点负荷自身变化规律的预测方法比基于系统负荷和母线负荷分配系数的预测方法实用性方面要好，具体预测算法与系统负荷类似，在此不再赘述。

10.2.4　考虑运行方式变化

电网线路等设备检修，或者母线负荷停运等会引起输电路径的改变以及负荷转供，预测时需要考虑将该母线负荷向其他母线转移，典型的情况就是向同站母线转移，也会出现向其他站母线转移的情况。可以通过从外部系统获取的检修转供计划，包括转供负荷对象、被转供负荷对象、转供比例以及检修转供持续的时间，对母线负荷预测的结果进行修正，提高预测结果的准确性，有利于运行方式的正确安排。

10.3　应用案例

以北方某地区电网为例，结合其电网负荷构成与特性，采用以日照强度和温度作为主导影响因素，利用 BP 神经网络，建立合理的短期负荷预测模型，预测其日 96 点负荷。

考虑调度负荷预测实际工作需求，可以采用一种减轻网络训练负担的建模方法：通过温度、日照强度以及历史负荷数据预测未来日的最大负荷和最小负荷，降低网络输入向量的维数，大量减少网络中神经元的数目，使网络训练负担减轻；再通过历史负荷数据预测未来日的归一化负荷系数；根据预测日的综合最大、最小负荷以及归一化系数得到日 96 点体感温度敏感负荷预测结果。

根据上述模型建设思路，对负荷预测模块进行设计，将前 m 天的实际最高温度和日照强度、最大负荷及预测日最高温度、日照强度作为输入样本数据。图 10－5 是 BP 神经网络预测模型。

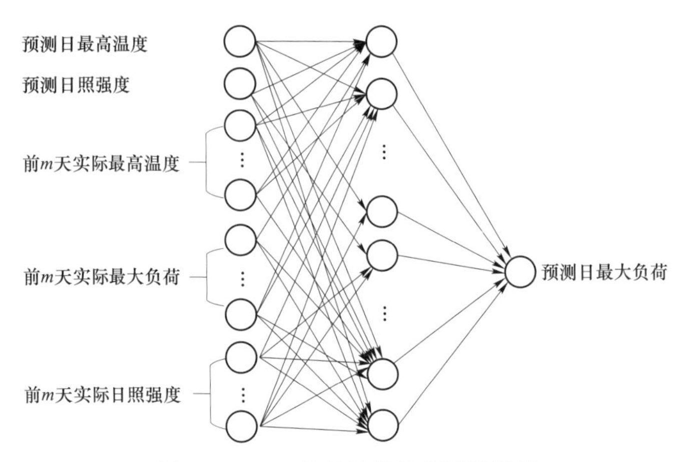

图 10-5　BP 神经网络负荷预测模型

基于上述研究的短期负荷预测模型流程如图 10-6 所示。

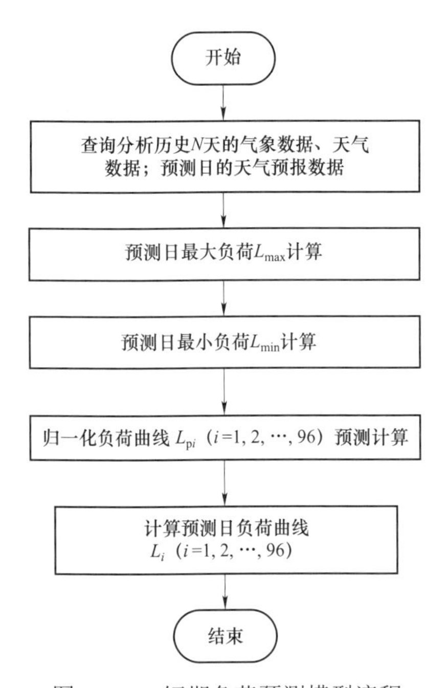

图 10-6　短期负荷预测模型流程

（1）从历史数据库获取历史 N 天电网负荷数据、气象数据；通过查询气象预报系统获取预测日气象数据。

（2）利用考虑温度和日照强度的预测模型，分别预测未来日最大负荷和最小负荷。

（3）根据预测日期和聚类分析得到的负荷曲线模式，进行归一化负荷系数预测计算。

（4）通过预测日最大负荷、最小负荷和负荷模式，获得预测日的 96 点负荷预测值。

第 11 章　新能源发电预测

风力发电、光伏发电功率预测技术是新能源发电并网中不可或缺的支撑技术，在电网优化调度、发电计划制定、电站经济运行等方面都发挥着重要作用。近年来，以风力发电、光伏发电为代表的新能源发电在我国得到了快速发展，风力发电、光伏发电自身具有波动性、随机性和间歇性，当其在电网中超过一定比例后，将对电网的控制运行和安全稳定产生风险。风力发电、光伏发电功率预测是提高风电场、光伏电站出力可预见性，为发电计划制定与电网调度提供决策支持，缓解电力系统调峰、调频压力，尽可能多地接纳风力发电、光伏发电的重要技术保障。同时，风力发电和光伏发电预测在电站发电量评估、检修计划制定以及智能运维等方面都将发挥重要作用。

风力发电、光伏发电功率预测依据预测的时间分辨率、预测时间长度通常分为短期功率预测和超短期功率预测。短期功率预测以 15min 为时间分辨率，预测从次日 0:15 起至 $D+7$ 的功率曲线；超短期预测以小于或等于 15min 为时间分辨率，预测未来 5min～4h 的功率曲线。新能源发电功率预测对象为新能源场站或新能源区域（不含分布式电源），主要包括新能源区域短期、超短期功率预测和新能源场站短期、超短期功率预测。

11.1　风力发电功率预测技术

风电功率预测模型主要分为物理方法和统计方法两种。物理方法主要通过中尺度数值天气预报的精细化使用，进行场内气象要素计算，并建立风力发电转化模型进行功率预测。统计方法则基于历史气象数据和风电场运行数据，提取功率的影响因子，直接针对风电场发电功率与影响因子的量化关系进行建模。

短期风电功率预测采用的方法包括物理方法、统计方法、物理和统计方法的混合模型；因超短期风电功率预测需短时临近数据，而现有的数值天气预报技术难以满足需求，因此超短期风电功率预测主要采用时间序列法等统计模型，以及多种统计模型的组合模型。

11.1.1　物理方法

风电功率预测的物理方法是指依据数值天气预报提供的风向、风速、大气压、空气密度等气象要素，考虑风机周围的地理信息（包括地形、等高线、地表粗糙程度、周围障碍物等）建立风电场内气象要素量化模型，得到风电机组轮毂高度的风速和风向信息的最优估计值，最后结合风力发电机组技术参数，采用风电转化模型完成风电功率预测。

风电功率预测物理方法的关键环节包括中尺度模式短期预报、场内气象要素精细化预报、风电转化模型建立。基于物理方法的短期风电功率预测算法如下，主要步骤如图 11－1 所示。

（1）收集风电场地理信息、风力发电机组性能参数和风力发电机组排布信息。

（2）利用中尺度数值天气预报模式，预报风速、风向、气温、气压、湿度等气象要素。

（3）结合风电场地理信息及风力发电机组性能参数，对数值天气预报结果进行精细化释用，建立风电场气象要素量化模型，得到风电机组轮毂高度风速、风向等信息的最优估计值。

（4）将风电场气象要素量化结果输入风电转化模型，输出风电功率预报结果。风电转化模型可采用理论风－功率转化曲线建模，亦可依据已有风速与风电功率数据建立统计模型。

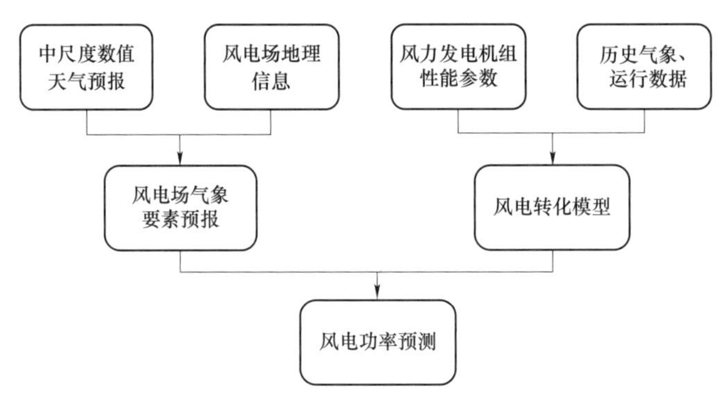

图 11－1　单风力发电功率预测物理方法示意图

物理预测方法不需要风电场的历史数据，风电场投产就可以进行预测，但需要准确的数值天气预报数据和风电场所在地的详细地理信息，输入参数较多，而且风电场内气象要素量化模型涉及大气流体力学等，物理机制较为繁琐。由于数值天气预报每日只更新几次，故物理预测方法更适合于 6h 以上的短期预测。

11.1.2　统计方法

统计方法通过对风电场所在地测风塔的历史观测数据、周边气象台站的历史观测数据和新能源电场历史运行数据进行分析和整理，采用数理统计方法，在历史数据与新能源电场输出功率之间建立一种映射关系，以此来对风力发电功率进行预测。统计方法又可分为基于确定性时序模型的预测方法和基于智能类模型的预测方法。

1. 基于确定性时序模型的预测方法

通过找出风电功率历史数据本身在时间上的相关性来进行风电功率预测，常用方法有卡尔曼滤波法、时间序列法和指数平滑法等。其中，卡尔曼滤波法仅需要有限时间内的观测数据，递推算法简单，但只能用于线性的信号过程，而且需要噪声信号必须服从高斯分布；时间序列法只需知道风电场的单一风速或功率时间序列即可建立预测模型，但需要大量的历史数据；指数平滑法建立的模型较简单，计算简便、需要存储的数据少，但预测结果依赖于平滑初值和平滑系数，而二者的确定较复杂，没有统一方法。

2. 基于智能类模型的预测方法

其实质是根据人工智能方法提取风电功率变化特性，进而进行风电功率预测。智能算法通常具有自学习、自组织和自适应能力，对复杂问题的求解较为有效。常用的方法有人工神经网络法、小波分析法、支持向量机回归法和模糊逻辑法等。其中，人工神经网络法应用最为广泛，具有并行处理、分布存储与容错性等特征，具有自学习、自组织和自适应能力，对复杂问题的求解十分有效，但存在训练速度慢等问题；小波分析法能有效地从信号中提取信息，但小波基不好选取；支持向量机回归法具有全局收敛、样本维数不敏感、不依赖于经验信息等优点，但最佳核变换函数及其相应的参数确定较为复杂，且需要的数据量较大；单纯的模糊逻辑法用于风电功率预测，效果往往不佳，通常要与其他方法配合使用，如遗传算法、人工神经网络法等。

统计方法不需要考虑大气运行特性，所用数据单一，对于短时间的功率预测精度较高，随着预测时间延长，预测精度有所降低。统计方法需要长期的测量数据和大量的数据处理工作，对数据量和数据质量的要求较高；同时其对突变信息处理不好，对于在模型训练阶段很少出现的罕见天气状况，很难准确预测。

风电功率预测统计方法建模步骤如下：

（1）收集历史气象数据、风电场运行数据，进行数据质量控制。因数据可能存在的缺失或失真现象会导致模型训练效果不理想，因此在建模前，需进行数据质量控制，对数据进行极值检查、时间一致性检查和内部一致性检查。

（2）对数据进行分析，采用因子分析方法进行模型输入因子筛选。风电场输出功率的气象影响因素主要有风速、风向、气温、气压、湿度等，若将这些气象要素直接作为统计模型的输入，会导致模型复杂度高，降低模型鲁棒性。因此在建模前，应采用因子分析方法提取与风电场功率输出相关性显著的输入因子。

（3）对输入因子与功率的映射关系进行统计学习建模，检验其有效性。统计学习可采用时间序列法、人工神经网络、支持向量机等多种方法，依据模型应用检验情况进行选择。

（4）以因子预报值作为模型输入，实现风力发电功率预测。

11.2　光伏发电功率预测技术

光伏发电功率预测模型主要分为物理方法和统计方法两种。物理方法主要利用气象要素数值天气预报，基于光伏发电原理及光伏电站结构，对其各组成部分的转化效率进行建模。统计方法则基于历史气象数据和光伏电站运行数据，直接建立预测模型输入因子与光伏电站发电功率之间的关系。

与风电功率预测类似，短期光伏发电功率预测采用的方法主要分为物理方法、统计方法、物理和统计方法的混合模型；超短期光伏发电功率预测主要采用统计方法和多种统计方法的组合模型。近年来，随着遥感监测设备的更新和数字图像处理技术的不断发展，云的自动化观测技术、实时采集技术日趋成熟，为实现基于地基云图的地表辐射预测提供了技术支持，从而为光伏发电功率超短期预测提供了一种新方法。

11.2.1　物理方法

影响光伏电站输出功率的因素有太阳辐射、光电转换效率、逆变器转换效率及其他损耗。

光伏组件倾斜面上的总辐射可以通过水平面太阳辐射、组件的经纬度、安装倾角等计算得到。光伏组件转换效率是衡量组件将太阳能转换为电能的能力。在实际运行中，太阳辐射与光伏组件发电功率呈近似线性关系。在一定温度范围内，光伏组件温度升高会降低光电转化效率，一般采用负温度系数来表示。光伏逆变器效率是指逆变器输出交流电功率与输入直流功率的比例，逆变器瞬时效率变化对功率预测误差影响较小，可以用预测结果后校正的方法消除该影响。而组件的匹配度、组件表面积灰、线损等因素对光伏发电效率的影响，一般可以根据电站具体情况估算折损系数。

光伏发电功率预测的物理方法主要步骤如图 11－2 所示。

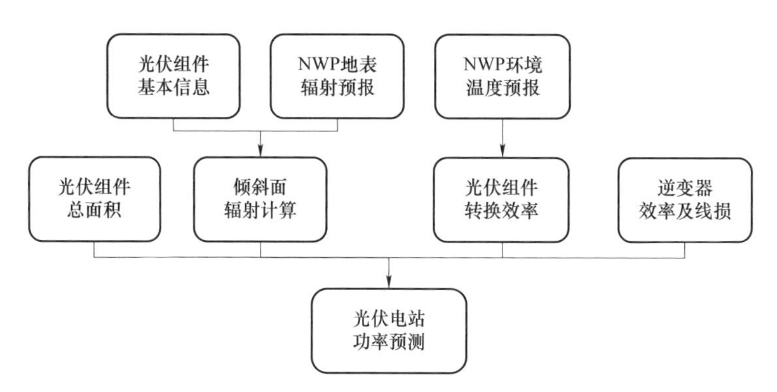

图 11－2　光伏发电功率预测物理方法主要步骤

（1）收集光伏电站地理信息、光伏组件安装面积、安装方式、光伏组件参数、逆变器参数等信息。

（2）利用 NWP 预报水平面辐射、温度等气象要素，结合光伏组件安装方式和水平面辐射，计算光伏组件入射短波辐射。

（3）根据环境温度，计算光伏组件转化效率的温度修正系数。

（4）基于光伏组件总面积、倾斜面辐射计算、光伏组件转换效率、逆变器效率计算光伏发电功率，估算线损，修正光伏发电功率预报。

11.2.2　统计方法

与风力发电功率预测相似，光伏发电功率预测也可以基于历史气象资料和同期光伏发电功率资料，采用统计学方法建立气象资料与电站功率输出的关系，实现短期光伏发电功率预测。可用模型方法同样包括确定性时序模型的预测方法（卡尔曼滤波法、时间序列法、指数平滑法等）和基于智能类模型预测方法（人工神经网络法、小波分析法、支持向量机回归法等）。

在我国不同地区气候环境存在差异，使得一些太阳辐射的主要因子也各不相同。西北、华北地区春季需要着重考虑沙尘的影响，东北冬季需要注意积雪覆盖，而南方地区需要注意冬季雾霾的遮挡作用。因此需要对影响太阳辐射和光伏发电功率的因子进行诊断分析，提取影响功率输出的主要影响因子。

由于受到诸多因素的影响，光伏电站发电功率是非平稳的随机序列，但同时又呈现出明显的周期性变化，因此，除上述统计方法外，也可利用相似日预报法和天气型分类预报法来实现光伏发电功率预测。

1. 相似日预报法

相似日预报法通过选用决定全天气象状况的主要气象要素，例如日平均温度、最高气温、最低气温及日天气类型等作为模型的输入，制定相似度计算方法，并确定相似度的阈值来筛选与预测日相似的气象数据，利用统计学习算法进行发电功率的计算，实现光伏发电功率预测。

2. 天气型分类预报法

天气型分类预报法基于“在同一个地方、同类型的天气状况下，临近日地表辐射与大气层外切平面的太阳辐射关系高度相似”的统计结果构建。若已知地表辐射强度与大气层外切平面的太阳辐射强度之间的关系式，就可以实时推算出地表辐射强度。以历史辐射数据为基础，采用统计方法对地表辐射进行建模，再配以辐射功率转化模型，可以建立光伏发电功率预测模型。

11.3　多模型组合预测技术

新能源发电功率预测方法众多，在实际应用中，对于相同的预测目标，各种预测方法对于不同的预测场景有着不一样的适应性，将不同预测方法进行组合的预测是新能源发电功率预测的重要发展方向之一。

组合预测的提出就是为了弥补单个模型预测的片面性，它从集结尽可能多的有用消息角度出发，充分利用不同模型的优点，从而使预测模型具有对环境变化的适应能力。新能源发电功率预测常用的组合预测方法可以分为三类：

（1）权系数组合预测法。在组合预测中，权重的选取十分重要，合理的权重会大大提高预测精度。常用的权重选取方法有最优加权法、均方倒数法和离异系数法等。

（2）模型组合预测法。即以各单一模型的预测结果作为输入，或考虑系统预测因子的输入，再构造预测模型进行预测，常用的有最小二乘法、人工神经网络法和小波变换等方法。

（3）分期组合预测法。由于气象、气候具有明显的周期特征，受天气直接影响的风、光发电功率也具有一定的周期性特征，针对年内不同时期新能源发电成因与变化规律的差异，建立依据风力、辐照度分期的组合预测方法。

11.4　区域功率预测技术

区域新能源发电功率预测是指将同一区域中的各新能源电场（风电场/光伏电站）视为一整体进行功率预测。其主要原理在于同一区域内各电场的气象信息具有很大相关性，受气象条件允许的规律也基本一致。区域功率预测的方法主要分为累加法和统计升尺度法。

1. 累加法

累加法指基于区域内所有风电场/光伏电站功率预测结果，加和计算得到区域功率预测结果，其前提是该区域内风电场/光伏电站都具备功率预测的能力。单个风电场/光伏电站的功率预测可采用上述的物理方法、统计方法或多模型组合方法。

2. 统计升尺度法

统计升尺度区域预测技术是基于区域内样本电站的功率预测结果推算全区域功率预测值的一种方法。之所以采用统计升尺度方法进行区域预测，是因为功率预测误差具有平滑效应，区域装机规模越大，平滑效应越明显。统计升尺度方法有很多，典型的有反距离加权法、相关系数矩阵法。统计升尺度预测方法中样本电站的选择是关键。

第 12 章　调度计划与安全校核

通常电网未来运行状态都是无法准确预知的，而电力系统又要保证发用电实时平衡，从电网安全运行和经济运行角度考虑，需要由统一的调度运行机构通过调度计划与安全校核功能提前安排好未来一段时间内发输配用等可调度设备与资源的运行计划，把可预知的发电、电网、负荷的运行方式提前固定，非可预知的变化由电网调度运行人员根据系统实时运行状态灵活调度，减轻实时调度运行环节中调度人员的临时调度决策压力。

12.1　调度计划业务构成

调度计划主要指根据电力系统物理运行特性、按照一定的编制原则来合理安排未来一个周期内各类电力资源与设备的运行计划，提前发现系统运行风险，做好预防预控措施。广义的调度计划包括设备检修计划、送受电计划、发电计划及用电计划；狭义的调度计划主要指发电计划和送受电计划。

12.1.1　设备检修计划

设备检修计划包括输变电及发电机组检修计划，一般由设备运行单位根据设备运行周期检修要求提前向调度机构申请，调度机构结合电网电力电量平衡分析及运行风险分析对设备检修计划时间范围及相关影响区域进行调整和审批。

检修计划根据时间跨度分为年度、季度、月度、日、临时检修计划等。年度检修计划的时间跨度大，一般在每年年末安排下年的年计划。年度检修计划是当前内电网检修任务的总纲，具有战略性和指导性，但由于安排时无法预知未来某些情况，故年计划较为粗略，设备检修时间一般精确到月即可。季度检修计划在年度检修计划的基础上，根据季度实际设备运行情况对年度检修计划进行调整形成季度检修计划，季度检修计划相对年度检修计划来说更为具体，可以具体到设备停电检修开始和结束时间及用时，以此类推月度、日检修计划的编排和调整。临时检修因为设备消缺等特殊原因导致的检修。

合理安排设备检修计划对整个电力系统安全运行至关重要，一般会提前安排设备检修计划，以此为条件对电网电力电量平衡进行分析和发电计划安排，确保检修计划安排不会对电网安全稳定运行产生影响，必要时可以调整检修计划时间，确保发用电平衡和供电可靠性。

12.1.2　送受电计划

送受电计划是指电网间联络线计划，送受电计划按照时间跨度分为年度、月度、日前及实时计划。送受电计划主要由政府间或电网间框架协议和电网间各种交易合同确定，这种框架协议一般确定了电网间未来多年间的送受计划电量或价格，是一种长期协议。在上一年度末，政府或电网间确定未来一年内电网间交换总电量；在月度，根据年度送受电计划执行进度、剩余月度、当前月交易电量及电网各自发受电能力合理安排下一月度的月度计划电量；在日前，根据电网平衡情况及月度送受电计划执行情况安排次日送受电计划曲线；在日内，根据电网实际运行情况及时调整日前制定的送受电计划曲线。送受电计划安排在调度计划安排中处于优先地位，联络线计划编制是在各电网内部编制其各自发电计划之前并作为其计划编制边界条件，一般在确定送受电电量计划时就明确了其电力曲线。在无特殊情况下，送受端电网要通过各自 AGC 控制手段来严格执行电网间联络线交互功率计划。

12.1.3 发电计划

发电计划是在联络线计划、检修计划、系统负荷预测等已知条件下来安排各发电机组的发电计划，确保满足电力电量平衡要求及电网安全运行要求。机组是最重要的可调节资源且数量多、机组间运行特性和成本差异大，机组发电计划可调整空间大，合理的发电计划安排能够显著提升安全、经济及社会效益，同时，发电计划由于其编制对象为数量众多的发电机组且考虑的各类约束条件较多，导致发电计划编制是一项技术难度大、复杂度高的工作。

发电计划根据执行周期分为年度、月度、日前、日内、实时发电计划。上一周期的发电计划结果是下一周期发电计划编制的基础，下一周期的发电计划是对上一周期发电计划的滚动调整，随着这种周期迭代确保了最终的发电计划编制结果更加贴近电网实际运行要求，发电计划的可执行性大大加强。当前我国计划安排方式主要采用“三公”模式，即所有电厂计划编制目标是确保电厂其年度计划执行进度相等。

1. 年度发电计划

一般是在上一年度末根据下一年度的基数合同及年度交易电量合同进行叠加形成下一年度的年度总电量计划。在电力市场改革前，发电厂全年电量计划都是由政府主管部门计划安排的，在当前电力市场环境下，为了保障电厂生存需要及居民等保障性购电需求，一般每年为电厂安排一定保障性合同，即年度基数合同。年度基数合同是由政府主管部门根据年度经济增长预期、电力电量平衡及电厂上一年度利用小时数，综合考虑国家节能减排、资源优化配置等政策和机组运行等条件，制定确定电厂（或者机组）年度基数发电量计划。年度交易合同电量一般是发电厂与大用户、售电公司通过双边交易或集中竞价交易等形成获取的市场交易电量。

2. 月度计划

在确保年度计划电量执行完成的前提下根据当月月度市场交易电量、每月电力电量负荷预测情况，合理安排每月的计划电量及机组开停机计划。月度计划编制采用滚动调整方式，即根据年度计划电量已经完成情况及当前及未来剩余月份运行方式安排，调整生成当前月份及年度剩余月份计划电量。

3. 日前计划

编制次日各机组发电出力计划及开停机组合。由于在日前计划时电网次日运行状态已经相对明确，且日前计划编制结果将作为日内计划或调度执行的基础，因此在日前计划编制时，要充分考虑系统约束、机组运行约束及电网安全约束等条件，确保日前计划可执行性，减少日内调度时对日前计划的大幅度调整，减轻调度实时运行压力。日前计划编制是以各机组月度计划电量完成进度相等为目标。

4. 日内计划

基于当前电网实际运行状态、最新负荷预测、新能源预测等信息，每 15min 计算未来多个小时的机组发电计划和可快速启停机组的开停机计划。日内计划主要是在日前发电计划的基础上，针对电网运行状态的变化进行发电计划的偏差调整，使其计划结果更加符合当前电网运行需求，结果更加准确。

5. 实时发电计划

基于当前电网运行状态、最新负荷预测、新能源预测等信息，每 15min 计算未来 1～2h 的机组发电计划。由于实时发电计划非常临近实际执行环节，预留的时间已经无法开展机组启停决策，所以实时发电计划主要是在日内机组开停计划基础上进行发电出力的调整，实时发电计划出力调整一般也是根据最新电网运行状态对日内发电计划进行偏差调整。实时发电计划编制结果直接送到 AGC，作为 AGC 机组的基点功率，AGC 据此调整机组实际出力使其贴合已安排的实时发电计划。

12.1.4　用电计划

对于具备调节能力的可控负荷（包括储能设备），在考虑负荷设备调节性能条件下，调度机构根据电网调峰、调频需要安排负荷设备的用电计划。可控负荷提升了电网调节能力和调节性能，通过发电与用电之间的双向互动来实现电网削峰填谷，平滑负荷曲线。

目前，绝大部分负荷都是不可调节的，其用电行为具有随机性与不可中断性，一般情况下，电网对负荷侧用电行为也没有强制性要求。可控负荷作为可调度资源参与电网调峰、调频，设备改造及负荷调节对生产设备损耗及自身生产计划调整所产生的费用都需要通过一定机制得到补偿。调峰、调频辅助服务市场等市场化机制为可控负荷参与电网调节并获取合理收益提供了重要平台，调度机构根据可控负荷的市场报价来选取参与市场调节的可控负荷并安排其用电计划。

12.1.5　多周期递阶的调度计划协调优化

电力系统运行特点决定了发电计划编制是一个多周期持续滚动的过程，需要进行多周期持续动态优化，包括年度计划、月度计划、日前计划、日内滚动计划，滚动计算的结果发送 AGC 执行，实现闭环控制。目前国内各级调度中心大多采用“三公”+节能的调度模式，为了满足调度精益化要求，提升计划在资源优化配置上的整体最优性，进一步贯彻落实节能发电调度办法的实施，同时保证电厂的电量计划履行进度大致相当，需要通过多周期一体化发电优化调度技术，提升发电计划编制的安全性、经济性、节能性和公平性。

各周期发电计划编制及闭环控制示意图如图 12-1 所示。年度分月计划滚动编制，根据电厂机组年度发电计划和发电量计划实际完成情况，滚动优化更新未来各自的发电量计划；月度机组组合计划优化编制制订月度各机组的启停计划，并将月度电厂电量计划分解到日；日前计划优化编制根据短期负荷预测结果、受电计划等数据将电量计划形成 96 点出力计划；

实时计划优化编制根据超短期负荷预测和日内受电计划，计算获得以 15min 间隔的实时计划，该计划由负责跟踪计划的 AGC 机组执行，实现了计划的层层分解。

通过对电厂机组执行情况的监控，可以对多周期电能计划执行成效进行评估分析。

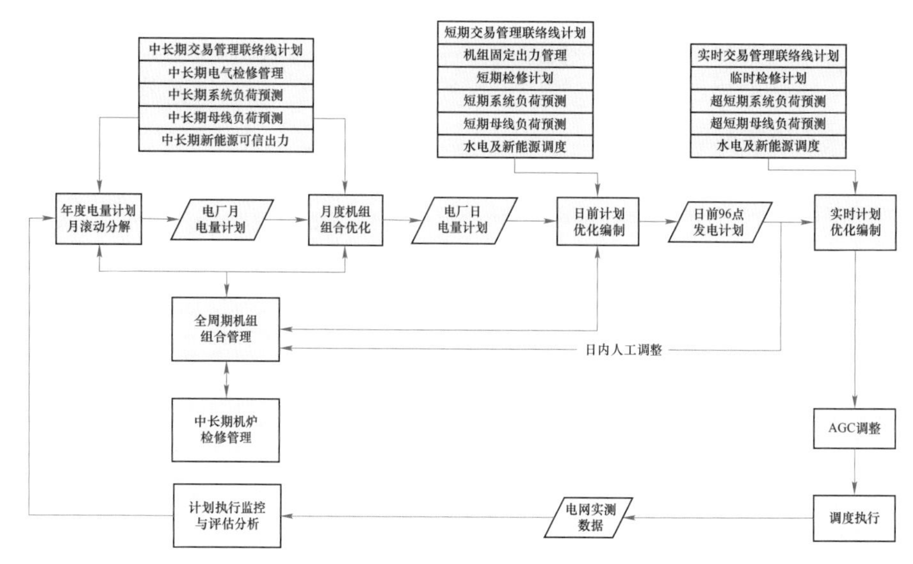

图 12－1　多周期发电计划编制及闭环控制示意图

12.1.6　多级调度计划协调编制体系

我国电网实行“统一调度、分级管理”原则，电力调度体系自上而下分为国家级、大区级、省级、地区级、县级等五级调度，五级调度机构分工协同对各自调管范围的电网设备进行监视、调度、控制，共同确保电力系统安全、稳定运行。调度计划根据不同调度机构的分工自上而下协调编制完成，上级调度机构完成其调管范围的计划编制后作为下级调度机构的计划编制的边界条件，下级调度机构完成计划编制后再反馈给上级调度机构进行安全校核。其中，国家级、大区级调度中心负责制定跨区、跨省电网间联络线输电计划及联络线检修计划；由于绝大部分大容量发电机组的调度控制权在省级电网，省级电网调度中心主要承担了机组发电计划及调管范围内输变电设备检修编制；地县级调度中心负责调管范围内运行设备检修计划编制，如图 12－2 所示。

多级调度计划编制流程如下：

（1）国家级调度中心在国家范围内综合考虑各种可调度资源利用情况及国家级电网范围内安全运行要求，按照一定原则进行跨区电网间联络线计划编制并下发给大区级调度中心。

（2）大区级调度中心以跨区联络线计划为固定的边界条件，综合考虑大区级电网范围内各种可调度资源情况及大区级电网安全运行要求，按照一定原则进行区域内部跨省电网间联络线计划编制并下发给各省级调度中心。

（3）省级调度中心以省间电网联络线计划为固定的边界条件，综合考虑省内各类机组运行特性、运行成本及省级电网安全运行要求，按照一定原则进行省级电网范围内机组发电计划编制。

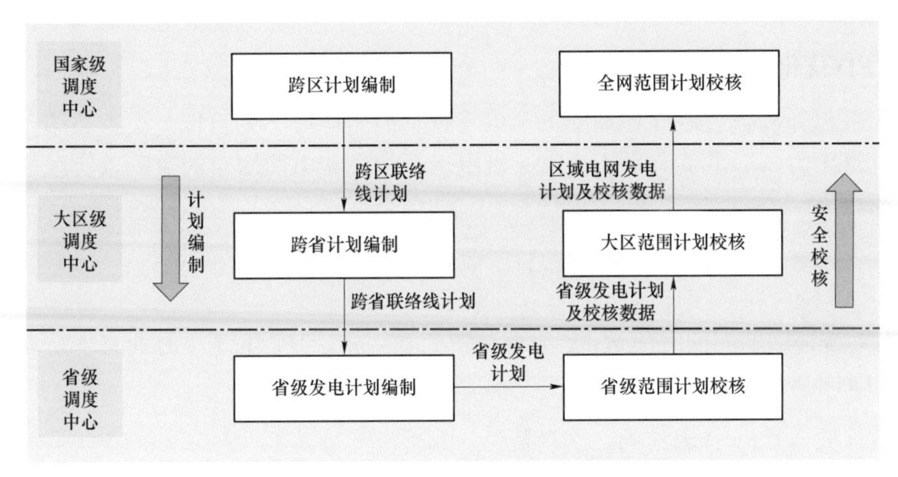

图 12-2　国分省三级调度计划业务流程

（4）省级调度机构完成省级发电计划编制后，把调度范围的机组计划、检修计划、负荷预测、稳定断面限额等数据上报给大区级调度机构，大区级调度机构收集所辖区域内各省级电网数据后开展区域电网安全校核，当发电计划不满足电网安全运行要求时，反馈给省级调度机构进行发电计划调整，直至通过区域安全校核。

（5）大区级调度机构把区域范围各省的机组计划、检修计划、负荷预测、稳定断面限额等数据上报给国家级调度机构，国家级调度机构收集所有分区级电网数据后开展全电网范围的安全校核，当发电计划不满足电网安全运行要求时，反馈给大区级调度机构，大区级调度机构根据情况对大区内联络线计划进行调整或进一步由其下级省级调度机构调整其省级电网发电计划，直至通过全网范围安全校核，调度计划编制流程结束。

12.2　安全约束经济调度

随着国家节能调度与智能调度的提出，传统的以满足公平和安全为目标的“三公”调度方式将不能满足节能和环保要求，取而代之的是安全约束经济调度（Security Constrained Economic Dispatch，SCED）。安全约束经济调度是在满足电力系统安全性约束的条件下，以社会福利最大化或系统总电能供给成本最小化等为优化目标，制定多时段的机组发电计划。

安全约束经济调度（SCED）问题在数学本质上为包含线性、非线性、非解析约束条件的大规模数学规划问题，需要考虑系统平衡、电网约束、机组自身约束条件以及实际运行约束条件，以最终确定节能、经济的机组发电计划。

早期经济调度多应用传统的等微增率原理，直接对各时段分别进行机组出力分配，但该方法不容易满足机组各时段间的爬坡速度约束。之后出现了基于前瞻技术的考虑机组爬坡速度约束的动态经济分配（Dynamic Economic Dispatch，DED），该类调度问题多采用动态规划（Dynamic Programming，DP）法进行求解，DP 法利用了机组爬坡速度约束弱耦合的特点，但仅能保证结果为每时段最优。SCED 既能满足机组在连续时段上的爬坡约束，又能保证电网的运行安全。

12.2.1 SCED优化目标

SCED 在已知机组启停计划基础上，以系统总的能耗最小为目标，根据系统预测负荷，优化调整机组出力，满足负荷平衡约束、机组运行约束和电网安全约束，以实现节能经济调度。目标函数为

$$\min F=\sum_{t=1}^{T}\sum_{i=1}^{I}[C_i(p_{i,t})] \tag{12-1}$$

式中：T 为系统调度期间的时段数；I 为系统机组数；$p_{i,t}$ 为机组 i 在 t 时的有功功率；$C_i(p_{i,t})$ 为机组 i 在 t 时的运行成本。

机组运行成本 $C_i(p_{i,t})$ 通常为二次函数

$$C_i(p_{i,t})=a_i p_{i,t}^2+b_i p_{i,t}+c_i \tag{12-2}$$

式中，a_i、b_i、c_i 为二次函数系数。

需要指出的是，SCED 只对开机机组合理分配其出力以达到目标最优，无需考虑机组开停费用。因为对于 SCED 来说，不改变机组已确定的开停方式，故对于整个系统其所有机组的开停费用已经固定，对于目标函数没有影响。

12.2.2 机组耗量特性

机组运行成本函数原始的 a_i、b_i、c_i 一般由设计参数或通过实验得到，之后进行曲线拟合，得到该机组的耗量特性曲线。图 12－3 是某典型火电机组拟合后的平滑凸二次特性曲线。

为降低复杂度，通常可在一定精度范围内将目标函数进行分段线性化，如图 12－4 所示，用以逼近原函数，从而将原问题转化为线性规划（Linear Programming，LP）问题，便于求解。

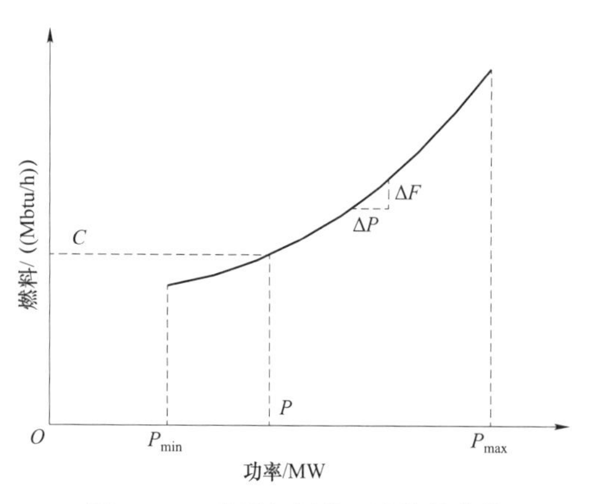

图 12－3　典型机组凸二次特性曲线

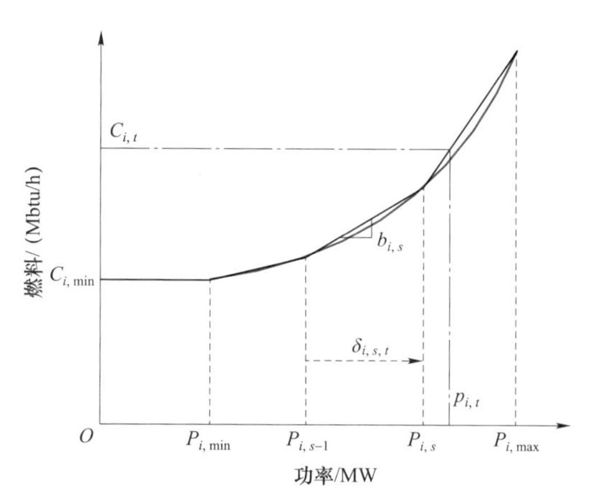

图 12－4　分段线性化后机组特性曲线

当所分段数足够多时，图 12－4 所示的分段线性函数将具有足够高的精度。但从工程实际的角度上，所分段数过多会导致求解时间大大增加，这就需要在精度与时间之间找到一个平衡点。在实际应用中，可根据对煤耗曲线的精度要求来决定所分段数。

由图 12－4 可得

$$p_{i,t}=P_{i,\min}u_{i,t}+\sum_{s=1}^{NS}\delta_{i,s,t} \tag{12-3}$$

$$C_{i,t}=C_{i,\min}u_{i,t}+\sum_{s=1}^{NS}b_{i,s}\delta_{i,s,t} \tag{12-4}$$

$$0\leqslant\delta_{i,s,t}\leqslant(P_{i,s}-P_{i,s-1})u_{i,t} \tag{12-5}$$

$$u_{i,t}\in\{0,1\} \tag{12-6}$$

式中：$p_{i,t}$ 为机组 i 在 t 时的出力；$P_{i,\min}$ 为机组 i 的出力下限；$C_{i,t}$ 为机组 i 在 t 时的成本；$C_{i,\min}$ 为机组 i 处于出力下限时对应的成本；$u_{i,t}$ 为 0/1 量，表示机组开停状态，对于 SCED 模型，$u_{i,t}$ 为已知参数；$\delta_{i,s,t}$ 为机组 i 在 t 时在分段曲线第 s 段上的出力；$b_{i,s}$ 为机组 i 在其分段曲线第 s 段的斜率（即微增成本）；$P_{i,s}$ 为耗量特性曲线中各分段区间的终点功率，其中起始点 $P_{i,0}=P_{i,\min}$。

12.2.3　SCED 约束条件

安全约束机组组合优化需要考虑系统平衡约束、电网安全约束、机组运行约束条件以及实际运行约束条件，以最终确定节能、经济的机组发电计划。

1. 系统平衡约束

（1）系统负荷平衡约束

$$\sum_{i=1}^{NI}p_{i,t}=P_t^d \tag{12-7}$$

式中：P_t^d 为 t 时的系统总负荷。目前在国内，P_t^d 为发电侧负荷预测，其中已经包含网损。

（2）系统旋转备用约束

$$\sum_{i=1}^{NI}r_{i,t}\geqslant P_t^r \tag{12-8}$$

式中：$r_{i,t}$ 为机组在 t 时提供的旋转备用；P_t^r 为系统在 t 时的旋转备用需求。

2. 机组运行约束

（1）机组出力上下限约束

$$P_{i,\min}u_{i,t}\leqslant p_{i,t}\leqslant P_{i,\max}u_{i,t} \tag{12-9}$$

式中：$P_{i,\min}$ 与 $P_{i,\max}$ 分别为机组 i 的出力下限与上限。

（2）机组加减负荷速度约束

$$-\Delta_i\leqslant p_i(t)-p_i(t-1)\leqslant\Delta_i \tag{12-10}$$

式中：Δ_i 为机组 i 每时段可加减负荷的最大值。

（3）发电机组开、停机过程的出力约束

$$P_i(t)-P_i(t-1)\leqslant SU_i \tag{12-11}$$

$$P_i(t-1)-P_i(t)\leqslant SD_i \tag{12-12}$$

式中：SU_i、SD_i分别为机组i开机与停机过程中的功率变化最大值。

（4）机组旋转备用约束

$$p_{i,t}+r_{i,t}\leqslant P_{i,\max}u_{i,t}$$

式中：$r_{i,t}$为机组i在t时提供的旋转备用。

3. 电网安全约束

（1）支路及断面输电极限约束

$$\left|p_{ij}(t)\right|\leqslant \overline{p_{ij}} \tag{12-13}$$

式中：p_{ij}、$\overline{p_{ij}}$分别表示支路或输电断面ij的潮流功率及上限。

（2）区域功率交换约束

$$-P_{z,t,\max}^{im}\leqslant \sum_{i\in Zone\ z} p_{i,t}-D_{z,t}\leqslant P_{z,t,\max}^{ex} \tag{12-14}$$

式中：$D_{z,t}$为区域z在t时的总负荷需求；$P_{z,t,\max}^{im}$为区域z在t时能输入的最大功率；$P_{z,t,\max}^{ex}$为区域z在t时能输出的最大功率。

4. 实用化约束

实际电力系统中，有部分机组在特定时段内需要按照给定的发电计划运行，在此特定时段内该机组出力不参与优化计算。

$$p_{i,t}=P_{i,t}\qquad (i,t)\in \text{PlanSet} \tag{12-15}$$

式中：$P_{i,t}$为固定计划集合PlanSet中机组i在t时的计划出力值。

12.2.4 SCED模型求解

由SCED数学模型可以看出，式（12-7）～式（12-15）中，除式（12-13）为非线性约束外，其他全部是线性的，目标函数式（12-1）中的二次函数经分段线性化后也为线性约束。

电网安全约束是SCED区别于经济调度（Economic Dispatch，ED）的主要特点，但电网约束必须在机组出力计划确定后才能算出支路潮流，这种互为因果的关系大大增加了问题的复杂性。考虑到SCED的工程应用场合，特别是在实时调度中，可在日前机组组合确定的机组启停发电计划基础上，形成调度周期内电网各时段的拓扑关系，进而得到各节点注入功率对各支路的灵敏度，以此将电网安全约束线性化

$$\left|\sum_{i\in M}[p_i(t)-l_i(t)]S_{ij}(t)\right|\leqslant \overline{p_{ij}} \tag{12-16}$$

式中：M为电网计算节点集合；$l_i(t)$为节点负荷功率；$S_{ij}(t)$为节点i的注入功率对支路ij的灵敏度。

此外，由于仅考虑机组有功功率的经济调度，故采用了工程上的简化做法，将电网安全

约束转化为线性的各节点注入功率对各支路的灵敏度形式，使其与出力优化过程结合起来，形成一个统一的模型。在将非线性条件线性化后，SCED 模型可以用线性规划方法进行求解。最终得到的系统内各机组分出力分配结果不但满足机组运行约束以及系统负荷平衡等约束，还满足电网安全约束。同时应用线性规划方法进行求解，既保证了计算精度，又能满足实时调度的时间要求。

12.3　安全约束机组组合

与安全约束经济调度仅对机组出力进行优化不同，安全约束机组组合（Security Constrained Unit Commitment，SCUC）是在满足电力系统安全性约束的条件下，以社会福利最大化或系统总电能供给成本最小化等为优化目标，制订多时段的机组开停机计划。

12.3.1　SCUC 优化目标

安全约束机组组合确定一组最优的机组开停方案以及出力计划，以最小的发电成本满足系统负荷及备用需求，同时满足机组出力上下限、爬坡/滑坡率、最小开停时间及电网安全等各种运行约束。

据此，其目标函数可表达为

$$\min F=\sum_{t=1}^{NT}\sum_{i=1}^{NI}[C_i(p_{i,t})+ST_{i,t}+SD_{i,t}] \tag{12-17}$$

式中：NT 为系统调度周期所含时段数；NI 为系统中参与调度的机组数；$C_i(p_{i,t})$ 为机组 i 在 t 时的发电成本；$SC_{i,t}$ 和 $SD_{i,t}$ 分别为机组 i 在 t 时的启动成本和停机成本。

12.3.2　SCUC 约束条件

在 SCED 约束条件的基础上，增加机组运行约束和实用化约束。

1. 机组运行约束

（1）机组爬坡/滑坡率约束为

$$p_{i,t}-p_{i,t-1}\leqslant RU_i(1-y_{i,t})+P_{i,\max}\,y_{i,t} \tag{12-18}$$

$$p_{i,t-1}-p_{i,t}\leqslant RD_i(1-z_{i,t})+P_{i,\max}\,z_{i,t} \tag{12-19}$$

式中：RU_i 与 RD_i 分别为机组 i 的爬坡率和滑坡率；$y_{i,t}$ 为 0/1 变量，表示机组 i 在 t 时是否开机（由停变开）；$z_{i,t}$ 为 0/1 变量，表示机组 i 在 t 时是否停机（由开变停）。

（2）机组最小开停时间约束为

$$\sum_{t=1}^{UT_i}(1-u_{i,t})=0 \qquad \forall i \tag{12-20}$$

$$y_{i,t}+\sum_{\tau=t+1}^{\min\{T,\,t+MU_i-1\}}z_{i,\tau}\leqslant 1 \qquad \forall i,\,t=UT_i+1\cdots T \tag{12-21}$$

$$\sum_{t=1}^{DT_i} u_{i,t} = 0 \qquad \forall i \tag{12-22}$$

$$z_{i,t} + \sum_{\tau=t+1}^{\min\{T,\, t+MD_i-1\}} y_{i,\tau} \leqslant 1 \qquad \forall i,\, t = DT_i + 1 \cdots T \tag{12-23}$$

$$UT_i = \max\{0,\, \min[T,\, (MU_i - TU_{i,0})\, u_{i,0}\,]\} \qquad \forall i \tag{12-24}$$

$$DT_i = \max\{0,\, \min[T,\, (MD_i - TD_{i,0})*(1-u_{i,0})\,]\} \qquad \forall i \tag{12-25}$$

式中：MU_i 与 MD_i 分别为机组 i 最小开机、停机时间；$u_{i,0}$ 表示机组 i 的初始状态；$TU_{i,0}$ 与 $TD_{i,0}$ 分别为机组 i 在初始时刻已经开机和停机时间；UT_i 与 DT_i 分别为机组 i 在调度初期为满足最小运行时间或停运时间而必须继续运行或停运的时间。

（3）与机组运行状态约束。

SCUC 模型在对机组的状态进行描述时，引入了 u 、y 及 z 三类变量，分别表示机组开停状态、是否开机和是否停机。这 3 类变量间存在以下依存关系

$$u_{i,t} - u_{i,t-1} = y_{i,t} - z_{i,t} \tag{12-26}$$

此外，在同一时刻，机组不能同时启动和停止。

$$y_{i,t} + z_{i,t} \leqslant 1 \tag{12-27}$$

（4）机组启停成本约束。

利用 y 和 z 两类变量，机组启动、停机成本可以方便地表达为

$$ST_{i,t} = y_{i,t} * \mathrm{STC}_i \tag{12-28}$$

$$SD_{i,t} = z_{i,t} * \mathrm{SDC}_i \tag{12-29}$$

式中：STC_i 与 SDC_i 分别为机组 i 的启动成本与停机成本。此处未考虑机组启动成本随停运时间不同而变化的情况。

2. 实用化约束

由于电力系统实际运行环境的差异，实际电网在安全约束机组组合优化时，需要考虑一些实用化约束来满足电网和机组运行的要求。

（1）机组检修约束为

$$u_{i,t} = 0 \qquad (i,t) \in \mathrm{Main\,tSet} \tag{12-30}$$

式中：Main tSet 为检修机组—时间集合，处于该集合内的机组时段要停机检修。

（2）必开/必停机组约束为

$$\begin{aligned} u_{i,t} &= 1 \qquad (i,t) \in \mathrm{RunSet} \\ u_{i,t} &= 0 \qquad (i,t) \in \mathrm{DownSet} \end{aligned} \tag{12-31}$$

式中：RunSet 为必开机组—时段集合，处于该集合内的机组时段必须要开机；DownSet 为必停机组—时段集合，处于该集合内的机组时段必须要停机。

3. 经营性约束

在某些特定环境下，安全约束机组组合优化可能要考虑经营性约束，这些约束依据不同

场合的实际情况而定。

（1）机组电量约束为

$$\sum_{i\in HI}\sum_{t\in HT}p_{i,t}\leqslant H_{HI,HT} \tag{12-32}$$

式中：HI 为考虑电量约束的电厂或机组群；HT 为考虑电量约束的调度周期。

（2）机组燃料约束为

$$\sum_{i\in FI}\sum_{t\in FT}F_{i,t}\leqslant F_{FI,FT} \tag{12-33}$$

式中：FI 为考虑燃料约束的电厂或机组群；FT 为考虑燃料约束的调度周期。

（3）照付不议燃料约束为

$$\sum_{i\in F_{tI}}\sum_{t\in F_{tT}}F_{i,t}\geqslant F_{F_{tI},F_{tT}} \tag{12-34}$$

式中：F_{tI} 为考虑照付不议（take-or-pay）燃料约束的电厂或机组群；F_{tT} 为考虑照付不议燃料约束的调度周期。

（4）机组排放约束为

$$\sum_{i\in EI}\sum_{t\in ET}E_{i,t}\leqslant E_{EI,ET} \tag{12-35}$$

式中：EI 为考虑排放约束的电厂或机组群；ET 为考虑排放约束的调度周期。

12.3.3 SCUC 模型求解

SCUC 模型求解算法一直是电力系统研究的热点领域，大致经历了 3 个发展阶段。

第 1 阶段，机组开停与出力分配分别优化，前者采用优先顺序法或动态规划法优化机组开停，后者在确定的开停计划基础上，采用基于等微增原理的 λ 迭代法分配机组出力。

第 2 阶段，出现了机组启停和出力分配的联合优化方法，如 Lagrange 松弛法和人工智能方法（如遗传算法、模拟退火算法等）。Lagrange 松弛算法在实际电力工业中得到广泛应用，但不能考虑电网安全问题，通常还需要辅助最优潮流 OPF 程序对各个时段的发电计划进行安全校正。由于 OPF 分别孤立地对每一个时段进行校正，因此容易引起机组出力在不同时段的反复调节，甚至违反机组爬坡速度和持续开停机的约束。

第 3 阶段，即当前考虑电网安全的安全约束机组组合 SCUC 优化算法，SCUC 提出了多时段上的机组开停、出力分配、电网安全的联合优化。目前主要有两种算法，Largrane 松弛算法和混合整数规划（MIP）算法，其中由于 Largrane 松弛算法在组合建模（如联合循环机组）和 Lagrange 乘子迭代方面存在一些困难，当前 SCUC 研究和应用较广的是 MIP 算法。

传统的 MIP 算法采用分支定界原理进行离散变量组合优化，由于存在“组合爆炸”问题，难以满足电力系统大规模优化的要求。但近几年，随着 MIP 算法的发展，特别是割平面算法、分支割平面算法的引入，MIP 在求解大规模优化问题方面得到长足进步，并成功应用于电力系统中。MIP 在求解 SCUC 的算法原理和过程如下：

（1）线性化。MIP 算法基于线性优化方法，在求解 SCUC 问题时，首先需要将非线性因素作线性化逼近，包括发电成本曲线的线性逼近、潮流约束的灵敏度线性化。

（2）松弛离散变量，求解松弛问题最优解。将 SCUC 问题中的离散变量松弛，形成不考虑整数约束的松弛问题，采用线性规划法求解松弛问题，该问题的最优解即为 SCUC 问题的理论下界值。

（3）以松弛问题的最优解为初始点，进行整数分割寻优，求解整数变量可行解。

（4）判断整数可行解与第（2）步中的松弛最优解之间的间隙是否满足收敛精度。如果满足则结束，否则转入第（3）步，寻找其他分支，直到满足收敛条件。

MIP 算法的核心在于组合分支的选择和寻优，这是决定 MIP 算法效率和实用性的关键。当前的 MIP 算法在分支寻优过程中，广泛引入的割平面技术，包括 Knapsack Covers，GUB Covers，Flow Covers，Cliques，Implied Bounds，Gomory Mixed－Interge Cuts 等，这些方法避免无效分支选择，加快组合空间的搜索。

12.4 静态安全校核

静态安全校核是对基于调度计划生成的电网未来运行方式断面进行基态潮流校核、静态安全分析和灵敏度分析。

12.4.1 潮流断面生成

1. 基础数据

潮流断面生成的基础数据有电网模型、初始运行方式数据、母线负荷预测、联络线计划、发电计划、设备检修计划。其中，电网模型详见 2.5 节；静态安全校核使用的方式数据来自历史保存断面，工程上多采用状态估计的断面，详见 8.2 节；母线负荷详见第 10.2 节；发电计划、联络线计划和检修计划详见本章相关内容。

2. 网络拓扑生成

静态安全校核利用检修反演机制，生成电网的正常运行方式，即以某状态估计断面为基础，在获取该断面时间对应的检修计划后，通过对检修计划的反演操作，如原先检修的设备予以并网，获得电网正常接排方式，然后根据校核时段的检修计划信息，进行相应的操作模拟，最终形成校核的电网拓扑。

3. 节点注入功率

静态安全校核将所有负荷节点的有功替换为母线负荷预测，将所有发电机功率替换为发电计划，将所有联络线节点注入功率替换为联络线计划。考虑到母线负荷预测精度存在一定偏差，当存在有功不平衡时，采用拉升母线负荷预测功率的方式保证功率平衡。

负荷节点的无功可采用母线负荷预测无功和利用功率因数折算两种方法获得，其中功率因数可以使用规程规定的值，或利用历史数据统计得到的工程经验值。

4. 潮流计算

利用交流潮流方法（PQ 解耦法、牛顿－拉夫逊法）获得未来断面的潮流分布，当交流潮流不收敛时，自动用直流潮流法计算，获得有功潮流分布。

12.4.2 基态潮流校核

基态潮流校核是根据潮流结果判断电网各设备是否满足安全运行要求，主要检查线路潮流是否过载、变压器是否过负荷、稳定断面有功是否满足控制限额要求、母线电压是否满足运行电压范围要求。

基态潮流校核检验输电线路有功是否满足式（12－36），输电线路有功限额采用式（12－37）计算

$$P_{\mathrm{L}} \leqslant P_{\mathrm{L,max}} \tag{12-36}$$

$$P_{\mathrm{L,max}} = \sqrt{3} U_{\mathrm{L}} I_{\mathrm{L,max}} \cos\varphi \tag{12-37}$$

式中：P_{L} 为线路有功功率；$P_{\mathrm{L,max}}$ 为线路有功限额，MW；U_{L} 为线路运行电压，kV；$I_{\mathrm{L,max}}$ 为线路长期电流上限，kA；$\cos\varphi$ 为功率因数。

基态潮流校核校验变压器各侧绕组有功是否满足式（12－38），变压器额定有功采用式（12－39）计算

$$P_{\mathrm{T}} \leqslant P_{\mathrm{T,max}} \tag{12-38}$$

$$P_{\mathrm{T,max}} = S_{\mathrm{T}} \cos\varphi \tag{12-39}$$

式中，P_{T} 为变压器绕组有功功率；$P_{\mathrm{T,max}}$ 为变压器绕组有功限额，MW；S_{T} 为变压器额定容量，MVA；$\cos\varphi$ 为功率因数。

基态潮流校核校验稳定断面有功是否满足式（12－40），稳定断面有功潮流采用式（12－41）计算

$$P_{\mathrm{WD,neg}} \leqslant P_{\mathrm{WD}} \leqslant P_{\mathrm{WD,pos}} \tag{12-40}$$

$$P_{\mathrm{WD}} = \sum_{i \in W} K_i P_i \tag{12-41}$$

式中：P_{WD} 为稳定断面有功功率；$P_{\mathrm{WD,pos}}$ 为稳定断面正向限额，MW；$P_{\mathrm{WD,neg}}$ 为稳定断面反向限额，MW；W 为稳定断面组成元件集合；P_i 为第 i 个组成元件有功；K_i 为第 i 个组成元件有功系数。

基态潮流校核校验母线电压是否满足式（12－42）。

$$U_{\mathrm{bus,min}} \leqslant U_{\mathrm{bus}} \leqslant U_{\mathrm{bus,max}} \tag{12-42}$$

式中：U_{bus} 为母线电压幅值；$U_{\mathrm{bus,max}}$ 为母线运行电压上限；$U_{\mathrm{bus,min}}$ 为母线运行电压下限。

12.4.3 静态安全分析

静态安全分析计算设备（或设备组合）开断后的潮流分布，并校验线路、变压器是否满足短时限额要求。

静态安全分析检验输电线路有功功率是否满足式（12－36），输电线路短时有功限额采用式（12－37）计算。不同的是，$P_{\mathrm{L,max}}$ 为线路短时有功限额，$I_{\mathrm{L,max}}$ 为线路短时电流上限。

静态安全分析校验变压器各侧绕组有功是否满足式（12－38），不同的是，$P_{\mathrm{T,max}}$ 为变压

器绕组短时有功限额，采用式（12－43）计算

$$P_{\mathrm{T,max}} = KS_{\mathrm{T}}\cos\varphi \tag{12-43}$$

式中，K 为变压器短时允许过负荷系数。

12.4.4 灵敏度分析

灵敏度分析计算未来网络拓扑下的节点注入功率转移分布因子和支路开断分布因子，计算方法详见 8.4 节。利用节点注入功率转移分布因子可以方便在 SCUC/SCED 模型中建立支路有功潮流约束，利用支路开断分布因子可以在模型中建立考虑 $N-1$ 故障的有功潮流约束。

12.5 中长期优化调度

随着智能电网建设的推进，对电网资源优化配置的要求不断增强，这对调度运行和调度计划提出了更高的要求。机组组合是调度计划首先要解决的问题，从经济效益和安全运行角度看，往往比经济调度问题更加重要。中长期机组组合可以在更长的时间跨度内统筹考虑电网运行效益，优化效果显著。同时，我国是以煤电机组为主的国家，这样的能源结构，也决定了机组不宜采用频繁启停优化的调度经营模式，从而凸显了中长期机组组合在实际生产中的重要性。

安全约束机组组合（SCUC）将机组开停、出力分配、电网安全联合优化，解决了电力生产的多时段连续过程优化问题，近年来在日发电计划优化领域得到了广泛的研究和应用。但将日前 SCUC 的优化模型扩展到中长期机组组合时，受计算效率的影响难以实用；同时，国内中长期计划的安排是以电量形式给出各电厂的总发电量，电量计划如何进行电网安全校核，直接关系到中长期计划执行的可行性，成为亟待解决的问题。在实际调度过程中，迫切需要中长期的电量、燃料等进度的跟踪、监视手段，以及对进度与电网安全、设备检修的整体优化决策。

12.5.1 中长期机组组合问题分析

中长期机组组合的核心是安排未来月份的电力、电量平衡，获得发电机组的中长期开停机方案，为日前发电计划的制定提供重要的参考依据。从电网实际调度运行的角度来看，中长期机组组合所关注的主要问题是：

（1）组合方案合理。根据中长期负荷预测和电量需求预测，统筹协调系统发电资源，分解落实中长期的电量、燃料、排放合同，制定切实有效的机组组合方案。

（2）计划安全可行。根据设备投运和检修计划，在满足电网安全约束的条件下，制定满足网络边界的中长期机组组合方案，并要求通过电网安全校核，保证中长期发电计划的可执行性。

（3）机组持续运行。在满足运行约束、检修约束、电网安全约束等条件下，应尽量减少机组的启停次数，保证机组持续运行。

作为中长期资源优化配置的重要内容，中长期机组组合建模求解的难度在于：

（1）机组组合问题是一个大规模混合整数非线性规划问题，对于短期机组组合问题，通

过 SCUC 技术，人们已经提出各种优化方法进行求解。虽然中长期机组组合问题可以通过扩展计算时段，采用与短期 SCUC 相同的模型进行求解，但 SCUC 的计算时间随计算规模呈指数增长，中长期 SCUC 的高维度会使得计算性能得不到保障。

（2）中长期发电计划基于合同电量，安全校核基于电力，中长期的电量、电力关系是个模糊概念。若将电网的电力约束折算为中长期电量约束，会严重影响电厂的发电量；也可以将电厂的中长期电量分解为电力计划，但电量分解原则难以确定。

（3）加入检修计划、机组连续运行的时间上耦合要求后，中长期机组组合成为一个模糊不清的复杂优化问题，给建模求解带来了难度。

12.5.2 中长期机组组合优化建模

中长期机组组合优化是根据需求预测，考虑系统平衡约束、机组运行约束、电网运行约束等各种约束条件，优化中长期机组组合计划。

1. 优化时段设计

中长期机组组合是一个长周期的发电计划，相对日前发电计划，中长期机组组合若采用精细的、以小时或 15min 粒度的 SCUC 优化模型，一方面程序计算性能受局限，计算效率较低；另一方面如此精细粒度在长周期计划里也没有必要，对实际生产缺乏指导意义。因此，中长期 SCUC 的设计遵循兼顾程序计算性能和中长期计划关键需求的基本原则，尽量简化程序的复杂性，提高计算性，同时解决中长期机组组合所关注的主要问题。

模型设计中长期 SCUC 的计算周期为 1 个自然月，计算粒度为日，即每日作为一个优化的逻辑时段。主要理由是：

（1）我国是以火电机组为主的国家，火电机组的启停费用高昂，且启停过程复杂，从理论上和实际上，一天之内机组都不可能两次启停，否则得到的组合方案是不经济的，基于此，采用一天作为一个优化时段是合理的。

（2）日粒度的优化时段设计，对于发电量的影响是很小的，可以做简单的误差分析：假设出现机组开机半天的情况，采用一天为一个时段后，在月度范围内的电量误差近似为 0.5/30，即 1/60，对于电量进度的影响很小，也印证了一天作为一个时段是合理的。

（3）采用一天为一优化时段，可以显著降低模型约束条件和变量的数目，提高计算性能。从计算规模来看，对于 N 台机组的系统，若要考虑 T 个时段的机组组合问题，则整数变量的数目为 $N\times T$，总的组合状态数为 $2^N\times T$；相比于日前 SCUC 的 96 个优化时段，月度 SCUC 的优化时段数为 30 个，仅为日前 SCUC 求解规模的 1/3，因此，模型的计算性能可以满足实际运行需求。

根据以上分析可知，采用日作为中长期机组组合的计算粒度是有效且合理的，同时，模型的计算性能可以得到保证。

2. 电量计算

采用每日作为一个优化时段，中长期机组组合以各日最大负荷曲线为研究对象，优化机组的开停状态，开机机组在峰荷出力必须满足系统负荷需求。中长期机组组合建模的核心是电力、电量关系的处理，模型中引入负荷率来描述电力电量关系，基于负荷率的机组日发电

量折算公式为

$$E(i,t)=P_{i,\max}u(i,t)R(i,t)\times 24 \tag{12-44}$$

式中：$E(i,t)$为机组i在t日的发电量；$P_{i,\max}$为机组i出力上限；$u(i,t)$为机组i在t日的启停状态；$R(i,t)$为机组i的在t日的负荷率。式（12－44）表示各机组的日发电量按运行状态，通过负荷率来等效折算。应指出的是，式中的$u(i,t)$与电力平衡、机组出力约束中的相同，或者说是同一组合方式下的电量折算。

机组负荷率$R(i,t)$由机组初始负荷率$r_{0,i}$和修正因子$r(t)$两项构成

$$R(i,t)=r_{0,i}r(t) \tag{12-45}$$

式中：$r_{0,i}$为计算参数，它给出了各机组的负荷率初值，同时表示了各机组间的负荷率比例关系；$r(t)$为t日的负荷率修正因子，是时变的优化变量，其对所有机组的初始负荷率$r_{0,i}$进行同步修正，获得机组的负荷率。

模型采用负荷率来处理电力电量关系是合理的，主要理由是：

（1）在中长期的调度周期，尤其对于火电机组，通常采用负荷率来衡量机组的发电水平，从生产运行角度，根据机组状态，就可以通过负荷率来定量机组发电量，因此，模型采用负荷率折算是有基础的。

（2）负荷率是电网的中长期经营指标，对于正常运行的机组，其负荷率一般在80%左右，因此，模型采用负荷率折算是有依据的。

（3）机组负荷率在模型中并不是固定值，而是根据各时段的开机方案动态修正，基于此，模型采用负荷率折算也是合理的。

3. 优化目标

中长期机组组合优化各日机组开停以满足月峰荷曲线，开机机组基于负荷率等效折算日发电量，优化目标是在满足各种约束的条件下，最小化各电厂中长期发电量与合同电量的差异。同时，为尽量减少机组的开停次数，在优化目标中加入机组的开机成本，以保证机组连续运行。

因此，中长期机组组合的优化目标包含两部分：一部分是电量进度偏差成本，通过对电厂的电量进度偏差进行分段，如图12－5所示，随着偏差量所在段数的增加，微增成本递增，从而优化电厂发电量贴近于其合同电量；另一部分是机组开机成本。

为了保证两部分成本量纲的一致，开机成本基于电量进度偏差的微增成本曲线进行折算，计算公式为

$$S_{i,t}=c_1L_1 \tag{12-46}$$

式中：$S_{i,t}$为机组i时段t的开机成本；c_1为电量进度偏差成本曲线的第一段微增成本；L_1为电量进度偏差成本曲线的第一段的长度。其物理意义为机组一次开机对电量完成进度的影响，等同于电量进度偏差曲线的第一段偏差量。对两部分成本线性求和，将此多目标规划问题转换为单目标优化，从而运用已有算法进行求解。

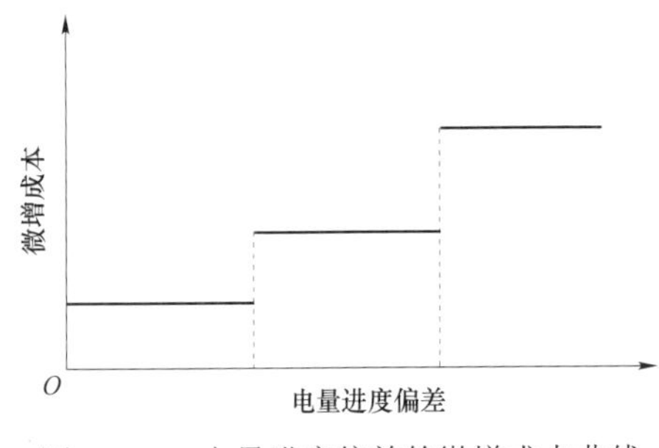

图12－5　电量进度偏差的微增成本曲线

4. 模型特征

结合中长期机组组合的关键因素建立优化模型，在理论上，上述建模思路具有以下特征：

（1）时段简化，以每日作为一个优化的逻辑时段，实现了关键需求与理论复杂性解耦。

（2）在同一组合方式下，采用负荷率来等效折算电量，实现了电力与电量解耦。

（3）安全校核基于电力，发电计划基于电量，电力与电量的解耦，进一步实现了计划与安全的解耦。

在此基础上，采用 SCUC 技术可以支持中长期发电计划的要求，通过简化建模，起到优化电力生产经营的效果，来解决中长期生产调度的实际问题。优化模型能够起到优化电力生产经营的效果，是解决我国调度模式中各种复杂运营问题的巧妙方法，也是解决长期计划中电量进度、燃料计划和电网安全的一种有效方法，具有普遍性和实用价值。

12.5.3　中长期机组组合优化业务流程

中长期机组组合优化基本思路是根据电厂或者机组年度分月计划发电量及过去时间电量完成情况，在满足电网未来负荷平衡、备用需求、机组运行和电网安全等约束条件下，优化编制未来常规机组的启停计划。中长期机组组合优化方法业务流程如图 12－6 所示。

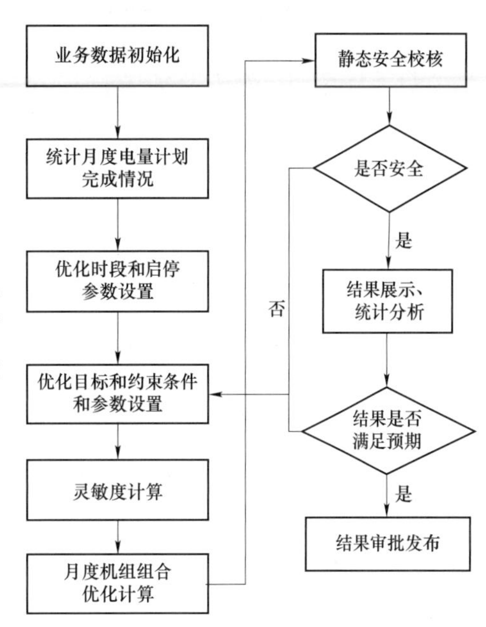

图 12－6　中长期机组组合优化方法业务流程

（1）业务数据初始化。确定需要进行月度发电计划滚动分解优化的计划时段，获取未来计划时段的最大负荷、最小负荷预测和备用需求、检修计划、联络线交换计划、新能源出力计划和稳定断面和监视元件等信息；统计月度发电量计划完成情况，计算各电厂（机组）的剩余月度发电量计划，并且确定月度发电计划滚动分解的优化参数。

（2）根据月度发电量计划滚动分解优化模型机组，采用混合整数规划法求解各计划时段启停状态、计划负荷率以及高峰、低谷有功出力。

（3）根据优化求解获得的各计划时段机组启停状态和高峰、低谷有功出力，考虑全部网络监视元件，进行安全校核；若没有新增监视元件潮流越限，则进入步骤（4），否则计算新增越限监视元件的灵敏度信息，进入步骤（2）。

（4）迭代结束，生成未来计划周期内发电机组的启停计划、计划负荷率，并计算各周、日电厂（或者机组）的发电量计划。机组启停计划和发电量计划经批准后向电厂发布并进入调度执行环节。

12.6　日前优化调度

日前优化调度功能根据次日负荷预测、新能源功率预测，考虑系统发用电平衡、机组运行、网络安全、新能源最大消纳等约束条件，采用 SCUC/SCED 核心算法，优化编制次日 96 点机组组合计划和出力计划。

日前优化调度支持节能调度、电力市场、“三公”调度三种调度模式。在负荷预测、新能源功率预测、母线负荷预测等基础数据具备的前提下，日前优化调度功能能够用于编制次日至未来多日的机组组合计划和出力计划，时段间隔为 15min，每日起止时间为 00:15～24:00。

在日前优化调度中考虑输电断面安全约束、指定输电元件安全约束、基态安全约束和 $N-1$ 安全约束，支持对日前优化调度进行基态潮流校核和 $N-1$ 安全校核。

12.6.1 日前优化调度业务流程

日前优化调度编制的业务流程主要包括启动、数据准备、数据校验、初始计划编制、优化编制、结果查询和结果发布七个环节，如图 12－7 所示。

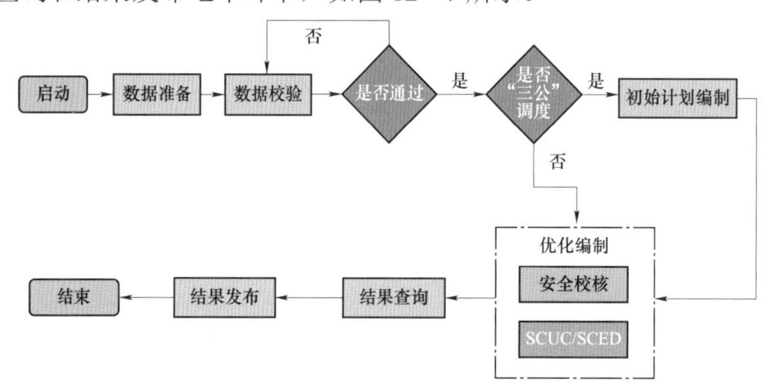

图 12－7　日前优化调度业务流程

1. 启动

日前优化调度只支持人工启动计算模式。

2. 数据准备

数据准备环节根据日前优化调度的计算范围创建算例，为日前优化调度提供计算场景。场景数据类型主要包括模型数据、方式数据、短期系统负荷预测、短期母线负荷预测、短期新能源预测功率、机组发电能力、输变电设备检修、稳定断面限额、联络线计划、固定出力计划、水电计划、系统备用需求、机组/电厂已完成电量、机组/电厂计划电量、上级调度机组发电计划等信息。数据准备环节的支撑功能包括数据接入、基础数据管理、经济模型管理、案例管理和参数设置。

3. 数据校验

数据校验环节对场景数据的完整性、合理性和关联性关系进行校验。数据完整性校验从时段和设备两个维度进行，保证数据的完备性；数据合理性校验通过与经验数据或相似日数据对比，过滤异常数据，保证数据的合理性；数据关联性校验是针对关联性约束进行校验，保证可行域的存在。数据校验环节的支撑功能为数据校验功能。

4. 初始计划编制

初始计划编制环节适应国内“三公”调度模式要求，根据电厂月度合同电量、月度已完成电量、机组月度检修等信息，计算机组负荷率，然后以机组负荷率为权重，在考虑机组最大最小技术出力、机组爬坡约束、机组停机信息、机组固定出力等约束条件的前提下，把系统负荷分配到每台机组，形成机组的初始出力计划。其他调度模式无此环节，该环节的支撑功能为初始计划编制功能。

5. 优化编制

优化编制环节通过优化计算和安全校核迭代计算得到满足不同调度模式下电网各类约束条件的机组组合计划和机组出力计划。安全校核为优化计算提供灵敏度、断面初始潮流等信息，优化计算输出机组组合状态、出力计划等信息，安全校核对优化计算结果进行安全分析，新增越限设备信息提供给优化计算重新计算，循环迭代。优化编制环节的支撑功能为优化计算和安全校核功能。

6. 结果查询

结果查询环节支持对机组组合状态、机组出力计划、设备潮流信息、重载越限设备、新能源消纳情况、机组调峰等信息进行查询，同时支持对机组出力计划的人工调整。

7. 结果发布

日前优化调度计划编制完成后，结果发布环节负责最终结果的批准和发布，发布对象是其他应用和其他调度系统，实现不同应用和不同调度系统间的数据共享。结果发布环节的支撑功能为结果发布功能。

12.6.2 日前优化调度业务功能

日前优化调度功能主要包括数据接入、基础数据管理、经济模型管理、案例管理、参数设置、数据校验、初始计划编制、优化计算、安全校核、结果查询、结果发布等模块，其功能架构如图 12－8 所示。

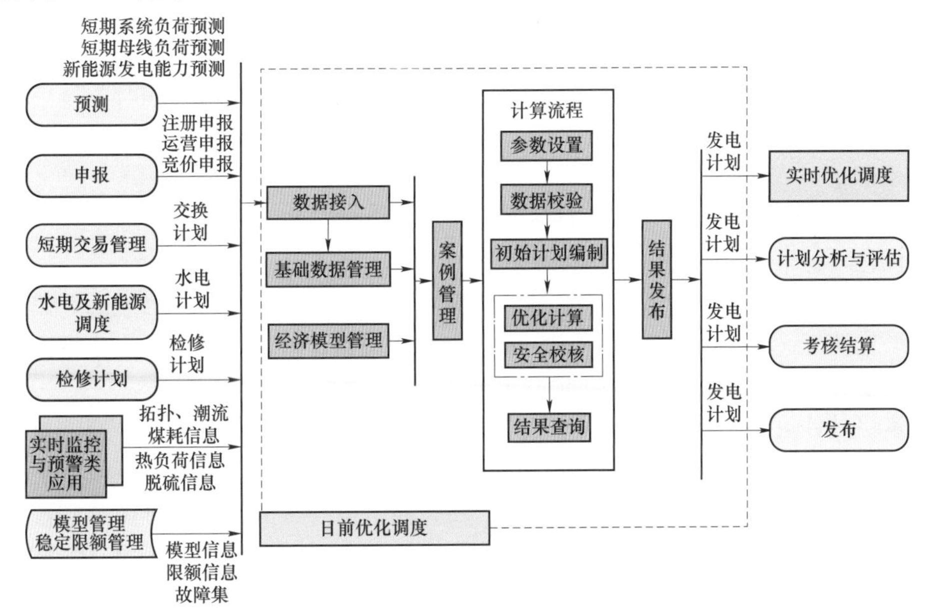

图 12–8　日前优化调度功能架构

1. 数据接入

数据接入采用标准E格式数据文件解析，实时监视不同应用和不同调度系统的E格式数据文件到达情况，及时解析各类数据文件并进行安全备份，为数据接入问题回溯提供条件。

2. 基础数据管理

基础数据管理支持对日前优化调度各类基础数据维护，主要功能包括系统负荷管理、母线负荷管理、联络线计划管理、监视元件管理、机组固定出力管理、稳定断面限额管理、检修计划管理、停机库管理、机组群管理、分区定义管理、约束管理工具和风电管理工具等。

3. 经济模型管理

经济模型管理是一种时间可回溯的电网经济模型管理方法，通过经济模型管理为物理模型中机组、联络线、负荷等主体定义一个带有生效时间和失效时间的经济主体，其经济属性可随时间动态变化，适应经济主体产权调整和时间回溯。通过机组、负荷、联络线等经济主体与物理模型主体的映射关系，将经济主体的相关结果自动关联到物理模型主体，用于潮流计算和安全校核，为安全经济一体化发电计划优化和结算考核提供模型基础。

经济模型主体一般包括机组、联络线和负荷。经济模型主体参数一般包括爬坡/滑坡速率、最大最小技术出力（支持不同季节）、最小开停机时间、机组煤耗曲线、机组启停曲线、机组竞价曲线、调度性质、多态启机成本（热、温、冷）、多态启机时间等。经济主体都具备生失效时间，相应参数信息同样具备生失效时间，根据电网实际运行情况设定。

4. 案例管理

案例管理以电网物理模型、方式数据、系统负荷预测、母线负荷预测、新能源功率预测、联络线计划、稳定断面限额、机组发电能力、机组固定出力、输变电设备检修、机组固定开停机、机组群出力限值、机组群电量限值、区域（机组群）开机台数限值、机组经济参数等信息为基础数据，根据日前计划时间跨区自动抽取所有相关数据，生成日前优化调度算例，为日前优化调度提供计算场景。

案例管理包括算例创建、算例保存、算例另存、算例删除等功能，同时支持根据历史数据生成指定时间范围内的算例，为未来和实际计算结果对比提供算例场景。

5. 参数设置

参数设置包括优化目标管理、约束条件设置和安全校核参数设置。

（1）优化目标管理。

优化目标管理包括调度模式、计算服务和调整策略。调度模式分为“三公”调度、节能调度和市场化调度；计算服务分为SCED和SCUC；调整策略划分为同步变化量调整、容量比例同步调整和可调容量比例同步调整。

调整策略是针对“三公”调度模式设置的，“三公”调度模式以与初始计划偏差量最小为目标对机组出力计划进行调整，同步变化量调整表示所有可调节机组相同时段调整量相同；容量比例同步调整表示所有可调节机组相同时段调整量以容量成比例；可调节容量比例同步调整表示机组出力上调整时以上调节容量为比例进行调整，下调整时以下调节容量为比例进行调整。上调节容量等于机组出力上限减去机组初始出力，下调节容量等于机组初始出力减去机组出力下限。

（2）约束条件设置。

约束条件设置负责设置所有约束条件的生效状态，约束条件包括机组运行类约束、系统运行类约束、机组群类约束、网络安全约束和实用化约束等。约束条件设置生效，则在优化计算时考虑；否则，优化计算不考虑。

（3）安全校核参数设置。

安全校核参数负责设置安全校核考虑的相关因素，具体包括分区平衡、功率不平衡分配方式、平衡机设置、潮流计算方法、潮流迭代次数、潮流迭代收敛精度、线路热稳限额/短时限额、变压器输送功率限额/短时限额、稳定断面限额、$N-1$ 扫描设备类型、$N-1$ 扫描区域、$N-1$ 扫描电压等级、预想组合故障设置等。

6. 数据校验

该功能负责对算例数据的完整性、合理性和关联性关系进行校验。数据完整性校验从时段和设备两个维度进行校验，保证数据的完备性；数据合理性校验通过与经验数据或相似日数据对比，过滤异常数据；数据关联性校验是针对关联性约束进行校验，保证可行域的存在。该功能设计了一个数据校验框架，支持各种校验规则的灵活配置，方便校验规则扩展。

7. 初始计划编制

初始计划编制主要服务于“三公”调度模式，其他调度模式可不执行该功能。

“三公”调度模式要求机组出力计划满足年/月度计划电量要求、日前机组出力计划走势与负荷预测走势趋同。为达到“三公”调度模式要求，首先，初始计划编制根据各电厂月计划电量、电厂月实际完成电量、机组月度检修计划、月剩余天数等信息，计算未来每日各机组需要完成的计划电量，通过归一化处理得到机组负荷率；然后，初始计划编制基于日前负荷预测、新能源功率预测、机组发电能力、机组检修计划、机组爬坡速率等信息，充分考虑电力电量平衡、机组运行等约束，以机组负荷率为权重分配各时段系统负荷至每台机组，得到与日前系统负荷走势趋同且跟踪月度计划电量的机组出力计划。由于此套机组出力计划未考虑网络安全，因此称之为初始出力计划，需要经过考虑网络安全的优化调整后，才能形成最终计划。

8. 优化计算

读取输入的基础数据，根据设置的优化目标、约束条件、计算参数调用优化算法进行计算，输出计划编制结果。优化计算与安全校核进行闭环迭代，安全校核生成灵敏度信息送给优化算法，优化算法基于灵敏度信息及设备限额开展满足安全约束的机组组合（SCUC）和安全约束的经济调度（SCED），计划结果送给安全校核进行安全分析，当出现设备越限时再次把新发现的越限设备及其灵敏度信息送给优化算法，由优化算法进行调整计算，直至满足电网安全约束，通过安全校核。

9. 结果查询

结果查询负责对日前优化调度计算结果的统计分析、查看和调整，不同的计算场景对应不同的分析结果，下面仅对计划查询调整、备用分析、新能源消纳分析和安全分析做简单介绍。

（1）计划查询调整。计划查询与调整是人工干预的重要手段，包括计划查询，成员和机组计划的调整，机组的所属参数查看，全时段机组组合状态查看，机组计划调整或者优化前后统计信息的查看，线路、变压器绕组和断面对机组灵敏度查看，机组对某一设备灵敏度查看，计划调整对选定设备的潮流查看，以及计划查询与调整的参数维护等功能。

（2）备用分析。基于日前计划编制结果，统计分析系统、区域、集团、市场成员、机组群、机组等多层级上、下旋转备用，并支持备用统计结果和备用预计划对比分析，实现对系统不同层级安全裕度的全面监控。

（3）新能源消纳分析。新能源消纳分析负责分析全网新能源消纳情况，分析方法可以分为接纳能力分析和网络受限分析。

接纳能力分析基于水电机组计划、机组发电能力、机组开停机状态、机组固定出力、联络线计划等信息，分析系统上下调节能力，通过与系统负荷对比得到新能源接纳能力。若新能源接纳能力大于新能源功率预测，则表明不考虑电网安全运行约束条件下，新能源可以完全接纳；否则，计算发用电不平衡导致的风电调峰功率。

网络受限分析是根据日前优化调度编制结果计算系统风电调峰功率，扣除发用电不平衡导致的风电调峰功率，得到网络受限调峰功率。

（4）安全分析。能够从时间维度、监视元件维度和预想故障维度多种角度，以表格、曲线、厂站图、超流图和地理接线图等多种方式展示安全校核结果。

从时间维度分析安全校核计算中出现重载、基态越限和预想故障越限的时段，可任意选择某个时段展示计划模式下的潮流和校核结果以及出现重载和越限的元件个数。

从监视元件维度分析安全校核计算中出现重载、越限和预想故障越限的时段数目，展示各元件在各时段的计划潮流。

从预想故障维度分析某一预想故障情况下出现重载和越限的时段个数，以及某时段越限最为严重的元件名称。

10. 结果发布

结果发布是调度计划相关应用与其他应用之间及其他外部系统之间的数据交换接口，它按照一定规范要求输出调度计划应用的结果数据给其他应用或系统。

12.7 实时优化调度

在电力系统实际运行过程中，由于短期负荷预测精度、联络线计划偏差、天气变化和发输电设备临时故障等因素，电网的实际运行情况与日前制订的发电计划会有一定功率偏差。因此，日前发电计划要在实时运行中进行修正，消除这一功率偏差。实时优化调度的主要任务就是如何跟踪并处理这些偏差，及时修正日前发电计划，满足系统实时负荷平衡，并保证电网的安全性。

实时优化调度根据日前发电计划、日前和超短期负荷预测、超短期新能源预测、联络线计划、停电计划、网络拓扑等信息，综合考虑系统平衡约束、电网安全约束和机组运行约束，采用考虑安全约束的优化算法编制。日内滚动计划编制以不超过 15min 为一个时段，时间范围为下一时段之后的 1h 至数小时。

实时优化调度能够自动计算机组出力计划，一般不对机组组合状态进行自动调整，只包含机组经济调度功能，并根据当前机组组合状态和系统负荷需求预测，自动评估计算时间范围内是否满足系统旋转备用和调节备用要求，当不能满足备用要求时能够告警提示，允许人工调整机组组合计划。实时发电计划模块要求高收敛率、高容错性、高可靠性，计算结果合理，符合实际调度需求，避免错误或较大偏离实际调度情况的计划结果以及无可用计划情况发生，这对于实时发电计划上线运行至关重要。

在调度生产中，实时发电计划编制主要以计划为主，优化调整机组出力后交给实时控制环节，作为 AGC 机组的控制目标或者基点功率。在 AGC 中由调度人员根据经验进行机组控制模式的设置，选择一部分机组用于跟踪实时发电计划，另一部分机组自动参与区域控制偏差（ACE）的调整。通过实时发电计划层面考虑实时调度对 AGC 机组的控制模式与调节容量的要求，实现实时计划与 AGC 的闭环协调运行，以提高电网超前预控能力和发电机组在线控制品质，减轻调度运行压力。

12.7.1 实时优化调度业务流程

实时优化调度主要业务流程如图 12－9 所示。

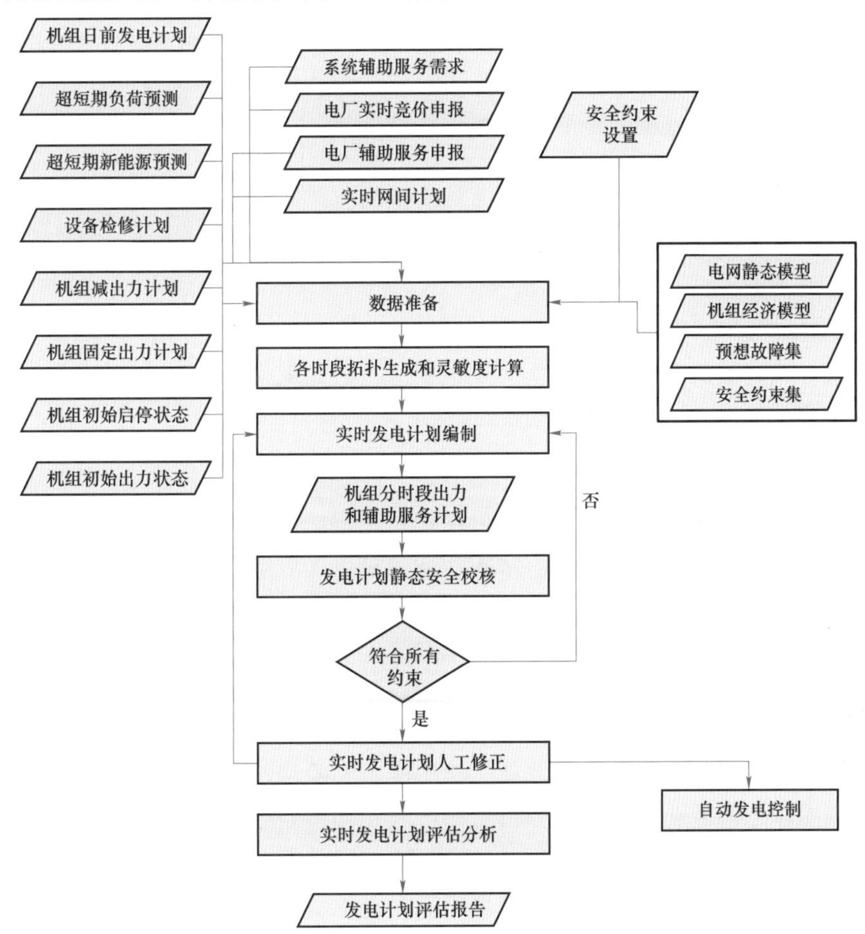

图 12－9 实时优化调度主要业务流程

（1）首先从超短期负荷预测系统获取未来选定时间范围内各时段的最新系统负荷需求预测、母线负荷需求预测，从超短期新能源预测系统获取最新的风、光新能源预测结果，并获取实时网间交换计划、辅助服务需求和设备（主要是机组、线路和变压器等）检修计划。此外，获取机组实时申报、辅助服务申报，以及状态估计后的机组当前运行状态、机组实际出力、机组减出力计划和机组固定出力计划等数据。

（2）获取已生成的各机组日前或日内发电计划。

（3）获取当前网络断面，并根据设备检修计划，自动生成各时段网络拓扑。

（4）根据网络模型注册信息，自动生成各计算时段机组安全约束条件、电网安全约束条件，采用线性规划或非线性规划算法，计算目标最优的实时机组出力计划和辅助服务安排。

（5）对步骤（4）形成的机组实时发电计划进行安全校核，包括基态安全校核分析和预定义故障集安全校核分析，如果发现有新的越限，则回到步骤（4）计算。

（6）安全校核通过后，形成符合电网安全约束要求的机组实时发电计划。可以人工调整各发电机组的实时计划，并提供各种灵活辅助调节手段。

（7）实时计划人工调整后发送到自动发电控制系统，通过自动发电控制通道下发电厂，控制各机组发电，对于不具备 AGC 调节能力的机组，再采用专用通道下发电厂。

（8）对实时发电计划进行评估分析，分析日前计划、日内计划和实时计划中机组总发电量变化、机组各时段电量分配比例变化、机组收益变化、全网购电费用变化、节能减排效果等指标。

实时发电计划大部分功能与日前发电计划编制类似，不同之处在于：

在自动周期计算模式下，按照设定周期自动调用数据准备和实时发电计划编制服务，计算最新实时发电计划。

在触发计算模式下，触发原则主要包括系统负荷预测与上次使用的负荷预测相差超过一定比例或者超过一定数值；机组运行状态发生变化时，如大机组停机或者启机；部分重要监视设备状态切换。此外，也可以人工触发计算。

12.7.2 实时发电计划优化方法

实时发电计划优化的本质在于日前发电计划与超短期系统负荷预测之间的功率偏差在承担该偏差的机组间是如何分配的。目前常用的做法是引入机组偏差调整成本，使得在保证电网安全的前提下，参与偏差分配机组的出力调整量最小。

机组偏差调整量最小模型采用机组调整偏差的绝对值函数，追踪日前发电计划曲线，但该模型对机组调整的正偏差和负偏差不做区分，在某些情况下，不能达到最优的系统节能目标。比如，当功率缺额为正时，需要机组增加出力，此时希望成本低的机组多承担出力；当功率缺额为负时，需要机组降低出力，此时希望成本高的机组多削减出力。而仅用偏差的绝对值是无法实现以上功能的。由以上分析可知，对于功率缺额在机组上的调整分配，工程实际中常用的机组出力偏差调整量最小模型已经不能适应对机组调整策略的新需求。

针对实时发电计划新需求，对机组出力调整不再采用绝对值函数进行建模，而是对其出力调整的正偏差和负偏差分别进行建模，以实现机组对于正偏差和负偏差的不同分配要求。

据此，可建立如下实时发电计划模型。

机组出力调整约束

$$p_{i,t}=P_{i,t}^{0}+p_{i,t}^{+}-p_{i,t}^{-} \tag{12-47}$$

式中：$p_{i,t}$为机组 i 在 t 时刻调整后的出力；$P_{i,t}^{0}$为机组 i 在 t 时刻的预设出力；$p_{i,t}^{+}$为机组 i 在 t 时刻的正调整量；$p_{i,t}^{-}$为机组 i 在 t 时刻的负调整量。

机组出力上下限约束

$$P_{i,\min}u_{i,t}\leqslant p_{i,t}\leqslant P_{i,\max}u_{i,t} \tag{12-48}$$

式中：$P_{i,\min}$与 $P_{i,\max}$分别为机组 i 的出力下限与上限；$u_{i,t}$为 0/1 量，表示机组开停状态。

机组正、负偏差最大调整量约束

$$P_{i,t,\max}^{+}=P_{i,\max}-P_{i,t}^{0} \tag{12-49}$$

$$P_{i,t,\max}^{-}=P_{i,t}^{0}-P_{i,\min} \tag{12-50}$$

机组出力在进行调整时，也需要考虑机组爬坡/滑坡率约束

$$p_{i,t}-p_{i,t-1}\leqslant R_{i}^{u}(1-y_{i,t})+P_{i,\max}\,y_{i,t} \tag{12-51}$$

$$p_{i,t-1}-p_{i,t}\leqslant R_{i}^{d}(1-z_{i,t})+P_{i,\max}\,z_{i,t} \tag{12-52}$$

式中：R_{i}^{u}与 R_{i}^{d}分别为机组 i 的爬坡率和滑坡率；$y_{i,t}$为 0/1 变量，表示机组 i 在 t 时刻是否开机（由停变开）；$z_{i,t}$为 0/1 变量，表示机组 i 在 t 时刻是否停机（由开变停）。

实时发电计划优化的本质在于功率偏差如何公平合理地分配给各台机组，而要控制功率偏差由特定机组承担的比例，只需设置相应的机组偏差调整成本即可[7]。若要改变机组出力调整原则，只需设置不同的机组偏差调整成本参数，模型无需修改。

为便于偏差的控制分配策略，可引入机组偏差调整量的分段调整成本，如图 12－10 所示，随着变化量的增加，调整成本也会增加。

采用分段递增调整成本后，随着机组出力变化量的增加，调整成本快速增大，如图 12－11 所示。通过对各机组在各偏差段调整成本的控制，可以达到不同的偏差分配效果。

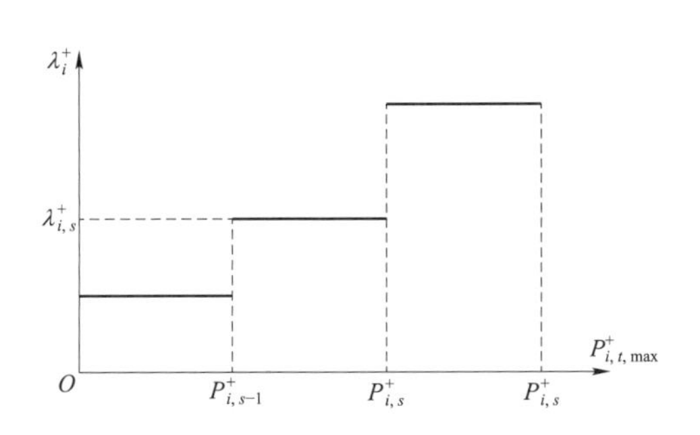

图 12－10　机组出力正偏差调整的分段调整成本

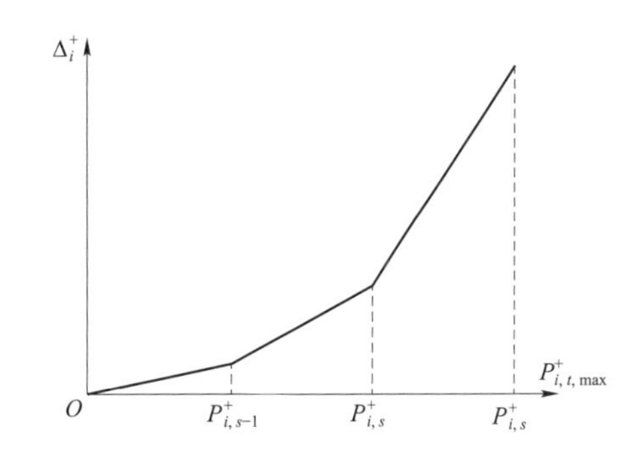

图 12－11　机组出力正偏差调整的分段调整成本函数

对 $p_{i,t,\max}^{+}$进行分段，并设置每段上的微增调整成本。由此得到正偏差调整成本为

$$\Delta_{i,t}^{+}=\sum_{s=1}^{S}\lambda_{i,s}^{+}\cdot\delta_{i,t,s}^{+} \tag{12-53}$$

式中：S 为分段函数总段数；$\delta_{i,t,s}^{+}$ 为机组 i 在 t 时刻在分段函数第 s 段上的变化量，为非负值；$\lambda_{i,s}^{+}$ 为机组 i 在其分段函数第 s 段的调整成本。

机组出力变化量采用分段累加表达

$$p_{i,t}^{+}=\sum_{s=1}^{S}\delta_{i,t,s}^{+} \tag{12-54}$$

$$0\leqslant\delta_{i,s,t}^{+}\leqslant P_{i,s}^{+}-P_{i,s-1}^{+} \tag{12-55}$$

式中：$P_{i,s}^{+}$ 为分段函数中各分段区间的终点功率。

与对正偏差的建模方法类似，可以得到负偏差调整成本以及负偏差量分别为

$$\Delta_{i,t}^{-}=\sum_{s=1}^{S}\lambda_{i,s}^{-}\cdot\delta_{i,t,s}^{-} \tag{12-56}$$

$$p_{i,t}^{-}=\sum_{s=1}^{S}\delta_{i,t,s}^{-} \tag{12-57}$$

$$0\leqslant\delta_{i,s,t}^{-}\leqslant P_{i,s}^{-}-P_{i,s-1}^{-} \tag{12-58}$$

至此，可以得到机组 i 在 t 时刻出力调整成本为

$$\Delta_{i,t}=\Delta_{i,t}^{+}+\Delta_{i,t}^{-} \tag{12-59}$$

实时发电计划模型优化目标为总调整量（F）最小

$$F=\min\sum_{t=1}^{T}\sum_{i=1}^{I}\Delta_{i,t} \tag{12-60}$$

由模型可知，随着机组出力调整量的增加，调整成本也相应增加，该模型可以控制各机组的出力调整幅度，通过设置不同机组间调整成本的相对大小，可以实现不同的调整效果，提高系统的节能降耗水平。

实时发电计划优化的约束条件主要包括系统平衡约束、机组运行约束、电网安全约束以及各类实用化约束条件。

实时发电计划优化模型对机组出力调整的正偏差和负偏差分别进行建模，因此可对正、负偏差实现不同的分配策略。例如，在按照发电成本调整模式下，对于价格低的机组，希望其多承担正偏差，少承担负偏差。要实现这一原则，可以将该机组的正偏差调整成本设置得较低，将负偏差的调整成本设置得较高，即可达到预期效果。

对于实时发电计划模块的收敛性和鲁棒性，可以增加网络越限松弛系数、系统平衡松弛系数等，保证模块在大多数情况下可靠收敛。

12.8　多源协调优化调度

大力发展新能源是我国保障能源安全、应对气候变化的重要举措。随着间歇能源大规模

集中接入电网，其不确定性、反调峰等特性为电力系统的安全、稳定运行以及电能质量带来严峻挑战。风电、光伏发电的波动性和间歇性特点要求系统必须匹配一定的灵活性电源，抽水蓄能作为大容量灵活调节电源，是目前配合风电最理想的调峰调频资源。为了提高电网间歇能源接纳能力，在电网调控层面上需要改变间歇能源与常规发电计划分开决策的方式，通过建立多源能源发电计划一体化优化模型和算法，提升电网消纳新能源的能力。

12.8.1　风电等间歇能源优化调度模型

大规模间歇能源接入电网后，可能会导致系统运行安全问题。以风电为例，在某些情况下，需要对风电进行弃风。考虑弃风后，目标函数仍为调度周期内系统总成本（煤耗）最低，由于风电发电成本为零，仅在发生风电弃风时考虑虚拟弃风惩罚成本。因此系统实际成本为常规火电机组发电成本，优化目标为

$$\min F=\sum_{t=1}^{T}\sum_{i=1}^{N}C_{i,t}+\sum_{t=1}^{T}\sum_{w=1}^{W}\Delta_{w,t} \tag{12-61}$$

式中：T 为系统调度周期所含时段数；N 为系统中参与调度的常规火电机组数；$C_{i,t}$ 为常规发电机组 i 在 t 时段的发电成本；W 为系统中风电机组数；$\Delta_{w,t}$ 为风电机组 w 在 t 时段的弃风惩罚成本。

为适应不同的调度需求，在风电火电联合优化调度计划模块中对于风功率的处理模式一般有以下 3 种。

模式 1：将风功率上报/预测出力作为固定出力计划，只优化常规火电机组出力，称为固定风电出力模式。

模式 2：设置风功率上报/预测曲线为出力上限，风电机组零发电成本（优先接纳），风电机组与常规火电机组全局优化，称为风电零成本模式。

模式 3：设置风功率上报/预测曲线为出力上限，增加风功率虚拟弃风成本，对弃风量进行惩罚，风电机组与常规火电机组全局优化，称为有序弃风模式。

由于系统存在调峰问题和网络通道受阻问题等原因，风功率不一定能够全额接纳。当风电接纳能力不足时，就需要进行弃风处理。对于固定风电出力模式，由于以风功率预测出力作为固定出力计划，优化模块不能对其进行优化调整，当风电接纳能力不足时只能进行人工弃风；对于风电零成本模式，优化模块自动弃风使系统总发电成本最小，但此时弃风功率在所有风电机组之间的分配具有一定随机性；对于有序弃风模式，风电接纳能力不足时，可以按照事先指定的顺序自动有序弃风，达到综合成本最小的目标。

在固定风电出力模式下，不考虑风电弃风成本，故有

$$\Delta_{w,t}=0 \tag{12-62}$$

同时考虑风电固定出力约束

$$p_{w,t}=P_{w,t}^{\text{fix}} \tag{12-63}$$

式中：$p_{w,t}$ 为风电机组 w 在 t 时段的出力；$P_{w,t}^{\text{fix}}$ 为风电机组 w 在 t 时段的预测出力，作为固定出力。

在风电零成本模式下，也不考虑风电弃风成本

$$\Delta_{w,t}=0 \tag{12-64}$$

同时以风功率预测出力作为风电出力上限

$$p_{w,t}\leqslant P_{w,t}^{\text{fix}} \tag{12-65}$$

在有序弃风模式下，引入风电弃风分段惩罚因子，该因子可以为电网公司对风电机组发生弃风时的补偿价格因数，也可为虚拟的仅具有数学意义的惩罚因子。同时要采用合理的函数来衡量风电机组的弃风电量，进而对常规机组和风电机组进行联合优化。

引入风电弃风分段惩罚因子后，弃风成本可表示为

$$\Delta_{w,t}=\sum_{s=1}^{S}\lambda_{w,s}\Delta p_{w,s,t} \tag{12-66}$$

式中：S为分段惩罚函数总段数；$\lambda_{w,s}$为风电机组w在其分段函数第s段的惩罚因子，该因子一般较大，以达到抑制风电弃风的效果；$\Delta p_{w,s,t}$为风电机组w在t时段在分段函数第s段上的变化量，为非负值。

风电机组弃风量采用分段累加表达

$$p_{w,t}^{\text{drop}}=\sum_{s=1}^{S}\Delta p_{w,s,t} \tag{12-67}$$

$$0\leqslant\Delta p_{w,s,t}\leqslant P_{w,s,t}^{\Delta}-P_{w,s-1,t}^{\Delta} \tag{12-68}$$

式中：$p_{w,t}^{\text{drop}}$为风电机组w在t时段的弃风量；$p_{w,s,t}^{\Delta}$为分段函数中各分段区间的终点功率。风电弃风分段惩罚因子随着弃风量的增加，惩罚因子也会增加。通过对风电机组在各段惩罚因子的控制，可以达到有序弃风的效果。

风电弃风量最小为0，最大值为风功率预测出力，因此有

$$P_{w,0,t}^{\Delta}=0 \tag{12-69}$$

$$P_{w,s,t}^{\Delta}=P_{w,t}^{\text{fix}} \tag{12-70}$$

$$p_{w,t}^{drop}\leqslant P_{w,t}^{\text{fix}} \tag{12-71}$$

在此模式下，风电机组出力为

$$p_{w,t}=P_{w,t}^{\text{fix}}-p_{w,t}^{\text{drop}} \tag{12-72}$$

12.8.2 抽水蓄能优化调度模型

抽水蓄能机组作为电力系统中重要的储能装置，具有削峰填谷功能，能够有效减少风电等间歇性能源并网对电网运行的冲击，抵消风电功率的随机性、波动性及反调峰特性对电网安全造成的威胁，提升电网调峰能力和系统运行的灵活性，对于提高电网安全、稳定、经济运行水平具有重要作用。

抽水蓄能机组可以在发电机和电动机两种状态中转换，负荷低谷时作为电动机从电网吸收功率，给上水库注水，负荷高峰时作为发电机向电网注入功率，从而起到削峰填谷的作用。

上水库容量有限，下水库容量相对较大，所以对上水库的容量限制较严格。抽水蓄能机组在发电状态时，可以看作是一台水电机组，出力可在限值区间内任意调节，启停速度很快，一般没有爬坡（滑坡）速度限制，也没有最小开停时间限制。

抽水蓄能机组在抽水状态时，功率不可以任意调节，一般只运行于最优功率点附近，即只能以固定功率从电网吸收电量。如果功率需要调节，也不能连续调节，只能运行于几个间断的功率点上。

由以上分析可知，抽水蓄能机组具有多种运行状态，不同的运行状态具有各自的成本曲线、出力范围以及爬坡速率等参数。在抽水蓄能机组模型中，为了更精确地描述各个运行状态，可将每一运行状态当作一台虚拟机，即可将抽水蓄能机组的发电状态看作是虚拟发电机，抽水状态看作是虚拟电动机。同时，由于这些虚拟机对应同一台抽水蓄能机组，因而在同一时刻，只有一台虚拟机能处于运行状态。抽水蓄能机组处于不同的运行状态，对外表现出不同的物理特性。

由抽水蓄能机组的运行特性可知，其特性曲线如图 12－12 所示。

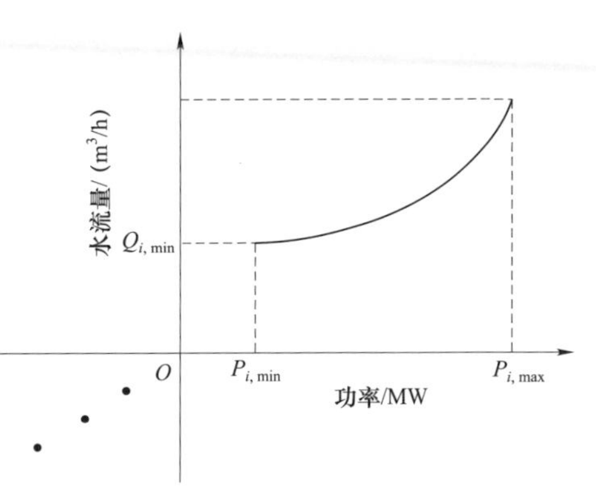

图 12－12　抽水蓄能机组特性曲线

特性曲线在第一象限的部分和原点构成了虚拟发电机的特性曲线，这和普通水电机组是类似的。其在第三象限的几个离散点代表虚拟电动机的几个间断的功率点，当抽水蓄能机组处于抽水状态时，其从电网吸收功率，功率值一般处于最优工作点附近。

由以上分析，在对抽水蓄能机组进行建模时，可以对其两个工作状态分别建模，之后通过状态间的运行关系耦合起来。

1. 抽水蓄能机组出力特性模型

由抽水蓄能机组的工作原理可知，其对于机组组合模型目标函数的影响在于通过削峰填谷降低整个系统在优化周期内的总发电成本。对于抽水蓄能机组来说，其运行成本 F 仅包括其在不同工作状态间转换时产生的成本，即虚拟发电机的启动成本和虚拟电动机的启动成本为

$$\min F = \sum_{t=1}^{T}\sum_{i=1}^{I}(C_{i,t}^{\text{gen}} + C_{i,t}^{\text{pm}}) \tag{12-73}$$

式中：T 为系统调度周期内的时段数目；I 为系统中抽水蓄能机组数目；$C_{i,t}^{\text{gen}}$ 为机组 i 虚拟发电机在 t 时段的启动成本；$C_{i,t}^{\text{pm}}$ 为机组 i 虚拟电动机在 t 时段的启动成本。

抽水蓄能机组的两种工作状态分别被虚化为虚拟发电机和虚拟电动机。其中虚拟发电机模型与普通机组类似，此处不再赘述。对于虚拟电动机来说，其从电网吸收功率，功率值处于几个功率状态其中之一，即

$$P_{i,t}^{\text{pm}} = \sum_{m=1}^{M} P_{i,m} \cdot I_{i,m,t}^{\text{pm}} \tag{12-74}$$

$$Q_{i,t}^{\mathrm{pm}}=\sum_{m=1}^{M}Q_{i,m}\cdot I_{i,m,t}^{\mathrm{pm}} \tag{12-75}$$

式中：$P_{i,t}^{\mathrm{pm}}$为机组i虚拟电动机在t时段消耗的功率；m标志机组i虚拟电动机的功率点；M为机组i虚拟电动机的功率点数目；$I_{i,m,t}^{\mathrm{pm}}$标志机组i虚拟电动机在t时段是否处于功率点m；$P_{i,m}$为机组i功率点m的功率值；$Q_{i,t}^{\mathrm{pm}}$为机组i虚拟电动机在t时段的抽水量；$Q_{i,m}$为机组i处于功率点m时的水流量。

机组i虚拟电动机的开停机约束为

$$\sum_{m=1}^{M}I_{i,m,t}^{\mathrm{pm}}-\sum_{m=1}^{M}I_{i,m,t-1}^{\mathrm{pm}}=y_{i,t}^{\mathrm{pm}}-z_{i,t}^{\mathrm{pm}} \tag{12-76}$$

$$y_{i,t}^{\mathrm{pm}}+z_{i,t}^{\mathrm{pm}}\leqslant 1 \tag{12-77}$$

式中：$y_{i,t}^{\mathrm{pm}}$为0/1变量，表示机组i虚拟电动机在t时是否开机（由停变开）；$z_{i,t}^{\mathrm{pm}}$为0/1变量，表示机组i虚拟电动机在t时是否停机（由开变停）。

抽水蓄能机组在任一时刻只能处于一种工作状态，即对应于同一抽水蓄能机组的各虚拟机在同一时刻只能有一种处于运行状态

$$I_{i,t}^{\mathrm{gen}}+\sum_{m=1}^{M}I_{i,m,t}^{\mathrm{pm}}\leqslant 1 \tag{12-78}$$

至此，可得到抽水蓄能机组的出力特性

$$P_{i,t}=P_{i,t}^{\mathrm{gen}}-P_{i,t}^{\mathrm{pm}} \tag{12-79}$$

$$Q_{i,t}=Q_{i,t}^{\mathrm{gen}}-Q_{i,t}^{\mathrm{pm}} \tag{12-80}$$

式中：$P_{i,t}$为抽水蓄能机组i在t时段的出力；$P_{i,t}^{\mathrm{gen}}$为机组i虚拟发电机在t时段的出力；$Q_{i,t}$为机组i在t时段的耗水量；$Q_{i,t}^{\mathrm{gen}}$为机组i虚拟发电机在t时段的耗水量；$I_{i,t}^{\mathrm{gen}}$为0/1量，表示机组i虚拟发电机在t时段是否运行，即机组i在t时段是否处于发电状态。

2. 抽水蓄能机组工作状态转换模型

抽水蓄能机组一般不直接在发电状态和抽水状态转换，而是首先要停机几分钟。对于调度计划编制来说，每一时段一般为15min或1h，因此只需限制停机一个时段即可。建模时，可限制抽水蓄能机组不能直接由发电状态跳转至抽水状态，同样也不能直接由抽水状态跳转至发电状态（即必须以停机状态作为中间状态才能转换）。

$$\sum_{m=1}^{M}I_{i,m,t}^{\mathrm{pm}}\leqslant 1-I_{i,t-1}^{\mathrm{gen}} \tag{12-81}$$

$$I_{i,t}^{\mathrm{gen}}\leqslant 1-\sum_{m=1}^{M}I_{i,m,t-1}^{\mathrm{pm}} \tag{12-82}$$

由式（12－81）可知，若机组i在$t-1$时段处于发电状态，即$I_{i,t-1}^{\mathrm{gen}}=1$，不等式右端为0，则不等式变为$\sum_{m=1}^{M}I_{i,m,t}^{\mathrm{pm}}\leqslant 1-1=0$，由此可得$I_{i,m,t}^{\mathrm{pm}}=0\quad\forall m$，即在$t$时刻，抽水蓄能机组不可能处于抽

水状态；若 $t-1$ 时刻不为发电状态，$I_{i,t-1}^{\text{gen}}=0$，不等式右端为 1，则不等式变为 $\sum_{m=1}^{M} I_{i,m,t}^{\text{pm}} \leqslant 1-0=1$，此时对 $I_{i,m,t}^{\text{pm}}$ 的取值没有限制。对式（12－82）的分析类似。

3. 抽水蓄能机组水库水量约束

由抽水蓄能机组工作原理可知，是以上下水库的水量作为电能转换介质的，故本书通过上下水库水量的消长来体现电能与势能的转换。

对于抽水蓄能机组的上水库，其水量增减可如下建模

$$V_{i,t}^{\text{up}} = V_{i,t-1}^{\text{up}} - Q_{i,t}^{\text{gen}} + (1-\alpha_i) Q_{i,t}^{\text{pm}} \tag{12-83}$$

式中：α_i 为抽水蓄能机组 i 在抽水状态时的水量损耗率。

上水库水量限制为

$$V_{i,\min}^{\text{up}} \leqslant V_{i,t}^{\text{up}} \leqslant V_{i,\max}^{\text{up}} \tag{12-84}$$

上水库水量在初始时刻及末时刻水量限制为

$$V_{i,'0'}^{\text{up}} = V_{i,\text{init}}^{\text{up}} \tag{12-85}$$

$$V_{i,'96'}^{\text{up}} = V_{i,\text{end}}^{\text{up}} \tag{12-86}$$

对于抽水蓄能机组的下水库，模型如下

$$V_{i,t}^{\text{down}} = V_{i,t-1}^{\text{down}} + (1-\beta_i) Q_{i,t}^{\text{gen}} - Q_{i,t}^{\text{pm}} \tag{12-87}$$

$$V_{i,\min}^{\text{down}} \leqslant V_{i,t}^{\text{down}} \leqslant V_{i,\max}^{\text{down}} \tag{12-88}$$

$$V_{i,0}^{\text{down}} = V_{i,\text{init}}^{\text{down}} \tag{12-89}$$

式中：β_i 为抽水蓄能机组 i 在发电状态时的水量损耗率。

对于下水库，可不考虑其在末时刻的水量约束。原因如下：

（1）如果模型不考虑水量损耗，则该约束为冗余约束，由上下水库水量增减约束和上下水库水量初始约束可推出改约束。

（2）若考虑水量损耗约束，则在抽水蓄能机组运行过程中上下水库总水量是动态变化的，末时刻的上下水库水量只能控制一个，而对于抽水蓄能机组来说，上水库水量较小，下水库水量较大，削峰填谷更多地取决于上水库水量情况，因此控制上水库水量更有实际意义。

12.9　案例应用

以某日 96 时段（每时段为 15min）实际数据为例，将风电功率与抽蓄机组联合优化。日前风功率预测曲线如图 12－13 所示。

经过优化计算，抽蓄机组的发电计划曲线如图 12－14 所示。

风电与抽蓄机组的联合出力曲线如图 12－15 所示。

由此可知，利用抽水蓄能机组的储能作用进行削峰填谷，与风电机组统一优化，增加了风电消纳量，避免风能资源的浪费。抵消风电随机性、波动性及反调峰特性对电网安全稳定

运行造成的影响，改善系统负荷的峰谷特性，降低常规火电机组参与启停调峰的次数，提高火电机组节煤减排效益。

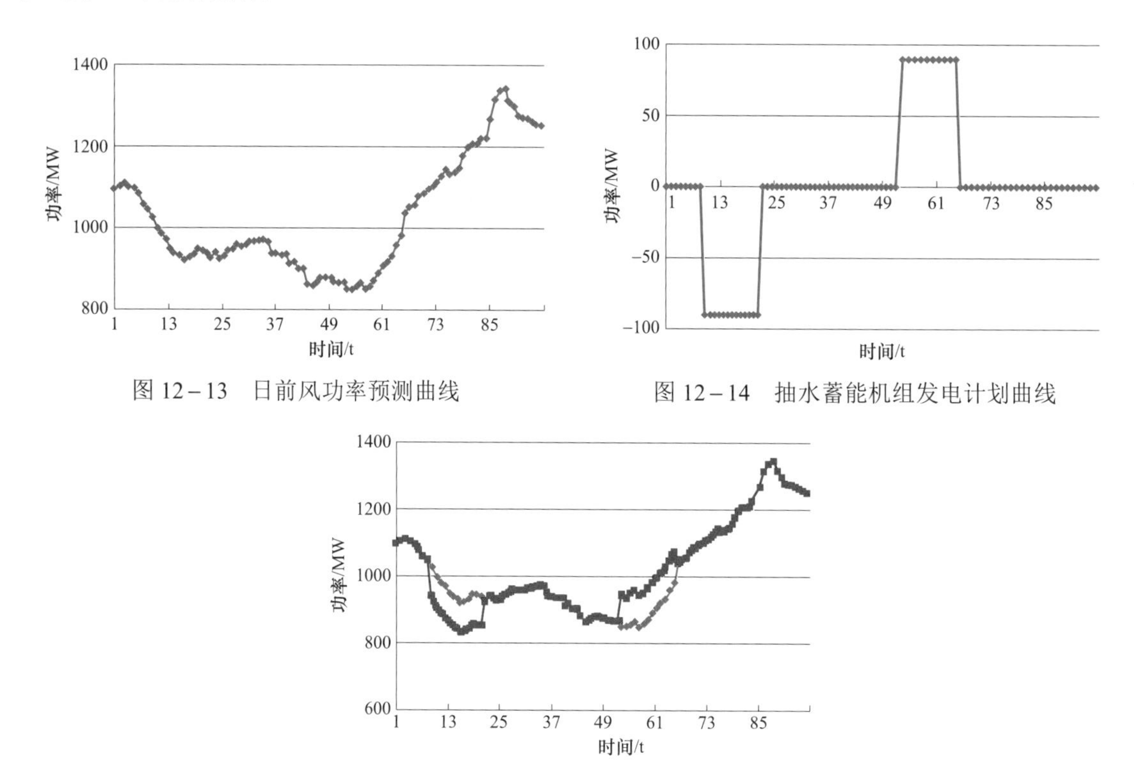

图 12-13　日前风功率预测曲线

图 12-14　抽水蓄能机组发电计划曲线

图 12-15　风电与抽蓄机组联合出力曲线

第13章　调控员培训仿真

调度员培训仿真（Dispatcher Training Simulator，DTS）系统和监控员培训仿真（Operator Training Simulator，OTS）系统是用于培训电力系统调度员和监控员的培训软件。利用计算机技术模拟电网调度系统的仿真运行环境，帮助调度员和监控员完成许多在真实运行环境中无法开展的工作，如方式操作、事故分析、紧急情况处理等，且不会对真实系统产生任何影响，从而达到培训学习及联合演习的目的。

作为电网调度控制系统的一个应用模块，是构建于底层平台之上的，运行时需要调用平台的数据库服务、实时库服务、服务总线、消息总线、图形服务回调等接口来构建自身的仿真应用平台，同时，在进行具体应用功能仿真时，相应提供一个应用运行环境，使具体应用尽量能无缝、平滑嵌入仿真环境，从而最大化保证仿真系统的真实性。

调控员仿真系统通过模拟电力系统和控制中心为调控人员提供一个逼真的环境，其系统结构如图13－1所示。

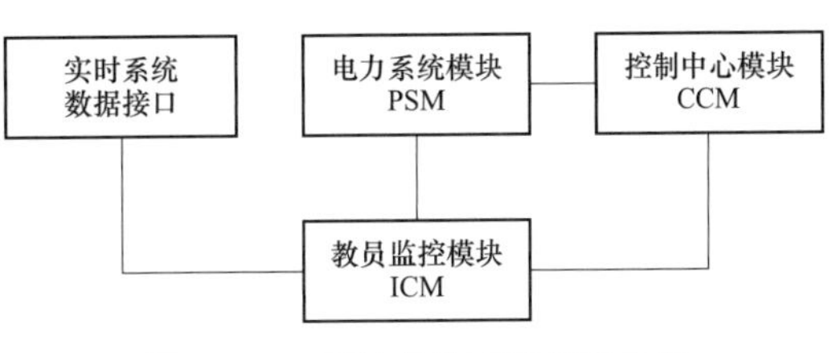

图13－1　调控员仿真系统结构图

1. 控制中心模块（Control Center Module，CCM）

CCM与实际控制中心一致，并且具备能源管理系统的部分功能，为培训模拟提供仿真环境，包括数据采集和监控（Supervisory Control and Data Acquisition，SCADA）、自动发电控制（Automatic Generation Control，AGC）、自动电压控制（Automatic Voltage Control，AVC）、网络分析（Network Analysis，NA）等。

2. 教员监控模块（Instructor Control Module，ICM）

教员监控模块为调控员提供监视和控制培训过程的功能，包括初始化仿真数据、调整控制参数、设置事件序列、干预培训过程等。

3. 电力系统模块（Power System Module，PSM）

PSM模拟电力系统网络及电力设备的动静态特性，包括发电机、变压器、线路、负荷、继电器等，同时亦需考虑计算速度、模型精度、仿真时长等要素。

13.1　控制中心模型

学员台构建了仿真控制中心用来模拟与实际调度控制中心相同的系统环境，其中包括电网实时监控与智能告警、电网自动发电控制（AGC）、自动电压控制（AVC）以及网络分析等应用功能；构建实时调度计划仿真环境，模拟实时计划调整手段和效果；采用与实时监控与预警类应用安全一致的功能和界面。基于控制中心仿真，学员可以进行培训态下电网的监视和控制，并且可以应用其中的各种分析工具。各应用运行在培训态下，不会对实时态下的应用产生任何影响。

13.1.1 电网实时监控与智能告警仿真

控制中心 SCADA/EMS 功能仿真是调控员仿真系统的一个重要组成部分，保证给调控人员创造一个真实的环境，使调控人员有身临其境的感觉，提高培训效果。具体功能包括数据采集和更新（包括全遥信、全遥测、变化遥信、变化遥测等），派生数据计算和数据处理，遥控遥调仿真，越限和变位监视，拓扑着色功能，报警处理，数据统计，人机界面，模拟通道故障、RTU 故障、坏数据、遥测的延迟、偏差、随机噪声等，曲线监视及查询，其他信息的查询。

13.1.2 AGC 仿真

可模拟和监视内部电网的 AGC 功能，可实现调功、调频和区域控制误差（ACE）和 CPS 调节等多种调节模式。能实现分区 AGC，在仿真系统中，学员台 AGC 系统根据仿真电网的数据实现电网的调功、调频、区域控制误差（ACE）和 CPS 调节。这些调节命令将通过遥调命令修改相应机组的出力，以实现调节目标，这些调节过程同实际电网一样是不断反馈逐步调节的，最终达到调节目标。

13.1.3 AVC 仿真

AVC 功能的仿真同实际电网控制中心的 AVC 完全相同，采用实时 AVC 软件的拷贝，所有遥控遥调信息的发送在教员机和学员机之间进行，与前置机没有任何关系，所以完全不会影响实时系统。所有实时系统中 AVC 功能在仿真系统中均可实现，在仿真系统中所有 AVC 操作均与实时系统相同。因此在学员台上不仅可以进行 SCADA 的使用培训，还可以进行 AVC 软件的培训。在学员台上还可以很方便地对 AVC 功能做考核试验。可实现电容器投切、主变分接头位置的调整等功能。仿真系统中的调节策略均与实时系统相同。

13.1.4 网络分析仿真

学员台上可以安装网络分析软件，由仿真的电网数据为状态估计提供生数据，既可以对学员进行网络分析应用软件培训，又可以通过人为设置 RTU 故障造成坏数据对网络分析软件功能进行考核，比如试验状态估计的坏数据检测并自动纠正功能，将最优潮流和无功优化的结果在 DTS 上做校验等。各种网络分析的应用功能都可在学员台上仿真状态下高效率地运行。

13.1.5 调度计划仿真

能够模拟调度计划环境，模拟日计划曲线及实时计划和 AGC 闭环调整的效果。模拟环境下，实时计划将在 AGC 闭环调整基础上，滚动更新实时计划，在下周期中与 AGC 形成新的闭环控制。

13.2 教员监控子系统

DTS 提供了灵活而方便的工具实现培训场景的建立、培训过程的控制和培训后的评估。

1. 电网稳态模型

电网稳态模型是培训仿真的基础。在智能调度控制系统中 DTS 所需电网稳态模型完全是从网络分析状态估计应用获取的，与在线模型保持一致。因此，DTS 可直接共享调度系统的厂站画面和网络结构，调度系统的厂站画面和网络结构是图模库一体化的，DTS 可自动与之同步。DTS 对包括电网稳态模型和设备参数在内的厂站、系统画面和网络结构是免维护的。

2. 培训子系统

DTS 系统提供了一整套培训的流程。培训场景的建立既包括获得电网模型及参数，又包括电网的初始运行断面，其中初始运行断面包括实时、历史和未来等多种方式。培训过程的控制包括培训的启停、暂停/继续、快照、断面存储、操作回退等。培训后的评估包括对整个培训过程的反演，不会错过任何一个变化情况；对培训过程的客观统计和对培训的自动评价等。

培训子系统提供大量丰富的界面以允许教员完成培训前、培训中和培训后的工作。主控台中的启动、存储、控制、统计、评估和常用工具的六项功能，启动是针对培训前的准备工作；存储和控制是针对培训中的操作；评估是针对培训后的操作；统计和常用工具在培训的任何阶段都可以使用。

培训子系统提供了详细的统计功能，包括全网、地区及各厂站中各种电力设备的安装情况，各电压等级电力设备安装情况；全网、地区和各厂站中自动装置安装情况，全网和各开关上继电保护安装情况；系统中遥控操作和遥调操作；运行中各子系统的频率、出力和负荷情况；各厂站出力和负荷总加，各类元件、各电压等级的有功/无功损耗排序，各条线路的有功/无功损耗排序，各台变压器的有功/无功损耗排序；仿真中各元件潮流、电压越限的历史记录；仿真过程中学员调度操作的记录表、教员操作的记录表、误操作记录表、母线停电记录表、自动装置动作记录表、继电保护动作记录表等。统计信息可以通过 DTS 提供的统计列表进行查看，统计列表包含了上述所有的详细统计信息。

教员台子模块提供仿真培训的教案制作、培训控制、培训监视以及培训评估等功能。

13.2.1 教案制作功能

DTS 具备丰富的初始条件（教案或案例）设置功能，以满足不同需要。

1. 案例设置（DTS 启动方式）

（1）实时状态估计。取用当前在线系统的实时状态估计数据作为初始潮流启动仿真。可直接取用实时状态估计结果作为在线教案。

（2）事先准备好的存储案例。取用保存的任何一个教案数据断面作为初始潮流，启动仿真。仿真可以从任何一个保存的案例启动，研究各种不同的案例，启动可以从最近的案例直到所需的系统状态，并可根据需要进行改变。对保存的网络接线方式、运行方式、二次系统配置等都可以做出修改，修改后的教案可以另存或覆盖。

初始潮流断面可以和事件案例捆绑起来作为一个整体案例进行保存和使用，也可以单独分开保存并组合使用。

（3）调度员潮流断面。取用调度员潮流断面作为初始潮流，由于调度员潮流既可以研究各种方式，还可以进行人工调整运行方式，因此可以根据需要选择作为DTS的基本案例。

（4）（Post Disturbance Review，PDR）断面。可以对历史发生的事故进行DTS培训，即将PDR事故反演的断面经过状态估计后作为DTS的初始潮流断面。

（5）存储的断面。可以在培训的任何阶段保存网络断面，如将故障后过渡过程的结束状态保存下来作为初始条件。

（6）从全新教案启动（清零启动）。从离线原始资料库中数据生成离线教案启动仿真，选择所需的初始断面后，可以对其进行编辑、保存、导出。

2. 教案支持功能

（1）以上任何一种启动方式，都可以将得到的潮流方式保存起来，下次启动时通过选取得到所需初始潮流。所有初始断面潮流均可根据需要修改。提供对教案的导出、保存、删除、分类管理等功能。每一个教案均有详细提示信息可供查询，提示信息包括教案制作人、制作时间、修改时间、教案来源、系统总出力、总负荷、简要介绍等。提示信息可以根据用户需求扩充。

（2）教案验证功能。教案验证分为初始潮流的验证和事件表的验证。初始潮流的验证是用初始条件中的起点值计算初始潮流，观察初始潮流是否有解，计算结果是否和预想相似，是否有异常现象，联络线功率是否对等。若对初始潮流结果不满意，则调整初始条件重新验证；若结果满意，则培训就可从此初始潮流上直接开始。事件表的验证主要对所设事件的有效性、可用性和适宜性进行验证，由教员用培训仿真系统进行预演来观察验证。

（3）各种教案的合法性和有效性由初始潮流计算来校核，若潮流分布不满足仿真要求，允许对其进行编辑修改，直至满意为止。提供对潮流方式的一些初步分析统计结果，并提供越限监视告警信息，初始频率可设置。

（4）初始方式校验功能包括一次系统校验和二次系统校验。一次系统校验主要包括检查隔离开关的状态，特别是旁路隔离开关、母线隔离开关等的状态；元件参数校验；遥测量越限状态等。二次系统主要检查保护的配置及整定值情况。通过这些检查并更正相应错误可以有效保证培训过程的准确性和连贯性。

13.2.2 培训控制功能

1. 事件设置与管理

DTS具备丰富的事件设置功能，以完成对调度员全面培训需要和对电网研究的分析需要。

事件包括电网中发生的故障及其带来的一系列后果。DTS根据需要在电网的任意点设置故障，培训设置的事件包括电力系统、继电保护和安全自动装置及数据采集系统的各种故障和异常事件等。故障设备包括线路、发电机组、母线、主变压器、电容电抗器、开关、负荷、CT、PT、保护装置、自动装置、量测模型等。故障既可在电网一次设备，也可在二次设备和虚拟设备上设置；既可设置外部故障，又可设置内部故障；既可设置短路接地故障，又可设置横向断线故障；既可设置单一故障，又可设置多重故障和组合型故障。而且对故障点的描述非常细致，可以在线路的任意点处设置故障，还可以设置开关和CT死区之间的故障。

故障和事件的发生时间可以灵活定义，包括定时触发、延时触发、立即触发、放在事件缓冲区里由手动触发等，可以设置两个事件的关联关系及时间序列。

DTS 提供了以下几种设置方式：潮流单线图上设置、厂站接线图上设置、列表表格（事件表）画面、错误操作形成的事件等方式。

（1）方便设置各种事件组，编制各种教案。教案事件表可以手工编辑，也可从某次成功培训的保存事件表中获取，事件可以增加或删除，并可以调整事件序列。教案事件表有导出、保存、删除、分类管理等功能。事件表可以和教案捆绑保存、取出、删除等，也可以根据需求单独保存，以和教案的初始条件组合形成不同的教案。

（2）培训时，可以方便地设置、修改、删除和插入各种事件。所有的教案编辑操作均通过全图形界面完成。各种操作可快捷地通过选择图上元件直接进行，也可通过各类设置表格或通过设备列表选择对应设备来设置。

2. 培训过程的控制

DTS 对培训过程的控制包括启动培训、培训终止、退出 DTS、培训暂停及恢复、人工快照、存储教案、存储断面、恢复事故前断面、恢复初始断面、操作回退、取消所有故障点状态、周期自动快照、事件自动快照和人工快照等。

3. DTS 培训模式

提供三种培训模式：

（1）培训模式。启动学员机，教员和学员背对背培训，可提供考核自动评分功能。

（2）研究模式（自学模式）。研究模式下只启动教员台，无需与学员台通信，即教员机的单机研究模式。做教案的时候采用该模式。

（3）评价模式。可以实现对学员的自动评价功能。在学员培训结束后，计算机自动提供培训评估打分功能，可预先根据培训教案的难易确定基准分，计算机将根据培训过程中电网运行的供电可靠性、安全性、电能质量、经济性等几个方面的调度失误自动分门别类打分，并给出评估报告，自动以量化的形式对学员的调度水平进行评价。这种模式在新调度员上岗、调度员升值考试和日常轮训时使用。

4. 主要培训项目

在 DTS 中实时给调度员以下直观地显示电网的运行状态，包括显示全网的电网接线，各电厂、变电站主接线及开关/隔离开关的状态和运行方式；显示全网潮流、当前电网周波、联络线功率值、各省负荷、电网各母线电压和各电源出力；显示全网自动装置、继电保护的配置和动作情况等。

同时，可以对调度员做以下训练：各种正常操作训练、防误操作训练、系统频率控制训练、系统电压控制训练、系统潮流控制训练、系统 AGC 控制训练、联络线潮流控制训练、HVDC 系统控制训练、电网各种异常情况处理、设备检修操作训练、挂地线操作训练、改变继电保护和自动装置投退状态和修改定值操作训练、同期合环和并列训练、变工况运行的分析培训、电网各种故障的分析与处理训练、电网安全稳定分析与控制训练、电网经济运行与控制训练、电网黑启动训练、恶劣通信条件下的调度能力训练、调度自动化系统各软硬件工具的使用训练。

5. 调度指令操作

DTS 支持的基本调度操作包括断路器分、合操作；断路器控制模式的改变（允许/禁止监视控制）；断路器故障；隔离开关投、切操作；电容器、电抗器的投切（成组或单个操作）；串联电容器的投切，变压器投切及分头调节；变压器中性点接地方式的调整；线路投停；发电机的并网、退出；发电机无功调节；发电机机端电压控制的变化；单台发电机出力调节；发电机调节模式及调节参数的在线修改；电厂、地区出力调整，省网总出力调整，系统总出力调整；同期操作；抽水蓄能电站的抽水、发电运行状态切换操作；单个负荷的调节（提供多种调节模式，如一步到位、按照时间、按照步长等调节模式）；负荷调节（变电站负荷调整、地区负荷调整、省网总负荷调整、系统总负荷调整）；机组（或电厂）AGC 投退，区域电网 AGC 协调控制；从 AGC 到发电机组的控制信号的阻塞；直流输电系统的操作（包括运行方式和控制模式的修改）；保护定值、时限、投停状态的设置和修改；压板的操作；自动装置和自动装置定值、时限、投停状态的设置和修改；稳定控制断面的操作；RTU 故障设置，包括遥信和遥测的坏数据、延迟、偏差、随机噪声等的设置；遥测故障/恢复；调度综合令的操作，如倒母线、线路的投运、检修、热备用、冷备用、旁路代等；遥控遥调操作；故障设置（包括一次设备故障、保护故障、开关故障等）。

以上各种操作均可在厂站画面或分类列表画面进行。建议在厂站潮流画面中各元件上单击右键即可弹出相应的设置中文菜单。

这些操作将被区分为教员操作和学员操作，并可细分为电气操作，调频、调压操作，遥控、遥调操作，操作执行后将立刻执行拓扑分析（如果有断路器/隔离开关变位操作）并触发潮流计算，且所有操作将被记录，被保存和可供查询。对于一次和二次以及数据采集故障会被作为事件信息对待。所有设置和操作均带有时标，包括绝对时间和相对时间。操作可以立即被执行，也可以放入操作缓冲区定时被执行，亦可在被执行前的任何时刻取消。可以对各种误操作进行监视，各种不符合安全规程的操作都会被提示出来，并且会产生相应的故障。学员错误操作结果可在教员台和学员台上正确显示。DTS 支持各种综合令操作，包括线路、变压器、发电机、开关的转运行、检修、热备用、冷备用，旁路开关的自动旁路代，倒母线等待，能够为综合令生成对应的开关、隔离开关、接地开关的动作序列，并且模拟生成操作序列。

6. 误操作的监视和模拟

误操作监视包括带负荷拉隔离开关，带负荷合隔离开关，带电压合接地开关，带接地开关合断路器，用隔离开关充空载线路或变压器，带电挂地线，带电拆地线，线路强送至永久故障，将开关合于永久故障点造成事故扩大。

培训中误操作除了给出相应错误操作的提示信息外，还将会自动触发相应的故障，引发相应的保护和开关的动作。

13.2.3 培训监视功能

DTS 的培训过程由教员控制，教员同时作为下一级厂站调度员来接收、检查和执行学员下达的调度操作命令。在培训过程中教员可以根据需要随时插入事件，还可通过电话向学员汇报现场情况。DTS 提供各种友好而方便的人机界面，供教员在培训中设置事件以及充当厂站值班员执行学员下达的调度命令。

DTS 提供的教员台和学员台有完全相同的全部厂站接线图和网络单线图，可以监视学员操作结果。此外，教员台还可以显示学员对电网的遥控遥调命令。学员错误操作结果可以在教员台和学员台上正确显示。在教员台可方便地查询各种信息，以保证教员有足够的信息来指导和监视培训进程。

13.2.4　培训评估功能

1. 培训评估

DTS 具有对培训结果进行分析和评估的功能。包括：

（1）可以实现培训评估。报告系统的功率、电压、电流和频率越限的情况、失负荷、失电量情况、网损情况、恢复事故所用时间等，以供教员在评估学员水平时参考。通过画面或表格形式给出以上情况。

（2）能给教员提供各种统计信息，包括全网、地区及各厂站中各种电力设备的安装情况，各电压等级下的电力设备安装情况；全网、地区和各厂站中自动装置安装情况，全网和各开关上继电保护安装情况；系统中遥控设备情况，系统中遥调设备情况；运行中各子系统的频率、出力和负荷情况；各厂站出力和负荷总加，各类元件、各电压等级的有功/无功损耗排序，各条线路的有功/无功损耗排序，各台变压器的有功/无功损耗排序；仿真中各元件潮流、电压越限的历史记录，系统频率越限记录；仿真过程中学员调度操作的记录表，教员操作的记录表，误操作记录表，母线停电记录表，自动装置动作记录表，继电保护动作记录表。

（3）教员可根据培训教案的难易确定基准分，可人工输入培训评价及分数。印象分由教员给定，主要反映 DTS 无法计及的因素，如反应速度，正副值、三值之间的配合、紧张程度、调度术语、向上级调度汇报等情况。也可以提供自动评分功能，即根据培训过程中电网运行的供电可靠性、安全性、电能质量、经济性等几个方面的调度失误，以教员给定的标准操作为基准自动分门别类打分，并给出评估报表报告。在培训结束后，可以在以后的任何时候都能对保存下来的培训场景进行反演。

2. 自动打分功能

培训过程中可以针对学员的表现进行自动评分。在设定一个基准分（一般为 100 分）的前提下，从调度操作、供电可靠性、电网安全性和电网运行经济性等四方面对学员培训专题进行扣分，并根据教案的难易程度确定其难度系数，最终给出加权得分和评估报告。

3. 培训过程反演

DTS 提供快照功能，能自动、手动保存培训过程。快照分为自动快照和人工快照两种。周期自动快照的自动保存周期可以设定。

培训结束后，可实现培训过程重演。可以全过程重演，也可以从任意断面处开始重演，重演可以快放和慢放。

13.3 电力系统模型

电力系统模型仿真包括电力系统稳态仿真、电力系统动态仿真、继电保护和安全自动装置仿真等。

DTS 系统支持多电气岛（多区域）动态和稳态过程的仿真。

DTS 根据实用性的原则，提供了两套电力系统运行特性的仿真模型，即电力系统稳态仿真和电力系统动态仿真模型。电力系统动态仿真包括暂态、中期、长期全过程动态仿真，静态、动态仿真可以有机地结合为一整体。电网全动态仿真提供给调度员一个完整真实的电力系统，短期、中期、长期动态过程自动转换，平滑过渡；电网稳态仿真和中长期动态仿真达到实时，暂态仿真达到准实时。DTS 提供继电保护仿真功能，可以根据需要在电网的任意点设置故障。能够模拟实际系统中的各种继电保护，保护种类根据系统的实际配置情况设计。在保护模拟中考虑保护和开关的误动、拒动，可选择一级或多级。DTS 提供安全自动装置仿真功能，能够模拟实际系统中的各种安全自动装置，如备用电源自投、低频减载、低压减载、低频解列、低压解列、过载解列等；能够真实地模拟实际电网发生故障的情况。

13.4 监控员培训仿真

监控员培训仿真主要从监控员更关注的变电站设备运行与故障处理能力等方面考虑，开展设备运行原理、操作规程等方面的培训，为监控人员在信号监视、事故预防以及事故分析与处理提供必要的培训手段与参考依据。监控员培训仿真应用与 DTS 一起构成调控一体化培训仿真功能。两者之间关系如图 13－2 所示。

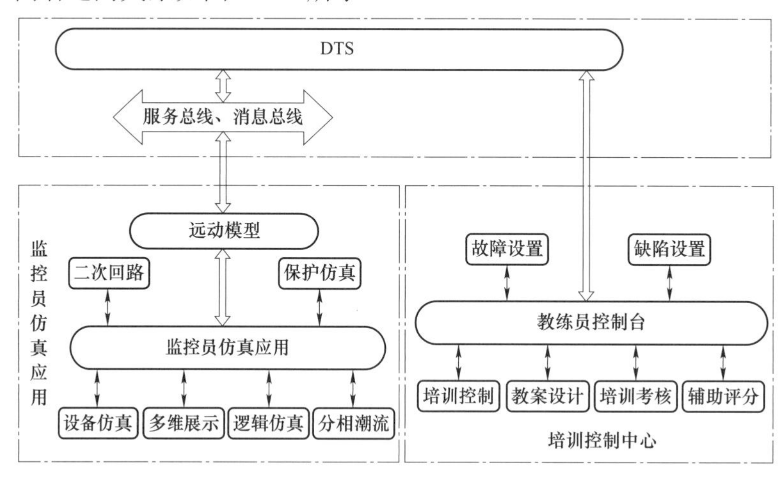

图 13－2　监控员培训仿真与 DTS 关系图

13.4.1　监控员培训仿真应用功能

监控员培训仿真应用功能包括基于回路的一次设备建模、一次设备运行机理及运行状态仿真、交直流回路仿真、通用闭锁逻辑仿真、监控员分相潮流仿真、监控员继电保护仿真、带状态控制的一次信号仿真、监控员 SCADA 仿真及一二次设备三维实景仿真与展示、组态维护工具等。

1. 基于回路的一次设备建模

通过系统提供的建模工具，建立变电站设备详细模型，模型文件由信号部分、逻辑部分和异常设置部分等组成。信号部分通过读取一次设备控制回路图中信号节点元件产生；逻辑部分由一次设备控制回路中元件使能关系生成；异常设置部分首先在逻辑关系中建立异常点，异常设置程序读取模板异常点获取设备的设置异常信息，发送设备异常消息，进行异常模拟。

2. 一次设备运行机理及运行状态仿真

一次设备运行机理及运行状态仿真功能主要由回路建模软件、支撑平台、回路仿真软件、回路实时监控浏览及回溯软件构成，基本流程如图 13－3 所示。

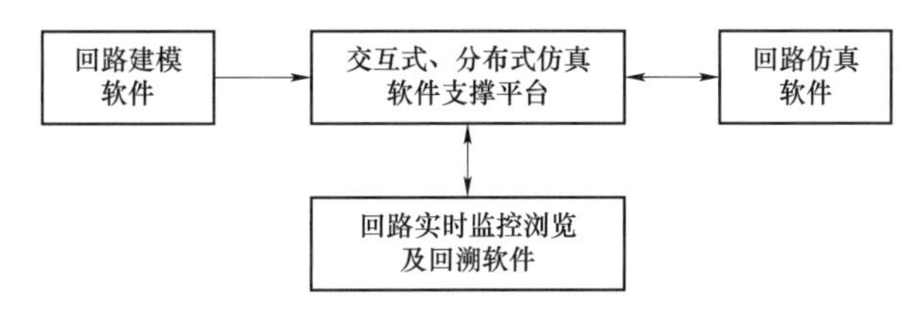

图 13－3　一次设备运行机理及运行状态仿真流程图

该功能主要实现设备状态和设置的故障缺陷由设备运行机理自动判断，仿真时依据设备自身运行逻辑自动产生运行过程中的各种信号，可真实、完整地模拟二次系统的光字牌信号、保护信息、报文等的逻辑行为及其互动关系。

结合培训需求，提供回路的正常、异常及故障状态下的仿真模型。在仿真过程中，可通过监控画面或故障缺陷设置界面对二次回路设定正常动作条件和异常触发情况。仿真对象包括一次设备的操动机构及回路（如断路器的液压机构、气动机构、弹簧机构、储能回路、控制回路、电机回路等）在内的二次回路动作过程。

设备运行机理仿真软件实时对整个二次回路进行拓扑搜索及回路通断计算，确定回路通断状态，确保回路执行动作逻辑的可靠性与正确性。当设备正常操作（如操作开关变位）或系统发生扰动（如一次设备故障、二次回路异常等）或通过人为设置异常及故障而触发回路动作时，软件将自动按时序记录变位元件的动作情况，并记录二次回路全部动作过程，同时将回路动作过程中所涉及的元件实时进行动态着色突出显示，为监控员提供一种直观的识别回路通断的有效方法与图形展示，提升监控员对动作过程的整体认知，帮助监控员学习理解二次回路知识以及分析动作原因和结果。

3. 交直流回路仿真

构建交直流电源屏柜、各二次屏柜上的装置电源空气断路器、装置遥信电源空气断路器、装置采样电源空气断路器、控制回路电源空气断路器等各类断路器，通过程序识别空气断路器的投退状态实现二次设备装置电源、遥信电源、交流采样电源、控制回路电源的投退状态对设备数据采集、信号上送、量测质量、控制功能及跳合闸回路的影响等。提升监控员对信号采集过程的整体认知。例如，二次设备装置电源断开后，设备通信中断，此时通过 RTU 仿真功能上传 SCADA 的遥信、遥测数据品质异常，该信号不刷新；测控装置遥信电源断开后，遥信正电源或负电源消失，此时会上送错误态/不定态的遥信数据，但对遥测采集无影响；断开测控装置的遥测采样电源空气断路器，会对装置的交流电压采样产生影响，上送主站侧的电压采集量变为 0，电流采样及遥信刷新正常；断开采集装置或一次设备的控制回路电源会导致设备控制操作失败或保护动作后无法出口。系统可仿真多个空气断路器按照不同的顺序断开及合上对遥信、遥测、遥控产生的组合影响及恢复情况。教员可通过设置单个空气断路器投退或多个空气断路器组合投退的情况，来培训及考核受训者对常见数据采集异常的辨识及处理能力。

4. 通用闭锁逻辑仿真

遥控、遥调操作实际上是个极其复杂的过程。主站端下发的控制命令到控制操作最终成功与否，除与主子站端的控制点号对照关系正确与否外，还与调度通道通断状态、远动装置运行状态、数据采集装置与远动装置的通信状态、测控设备控制出口压板、设备检修状态、设备电源、一二次设备远方/就地状态、屏柜及机构远方/就地状态、一二次设备解锁/联锁状态以及各一次设备间的电气闭锁与机械闭锁、控制回路等均有直接关系。

针对这种复杂的控制执行过程，也为了使监控员更明确、更直观地掌握遥控过程，增强培训效果，系统具备通用闭锁逻辑仿真功能，实现了主站端、子站站控层、子站间隔层闭锁、一次设备机械闭锁与电气闭锁、遥控出口等各种复杂逻辑计算功能。在监控员进行设备控制操作中，各设备的状态均会影响控制结果，使得遥控过程贴近实际，达到更好的培训效果。

5. 监控员分相潮流仿真

由于建模工作量等一系列问题，目前还无法对所有子站设备进行建模以满足监控员培训需求，故在分相潮流功能实现方面，通过两套潮流程序，即主网侧潮流仿真程序和监控员分相潮流仿真程序配合实现。潮流程序通过拓扑计算，采用牛顿–拉夫逊法、快速解耦法及极坐标法等方法来进行潮流计算。

以线路为例，由主网潮流程序算出某条线路的负荷后，将该线路的负荷下发至参与监控员仿真的子站侧，分相潮流程序以该线路的负荷为初始条件进行分相潮流计算，具体计算到每相的电压、电流、有功功率、无功功率等潮流数据，然后通过二次回路仿真程序将分相潮流数据上送至仿真的测控装置后，再通过远动装置仿真模型上送教员机，再由教员机发布给学员机，并在 SCADA 进行画面显示，便于监控员监控与分析问题。

分相潮流仿真支持断路器、隔离开关分合闸操作；变压器分接头、中性点接地方式的调整；容抗器投退等各种操作模拟；支持但不限于带负荷拉隔离开关、带负荷合隔离开关、带电压合接地开关、带接地开关合开关、用隔离开关充空载线路或变压器、带电挂地线、带电拆地线、强送至永久故障上、将开关合于永久故障点造成事故扩大等一系列的误操作判别，并将判别结果反馈至继电保护仿真程序，再由继电保护仿真切除相关设备以隔离故障。

6. 监控员继电保护仿真

监控员继电保护仿真与 DTS 继电保护仿真存在着较大的差别。DTS 继电保护仿真侧重保护功能仿真，不注重单设备功能实现；而监控员继电保护落脚点在设备，一台继电保护装置包含多项保护功能及相关的定值、控制字、软硬压板、断路器和操作箱等。

传统 DTS 仿真程序只能提供故障后保护装置部分动作报文，而监控人员的日常运维过程中不仅需要查看保护报文，还需要完成保护装置电源空开、压板及相关指示灯的检查，以保护装置为对象基于保护原理的保护仿真功能实现了功能的全面性和过程的真实性。

监控员继电保护仿真基于线路、主变、容抗器等保护装置的保护原理，以各厂家不同类型保护装置的保护逻辑框图为技术基础，分析故障发生后保护的动作逻辑，充分考虑时间定值、软硬压板、控制字以及不同保护间配合等因素，完成动作事件报文推送、装置点灯及动作开出，实现保护一系列相关功能的仿真。继电保护仿真基本流程示意图如图 13－4 所示。

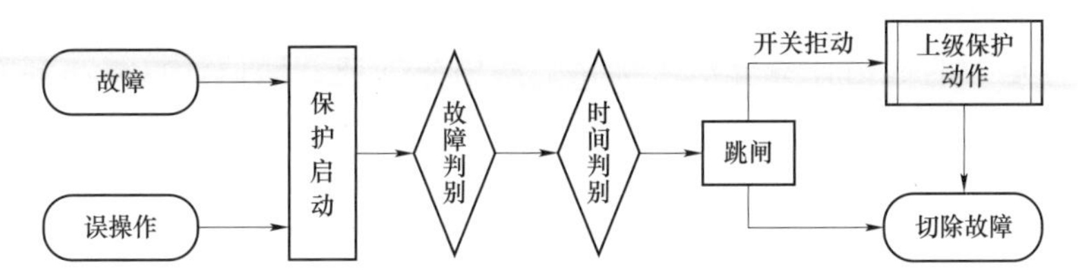

图 13－4　继电保护仿真流程示意图

保护功能由故障分析模块、拓扑分析、控制模块、保护模块与输出模块组成。故障分析模块分析故障设备和故障类型，再由拓扑分析解析出相关设备逻辑关系，将故障传递至控制模块，由控制模块传递至各装置模块进行逻辑判断，同时控制模块进行各装置间故障传递和闭锁控制等。最后保护模块修改相关标志，由输出模块完成报文推送、出口和点灯操作。拓扑分析除选择当前动作设备外，还会选择出下一级动作设备。闭锁控制、故障传递模块完成保护间的闭锁以及协调保护电源消失或保护拒动后各保护间的配合问题。保护装置闭锁也可以通过关联开入来闭锁。报文推送包括后台报文推送和屏柜装置报文推送，点灯操作包括点亮三维中仿真保护装置液晶面板灯和操作箱面板灯等。其流程如图 13－5 所示。

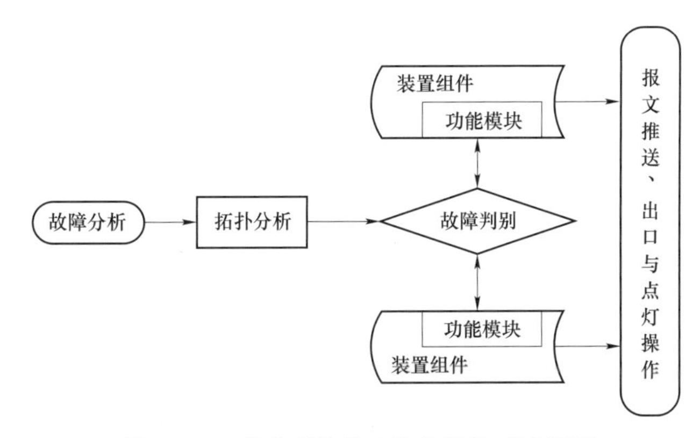

图 13－5　继电保护仿真信号等处理流程图

7. 带状态控制的一次信号仿真

常规变电站一、二次设备之间采用硬电缆来构成二次回路。四遥通过硬电缆接线的方式将源信号通过回路接入到信号采集装置（如测控装置）来完成信号采集，然后再由信号采集装置通过不同的通信规约送入综合自动化系统来完成信号监控。数字化变电站通过虚端子来实现相关功能。

实际系统中，一次设备以三相为主，而采集装置信号开入点相对来说较少，加之监控人员一般只需监视重要信号，故一次设备的信号通常经过挑选或者在一次设备辅助接点处进行或串联或并联后接入信号采集装置。

在仿真过程中，由于要对一次设备进行建模，其模型也为三相，就信号量而言，如果每个信号均进行分相建模就会导致信号量激增，建模数据量为单相建模数据量的近三倍。数据量大量增加，除了严重影响整个系统的运行速率与仿真效率外，亦对工程化提出了严峻的考验，更不利于后续维护。

系统采用自适应的遥信计算算法来优化二次信号处理。遥信计算算法分为取值和设值两类，均放在统一算法库中，其中，取值算法为各程序在获取设备实际遥信值时，调用取值函数，函数根据需获取位置的操作信息，对遥信整型数的值，按一位、两位、三位算法进行自适用计算，返回所需设备指定单相/多相/总的遥信状态，具体取值计算算法流程如图 13－6 所示。

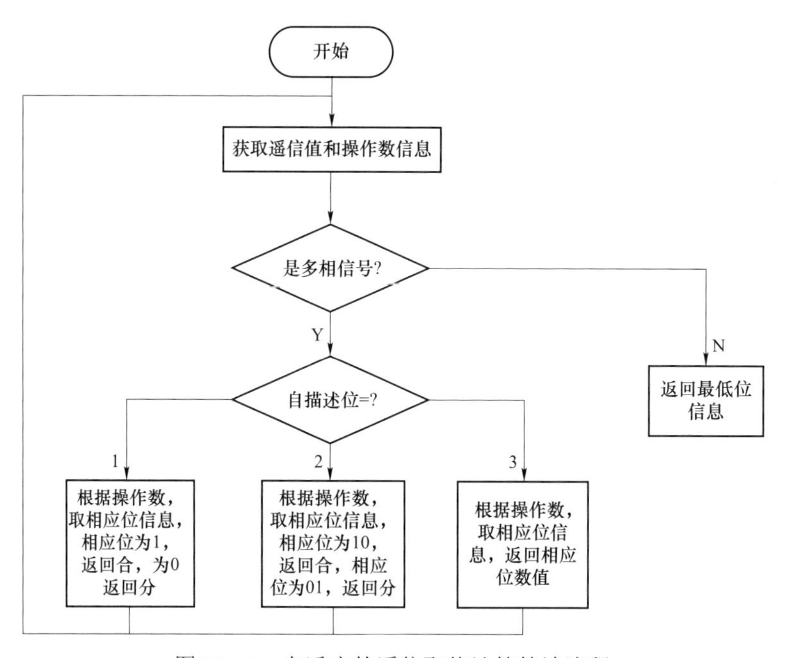

图 13－6　自适应的遥信取值计算算法流程

设值算法为取值算法的逆算法，也是通过需操作的相别和值信息进行对应位的设值。这种算法使得在一次设备建模时无需建立分相信号，只建立一个总信号，该信号测点中包含三相信息，在一、二次数据仿真过程中通过特定的相别标识来判定此信号是否需要分相转换为二次监控信号，并可配置转换的与或非关系，如此既不丢失仿真精细度，又可将数据库测点数量降到最低，解决仿真效率问题和工程化问题。

13.4.2　监控员 SCADA 功能仿真

仿真系统提供模拟的真实环境下的电网运行控制环境，学员可以在模拟环境中进行调度监控和值班工作，进行日常的监视、控制和操作，具备丰富足够的监视、报警和显示功能。

仿真的监控员 SCADA 系统能接收由一、二次设备模型发送过来的详细仿真数据，并可在画面、简报等位置正确显示各种光字牌、告警信息和 SOE 信息等，同时可将各种操作和控制指令发送到仿真子站一次、二次设备模型上，子站相关仿真应用将设备响应指令后的结果反馈到仿真的 SCADA 系统及电力系统，全面再现正常、异常及故障工况下监控信息与电力系统的交互影响。监控学员可在该系统内接受培训状态下电网的监视与控制，并可使用所包含的各种分析工具。相关应用运行在培训状态下会在系统内部闭环，不会对实时状态下的应用或系统产生任何影响。下述为监控员 SCADA 仿真的主要功能。

1. SCADA 监视和控制功能

教员台模拟前置机向学员台发送仿真电网的遥信、遥测及运行数据，学员台中仿真 SCADA 的监视和控制功能。SCADA 功能仿真是仿真系统的一个重要组成部分，为调控人员创造一个真实的环境，使调控人员有一个身临其境的感觉，提高培训效果。

2. 曲线监视及查询

曲线工具是反映电力系统重要参数变化趋势的便利工具，它使操作员能够了解电力系统的运行过程。曲线包括实时曲线、历史曲线、计划曲线等。调控人员可在培训过程中随时显示和查询各种趋势曲线，如频率、电压、发电出力及联络线潮流等。

3. 其他信息的查询

可方便地查询全网、省、地区及厂站的线路、发电机、负荷、开关、保护和安全自动装置、电压、潮流、频率、告警的信息。

13.4.3　电网一次、二次设备三维实景仿真与展示

虚拟现实（Virtual Reality）是利用现代科技手段构造出能被人们观察、交互、控制并可沉浸其中的三维图形虚拟空间，人们能够在这个虚拟空间中观看、聆听和自由活动，体现“人在系统中”的沉浸感。

1. 电网设备三维模型建立

（1）电网场景三维模型的分类。

以电网中的变电站为例，变电站场景三维模型从实物上可以分为电气设备和土建设施两部分。电气设备可分为一次设备和二次设备两部分，一次设备主要包括断路器、隔离开关、变压器、电压互感器（power transformer，PT）、电流互感器（current transformer，CT）、高低压容抗器、避雷器、组合电器等；二次设备主要包括智能测控保护装置、切换把手、低压断路器、按钮、压板等。土建设施包括场地、房屋、绿化、道路、告示牌、消防设施等。

从变电站场景中三维模型的可交互性及状态角度考虑，场景模型也可以分为静态对象和动态对象。不存在交互性的三维模型，例如，房屋、道路、标识牌等可以归类为静态对象；诸如空间可变化、渲染属性可变化、材质属性可变化、文字属性可变化等属性可变部件存在交互行为的三维模型，例如，断路器、隔离开关、指示灯、切换把手、按钮等可以归类为动

态对象。静态对象在建模时只需要考虑表现出对象外观即可，而动态对象则需要考虑对象的动作结构。

（2）电网场景三维模型及组件的命名。

软件采用统一模型的命名方式，在模型内部与仿真系统中采用“五段式”别名命名方式。对于二次设备来说，按照“厂站. 小室. 屏柜. 设备. 测点”五段式别名命名方法，如“F01.R01.P01.CK01.YX001”表示“1 号厂站 1 号小室 1 号屏柜 1 号测控的第一个遥信点”。对于一次设备来说，分为“厂站.电压等级.间隔.设备.测点”五段式别名命名方法，如“F01.V110.XL01.PT01.UA”表示“1 号厂站 110kV 1 号线路 1 号电压互感器的 A 相电压”。同一厂站，一、二次设备的厂站号相同，这种命名方式可以保证模型的唯一性及可溯性，实现三维模型和数据模型的一一对应，且模型间的关联关系已经包含在别名里。

对动态组件命名方式采用“类型_英文缩写_编号”方式，如用 BS_HANDLE_01 来命名两态把手活动部分。此类命名方式便于针对不同类型动态组件执行不同的动作策略。

（3）电网场景三维模型的建立和封装。

OSG 模型是分层结构的，最上层是 Group 类，包含所有节点对象；中间层是 Matrix 类，包含节点对象的坐标信息；底层是叶节点 Geode 类，包含 Text 文本属性、Geometry 几何属性、StateSet 状态设置、Material 材质属性、TextureUnit 纹理贴图属性、VertexArray 三维点阵、NormalArray 法线点阵、TexCoordArray 纹理坐标阵列等。

通过上述分析可知，OSG 中存在场景树，它是由一系列的 Node 组成的。这些 Node 可能是矩阵变换、状态切换或可绘制对象，场景树反映了场景的空间结构。因此，可将变电站场景看作一棵 OSG 场景树，各种设备及设施模型则是这棵树的“叶子”，这些模型则按照一定的方式进行分类组合形成新的 Node，新的 Node 则是这棵场景树的“树枝”。

将变电站分解后得到的最小设备单元作为建模对象，对每一个设备单元再进行结构分解至最小可见单元，利用 3dsMax 对这些最小单元进行多边形建模，通过基本的立方体、圆柱体等逐步构建出设备模型。3dsMax 具有强大的多边形编辑功能，可以将最基本的几何体修改为所需要的各种形状，例如，对于龙门架、网门等类似对象，可以通过几何体晶格化的方式来建立；对于设备上突出或凹陷的对象，可以通过对几何体上面的挤出方式进行建模；对于像风机叶片一类的曲面对象，则可以通过曲线形变再进行面挤出的方式进行建模。模型建立完成后通过 3dsMax 的 OSG 插件导出所需的设备模型。

在模型封装时，将每种设备单独封装成一个整体模型，如某厂家的某版本测控装置封装成命名格式为“装置名称_装置版本号.OSG”的 3D 模型文件。

以这种方式建立和封装的模型，可以保证模型的等比例、完备、唯一、可控及重用，在 3D 仿真的应用中，可减少工程配置的量，提高 3D 仿真程序的加载速度，因为同一模型只需读取一次，仅需在内存中拷贝并写入别名即可。

（4）电网场景三维模型的复用。

为保证模型可重复利用，建立 OSG 模型时不需要写入具体别名，只需要将模型别名空间预留在 Group 节点中的 name 中，等到三维仿真程序读取模型配置文件时，再通过名称匹配的方式动态加载，即可保证模型在内存中的唯一性。

（5）电网场景三维模型的动作处理。

变电站场景中模型的动作方式可分为位移、旋转、缩放、替换等，在 OSG 中主要通过帧动画、矩阵变换、模型替换、纹理及贴图修改等方法实现。

帧动画分为两种，一种是通过 3dsMax 导出的动画，另一种是利用 osgAnimation 实时绘制的动画。前者主要用于变压器风机叶片的动态展示，后者主要用于隔离开关臂的动态展示及各种表计的动态展示。场景中三维模型非连续性的位移、旋转、缩放通过矩阵变换来实现，根据模型中定义的参数使用改变模型的坐标信息方式来实现对模型的操作。对于设备上的指示灯、光字变化，一般采用修改模型材质属性的方法处理，可以分为颜色替换和贴图替换两种。

2. 交互式三维场景组态技术

场景组态工具实现将各种可复用的最小设备单元的三维设备模型快速装配成可以投入到运行环境的各类电力系统组件及电网场景。

三维场景组态操作的基本步骤包括零部件的拾取、移动和零部件的定位。零部件移动和定位涉及碰撞检测和约束导航等技术；为提高组件装配的效率，实现对多个选中的零部件进行水平对齐、垂直对齐、水平等间距、垂直等间距和自动调节大小等辅助装配的功能。

三维场景组态工具提供友好的组装环境，在组装模式下，使用人员通过鼠标可以方便地拖动设备模型移动到合适的位置，为便于观察场景，实现全方位漫游观察的功能，可以从各个角度观察场景的装配过程以确保场景的正确组装。虚拟场景装配器组装界面如图 13－7 所示。

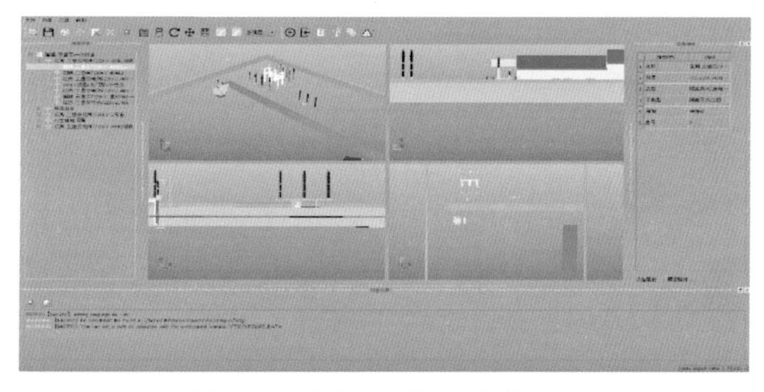

图 13－7　虚拟场景装配器组装界面

（1）设备组件装配。

装配设备时只需在组件库中选择要增加的设备组件，用鼠标单击场景的指定位置即可将设备摆放；设备加入后，通过鼠标可以选中加入场景的设备，通过鼠标、键盘和菜单的功能可以实现移动、旋转、缩放、复制、删除设备和编辑设备属性。

（2）设备间接线生成。

在接线生成模式下，通过单击接线的起点和终点，自动生成起点和终点间的三维接线的空间模型；用鼠标选中接线，可对接线进行移动、旋转、缩放、复制、删除、编辑等操作；

在接线节点编辑模式下，可以增加、删除和移动接线的中间节点以改变接线的形状。

（3）设备铭牌生成。

在设备铭牌模式下，通过单击放置设备铭牌的位置，即可在指定位置生成一个设备铭牌；用鼠标选中设备铭牌，可以对设备铭牌进行移动、旋转和缩放等操作；设备铭牌的文本编辑功能，可以编辑设备铭牌。

3. 三维电网设备实时运行技术

（1）体系结构。

以 OpenSceneGraph 三维图形接口为基础，将三维仿真划分为数据管理、图形显示、交互操作三个模块进行封装。数据管理负责从数据库、配置文件读取系统信息、变电站设备数据、设备模型等，并负责与仿真系统的其他功能模块之间的数据交互；图形显示模块负责将读取的三维模型按层次结构进行组装并将组装好的图形数据送入渲染管线，最终显示场景；交互操作模块负责处理使用人员对三维场景做出各种操作请求，例如设备操作、数据更新操作等。其体系结构如图 13－8 所示。

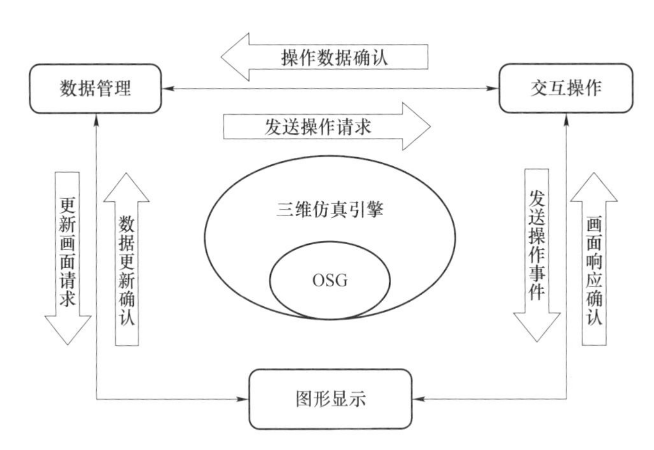

图 13－8　虚拟场景三维开发引擎体系结构

（2）实时渲染。

实时渲染是三维引擎实现虚拟环境真实感的关键技术，为达到实时渲染，至少要保证图形的刷新频率不低于 15 帧/s。在三维引擎中，采用层次细节（Level of Detail，LOD）技术及各种裁剪效果对场景进行优化，来降低场景的复杂度，提高三维场景的渲染效率及实时动态显示速度，使得画面显示更加细腻、流畅，同时减少系统资源的占用。

层次细节模型技术，是指对场景中的同一个物体，在近距离观察使用面片数比较多的精细模型，而在远距离观察时使用面片数比较少的粗糙模型。这样就实现在保证比较真实的视觉效果的前提下，同时提高复杂场景的生成和显示速度。三维引擎中将 LOD 功能封装在 LOD 类型的节点中，可以方便地实现基于视点距离和投影面积的 LOD 模型调度算法。

（3）三维电网场景动态调度。

系统以后台服务的形式启动全部变电站三维场景，并以休眠的模式将各个三维场景服务驻留在后台中，在该模式下各个三维服务仅通过线程形式等待调控系统的场景服务调用，并以低速渲染帧速的方式进行场景的实时状态更新；当三维服务收到仿真系统的场景服务调用时，三维服务采用内存文件映射的方式快速从虚拟内存中加载三维场景模型并显示三维场景视口，并恢复三维场景的正常渲染帧速以保证场景的实时渲染和人机交互的响应。

（4）场景的漫游和导航。

系统以第一人称视角的漫游方式，模拟人在场景中前进、后退、抬头看、低头看、转向等方式；另外为了便于巡视场景，还提供了设备的环绕模式观察、望远镜模式和场景鸟瞰模式。为便于快速定位到要观察的位置，系统实现了一、二次的导航功能，可以通过鼠标单击一次导航接线图和二次屏盘导航图，快速定位到要观察的设备、屏盘和操作机构箱的观察位置和操作位置。

（5）场景的动画和特效。

虚拟现实平台实现了一次设备操作时，能通过 3D 动画显示断路器、隔离开关的变位过程及验电、挂接地线的操作过程，断路器、隔离开关、接地开关、箱柜门分合、验电、挂地线时能够同步发出与实际操作一致的声光效果，如图 13－9 所示。

图 13－9　线路接地短路示意图

软件实现了可以设置场景在不同气候条件的情形，包括晴天、阴天、雨天、大雾、下雪等；系统通过粒子系统技术，实现了设备在故障状态下的冒烟、冒蒸汽、着火、爆炸等现实，增强系统的真实感和效果。

4. 交互式电网一、二次设备三维仿真

监控员及变电站运行人员巡视、操作、检修、试验的重点所在——变电站以及站外电网设备。研究运用交互式三维仿真技术建立三维虚拟场景系统，全面反映电网网络一、二次设备的静态属性、动态属性、过程，使受训学员在虚拟场景中能进行各种巡视、操作、检查、试验和分析等工作。

电力系统的一次设备种类繁多且电气特性和机械特性各异，而二次设备如继电保护、测控的自动化装置配置的复杂，监控人员的培训偏重于操作的规范性与设备监控，因此，本仿真系统专门增加了独立的辅助机械模型。该辅助模型只反映设备的机械属性和接口，全面描述设备静态物理属性、动态机械操作和闭锁逻辑，该辅助模型既可以通用，也可以根据不同设备单独添加，从而更好地反映仿真设备外观和操作的细节，真实再现变电运行人员的每一步操作，更好地适应监控人员培训需求。二次屏柜仿真场景如图 13－10 所示。

图 13－10　二次屏柜仿真场景示例图

系统建立电力系统一、二次设备的虚拟三维场景，形象地反映设备的正常、异常、事故状态及其动作过程，不但可对虚拟场景中的设备巡视、检查、漫游，而且可以进行虚拟操作。变电站及户外设备的仿真操作、巡视不仅形象逼真，而且操作步骤及工具规范、闭锁逻辑正确，正确和错误操作导致的现象应符合现场实际情况以及电网分析计算结果。

第 14 章 展　　望

随着“清洁低碳、绿色高效”能源供应体系的建立，电力系统的结构形态和功能定位都将发生深刻变化，“广泛互联、智能互动、灵活柔性、安全可控、开放共享”将成为未来电力系统的最显著特征。

广泛互联体现在系统接入主体及其供需形态的多样化，不仅包含传统的发供电设备和负荷，也包含大规模集中式新能源以及海量分布式的新能源、储能、电动汽车、充电桩、微电网等新型发电和用能设备。

智能互动体现在未来电力系统将广泛应用“大云物移智”技术，实现与互联网深度融合，成为具有信息化、自动化、互动化特征，功能强大、应用广泛的智能电网。电力市场成为未来电力系统的有机组成部分，通过智能互动，开放发电和用户的双向选择权，发电侧与售电侧市场主体广泛参与、充分竞争，用户通过经济政策或价格信号，实现主动负荷需求响应。

灵活柔性体现在系统的调节能力和电网运行控制方面。未来电力系统将建设大量的灵活调节电源，传统火电机组已经进行灵活性改造，具备深度调节能力。柔性交流输电技术和多端柔性直流输电技术将大量应用，电网潮流控制将更为灵活、主动。主动负荷管理技术大量应用，通过源网荷优化互动实现源随荷动、荷随网动，显著增强电网运行的弹性。

安全可控体现在未来电力系统具备内在的预防和抵御事故风险的能力，即本质安全性。系统建设遵循大电网运行规律和安全机理，网架结构合理，交流与直流、各电压等级协调发展。二次系统光纤化、网络化、信息化、智能化，实现在线分析、安全预警、自动控制。系统安全稳定标准进一步强化，“三道防线”进一步完善，实现故障监测预警、准确定位、快速隔离和有效处置。

开放共享体现在未来电力系统的标准化接入和规范化服务方面，为各类发电企业提供实时的电网运行信息和负荷预测信息，为发电企业安排发电计划、参与市场交易提供服务；为用电客户提供及时、透明的电网运行和实时电价等供电服务信息，促进需求侧响应等节能节电措施的普及应用；建立透明开放的服务网络，为电动汽车充电、港口岸电等新增用电业务提供高品质的增值服务；成为综合能源系统的服务平台，促进局域的电力、燃气、热力、储能等资源互联互通等。

针对以上未来电力系统的功能定位、结构形态和运行特性等方面的变化，系统的调控运行与管理模式也将相应地产生根本性变革，对电网调控的自动化、信息化、智能化要求也将越来越高。未来电网调度控制系统将具备以下特点：

（1）“物理分布、逻辑统一”的电网调度运行控制系统体系结构，由多活决策中心完成全网统一的分析、决策，并通过各地分散的监控中心完成数据采集和控制命令的执行，以支撑大电网安全运行、清洁能源消纳和电力市场化运作。

（2）全业务信息感知，即通过对反映电网运行态势的各类内外部信息的采集、处理、分析与挖掘，采用系统级告警引擎主动推送故障综合告警及处置预案，按需共享电网模型、实时信息、计划信息、分析结果、决策信息，实现大电网全维度态势感知。

（3）全系统协调控制，即全方位感知电网运行薄弱环节，统筹全网可调可控资源，采用统一决策、分散控制的多级调度协同控制新模式以及灵活精准的源网荷控制手段，实现全局风险协同防控、复杂故障协同处置和正常状态自适应巡航，全方位保障电网安全稳定运行。

（4）全过程在线决策，构建事前、事中、事后全过程风险防控新体系。事前通过运行态势风险分析和稳定裕度在线计算，评估潜在风险，并提出防控策略；事中通过稳定特性实时分析和处置决策实时评估，保障操作安全，正确处置故障；事后通过事故过程仿真评估，分析处置策略。

（5）全时空优化平衡，即通过多时间尺度高精度预测，分析送受端资源互补特性，构建全周期滚动、跨区域统筹、源网荷协调的电力电量平衡体系，全局共享调峰、备用、调频等各类资源，挖掘系统整体调节能力，提升清洁能源消纳水平。

（6）全方位负荷调度，即通过全面感知分布式电源、储能、电动汽车等可调节负荷的时空特性、响应特性，构建源荷双向互动支撑平台。正常情况下实现多时间尺度负荷调度优化，紧急情况下给出负荷控制策略，提升系统备用、调峰和调频能力。

参 考 文 献

[1] 辛耀中，石俊杰，周京阳，等. 智能电网调度控制系统总体架构［M］. 北京：中国电力出版社，2016.

[2] 辛耀中，陶洪铸，尚学伟，等. 智能电网调度控制系统支撑平台［M］. 北京：中国电力出版社，2016.

[3] 辛耀中，郭建成，杨胜春，等. 智能电网调度控制系统应用技术［M］. 北京：中国电力出版社，2016.

[4] Yaozhong XIN，Boming ZHANG，Mingyu ZHAI，Qiang LI，Huafeng ZHOU. New Energy Management Systems in China［J］. IEEE Power & Energy Magazine，2018：37－45.

[5] 辛耀中，石俊杰，周京阳，等.智能电网调度控制系统现状与技术展望［J］. 电力系统自动化，2015，39（1）：2－7.

[6] 翟明玉，雷宝龙.电网调度自动化系统消息中间件的特性和关键技术［J］. 电力系统自动化，2012，36（14）：56－58.

[7] 王恒，辛耀中，尚学伟，等. 智能电网调度控制系统数据总线技术［J］. 电力系统自动化，2015，39（1）：9－10.

[8] 高昆仑，辛耀中，李钊，等. 智能电网调度控制系统安全防护技术及发展［J］. 电力系统自动化，2015，39（1）：48－51.

[9] 程旭，梁云，俞俊，等. 电力调度分布式工作流设计与实现［J］. 电力系统自动化，2012，36（21）：93－95.

[10] 彭晖，陶洪铸，严亚勤，等. 智能电网调度控制系统数据库管理技术［J］. 电力系统自动化，2015，39（1）：19－25.

[11] 翟明玉，王瑾，吴庆曦，等. 电网调度广域分布式实时数据库系统体系架构和关键技术［J］. 电力系统自动化，2013，37（2）：67－70.

[12] 彭晖，王瑾，陶洪铸，等. 适应横集纵贯智能电网调控系统实时数据库的设计［J］. 电力系统自动化，2015，（1）：19－25.

[13] 吴庆曦，彭晖，王瑾，等. 电网调控集群分布式实时数据库的设计与关键技术［J］. 电力系统自动化，2017，41（22）：89－95.

[14] 季学纯，陈鹏，翟明玉. 基于离线验证的电网模型维护框架及其流程设计［J］. 电力系统自动化，2011，35（6）：51－54.

[15] 杨启京，张勇，翟明玉，等. 大电网未来态一体化模型构建和融合技术研究［J］. 中国电力，2018，51（6）：121－128.

[16] 石俊杰，李昊，路轶，等. 基于应用与时间维度的电网模型多版本构建与管理技术［J］. 电力系统自动化，2017，41（10）：106－111.

[17] 曹阳，杨胜春，姚建国，等. 智能电网核心标准 IEC 61970 最新进展［J］. 电力系统自动化，2011，35（17）：1－4.

[18] 吴维宁，辛耀中，姚建国，等.IEC TC57 2011 年会和 SAC/TC82 工作近况［J］. 电力系统自动化，2012，36（1）：1－5.

[19] 辛耀中，陶洪铸，李毅松，等. 电力系统数据模型描述语言 E [J]. 电力系统自动化，2006，30（10）：48－51.
[20] 米为民，辛耀中，蒋国栋，等. 电网模型交换标准 CIM/E 和 CIM/XML 的比对分析 [J] .电网技术，2013，37（4）：43－46.
[21] 彭晖，陶洪铸，严亚勤，等. 智能电网调度控制系统数据库管理技术 [J]. 电力系统自动化，2015，39（1）：19－25.
[22] 顾文杰，高原，彭晖，等. 电网调度控制系统分布式任务管理的体系架构与关键技术 [J]. 电力系统自动化，2017，41（9）：109－115.
[23] 米为民，荆铭，尚学伟，等. 智能调度分布式一体化建模方案 [J]. 电网技术，2010，34（10）：6－9.
[24] 季学纯，徐春雷，杨志宏，等. 电网调控模型中心体系架构与关键技术 [J]. 电力系统自动化，2018，42（16）：127－132.
[25] 杨启京，石俊杰，孟勇亮，等. 以厂站为粒度的电网模型中心构建方法 [J]. 电力系统自动化，2017，41（3）：76－82.
[26] 辛耀中，米为民，蒋国栋，等. 基于 CIM/E 的电网调度中心应用模型信息共享方案 [J]. 电力系统自动化，2013，（8）：1－5.
[27] 孙名扬，高原，严亚勤，等. 智能电网调度控制系统集群化技术 [J]. 电力系统自动化，2015，39（1）：31－35.
[28] 万书鹏，高原. 调度自动化系统资源监视模块的设计与实现[J]. 中国科技信息，2012，(07)：131－132.
[29] 高原，顾文杰. 基于集群的电力系统公式分布式计算方法 [J] . 江苏科技信息，2015，（25）：55－58.
[30] 顾文杰，高原，彭晖，等. 高效进程守护机制的设计和实现 [J]. 江苏科技信息，2014，（22）：40－42.
[31] 任升，高原，顾文杰. 集群系统分布式任务故障冗余管理机制的设计与实现[J]. 江苏科技信息，2015，（21）：37－39.
[32] 中志冰，罗宇. 利用 Heartbeat 实现 Linux 上的双机热备份系统[J]. 计算机工程与应用，2002，38（19）：126－128.
[33] 顾鹏，刘立刚，谢长生. 数据存储系统备份技术研究与分析 [J]. 计算机安全，2003，（28）：71－72.
[34] 陈劲林，杨士元，胡东成. 基于确定周期性任务的进程管理及可调度性分析 [J]. 计算机研究与发展.2000，37（3）：307－312.
[35] 孙鹏程，周利华. Linux 环境下 syslog 日志管理系统研究 [J]. 电子科技.2007，（7）：72－74.
[36] 张梁，罗宇. 基于 openstack 的虚拟机定时任务的设计与实现 [J]. 计算机软件及应用，2015，34（2）：127－131.
[37] 李伟，辛耀中，沈国辉，等. 基于 CIM/G 的电网图形维护与共享方案 [J]. 电力系统制动化，2015，39（1）：42－47.
[38] 程亿强，吴晓娜，李汇群，等. 智能电网调度控制系统图形广域维护与浏览技术 [J]. 电力系统自动化，2017，14（1）：171－175.
[39] 彭晖，葛以踊，吴庆曦，等. 地县调控一体化系统分区解并列机制的设计与实现 [J]. 电力系统自动化，2014，38（6）：75－79.
[40] 于尔铿. 电力系统状态估计 [M]. 北京：水利水电出版社，1985.

[41] 辛耀中. 新世纪电网调度自动化技术发展趋势 [J]. 电网技术，2001，25（12）：1-10.
[42] 卢强. 新世纪电力系统科技发展方向——数字电力系统（DPS）[J]. 中国电力，2000，(05)：15-18.
[43] 姚建国，杨胜春，单茂华. 面向未来互联电网的调度技术支持系统架构思考 [J]. 电力系统自动化，2013，37（21）：52-59.
[44] 杜一，张沛超，郁惟镛. 采用事例和规则混合推理的电网故障诊断专家系统 [J]. 电网技术，2004，28（1）：34-37.
[45] 高湛军，潘贞存，等. 继电保护及故障信息管理系统的应用数据模型的构建 [J]. 继电器，2005，33（2）：50-53.
[46] 章坚民，朱炳铨，蒋月良，等. 继电保护故障信息处理主站系统设计的核心问题 [J]. 电力系统自动化，2003，27（14）：72-74.
[47] 张沛超，胡炎，等. 继电保护专家系统中知识的面向对象表示法 [J]. 继电器.2001，29（2）：16-19.
[48] 汪可友，张沛超，等. 应用 IEC 61850 的新一代智能型故障信息处理系统 [J]. 电网技术，2004，28（10）：55-58.
[49] 高翔. 电网动态监控系统应用技术 [M]. 北京：中国电力出版社，2011.
[50] 帅军庆. 特大型电网高级调度中心关键技术 [M]. 北京：中国电力出版社，2010.
[51] 韩松，何利铨，邱国跃.WAMS 研究、建设与应用的新进展 [J]. 电测与仪表，2011，48（544）：1-8.
[52] 滕贤亮，高宗和，朱斌. 智能电网调度控制系统 AGC 需求分析及关键技术[J]. 电力系统自动化，2015，39（1）：81-87
[53] 康重庆，夏清，张伯明. 电力系统负荷预测研究综述与发展方向的探讨 [J]. 电力系统自动化，2004，28（17）：1-11.
[54] 史德明，李林川，宋建文. 基于灰色预测和神经网络的电力系统负荷预测 [J]. 电网技术，2001，25（12）：14-17.
[55] 牛东晓. 电力负荷预测技术及其应用 [M]. 北京：中国电力出版社，1998.
[56] 廖旎焕，胡智宏，马莹莹，等. 电力系统短期负荷预测方法综述 [J]. 电力系统保护与控制，2011，39（1）：29-29.
[57] 萧国泉，王春，张福伟. 电力负荷预测 [M]. 北京：中国电力出版社，2001.
[58] 陆刘春. 新能源风光发电功率预测模型的研究 [D]. 华北电力大学，2013.
[59] 李继峰，张阿玲. 我国新能源和可再生能源发展预测方法研究——风能发电预测案例 [J]. 可再生能源，2004（3）：1-4.
[60] 谷兴凯，范高锋，王晓蓉，等. 风电功率预测技术综述 [J]. 电网技术，2007（S2）：335-338.
[61] 薛禹胜，郁琛，赵俊华，等. 关于短期及超短期风电功率预测的评述 [J]. 电力系统自动化，2015，39（6）：141-151.
[62] 范高锋，裴哲义，辛耀中. 风电功率预测的发展现状与展望 [J]. 中国电力，2011，44（6）：38-41.
[63] 洪翠，林维明，温步瀛. 风电场风速及风电功率预测方法研究综述 [J]. 电网与清洁能源，2011，27（1）：60-66.
[64] 龚莺飞，鲁宗相，乔颖，等. 光伏功率预测技术 [J]. 电力系统自动化，2016（4）：140-151.
[65] 舒印彪，张智刚，郭剑波，等. 新能源消纳关键因素分析及解决措施研究. 中国电机工程学报，2017，

37（1）：1－8.

[66] 张智刚，夏清. 智能电网调度发电计划体系架构及关键技术［J］. 电网技术，2009，33（20）：1－8.

[67] 昌力，刘拥军，朱成，等. 基于规则的电力调度计划数据校验机制. 电力系统自动化，2012，36（21）：98－101.

[68] 徐帆，耿建，姚建国，等. 安全约束经济调度建模及应用. 电网技术，2010，34（11）：55－58.

[69] 夏清，钟海旺，康重庆. 安全约束机组组合理论与应用的发展和展望［J］. 中国电机工程学报，2013，33（16）：94－103.

[70] 李利利，姚建国，耿建，等. SCUC/SCED 问题分析［J］. 江苏电机工程，2010，29（3）：24－27.

[71] 丁恰，李利利，涂孟夫，等. 智能电网日前发电计划系统设计与关键技术［J］. 电网与清洁能源，2013，29（9）：1－5.

[72] 徐帆，王颖，杨建平，等. 考虑电网安全的风电火电协调优化调度模型及其求解［J］. 电力系统自动化，2014，38（21）：114－120.

[73] 林毅，孙宏斌，吴文传，等. 日前计划安全校核中计划潮流自动生成技术［J］. 电力系统自动化，2012，36（20）：68－73.

[74] 杨争林，唐国庆，李利利. 松弛约束发电计划优化模型和算法［J］. 电力系统自动化，2010，34（14）：53－57.

[75] 吕颖，鲁广明，杨军峰，等. 智能电网调度控制系统的安全校核服务及实用化关键技术［J］. 电力系统自动化，2015，39（1）：171－176.

[76] 李利利，管益斌，耿建，等. 月度安全约束机组组合建模及求解［J］. 电力系统自动化，2011，35（12）：27－31.

[77] 徐帆，丁恰，谢丽荣，等. 实时发电计划闭环控制模型与应用［J］. 电网技术，2014，38（11）：3187－3192.

[78] 汪洋，夏清，康重庆. 考虑电网 $N-1$ 闭环安全校核的最优安全发电计划［J］. 中国电机工程学报，2011，31（10）：39－45.

[79] 张国强，张伯明，吴文传. 考虑风电接入的协调滚动发电计划［J］. 电力系统自动化，2011，35（19）：18－22.

[80] 李利利，涂孟夫，丁恰，等. 适应大规模风电接入的发电出力计划两阶段优化方法［J］. 电力系统自动化，2014，38（9）：48－52.

[81] 葛朝强，汪德星，葛敏辉，等. 华东网调日计划安全校核系统及其扩展［J］. 电力系统自动化，2008，32（10）：45－48.

[82] 高宗和，耿建，张显，等. 大规模系统月度机组组合和安全校核算法［J］. 电力系统自动化，2008，32（23）：28－30.

[83] 昌力，刘拥军，万书鹏. 华东电网调度大计划数据交换系统设计［J］. 电力系统自动化，2014，38（7）：112－117.

索　引